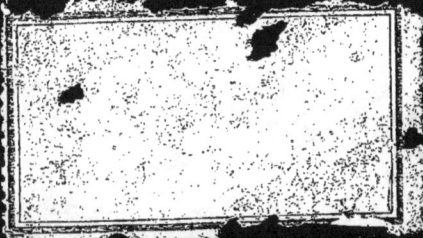

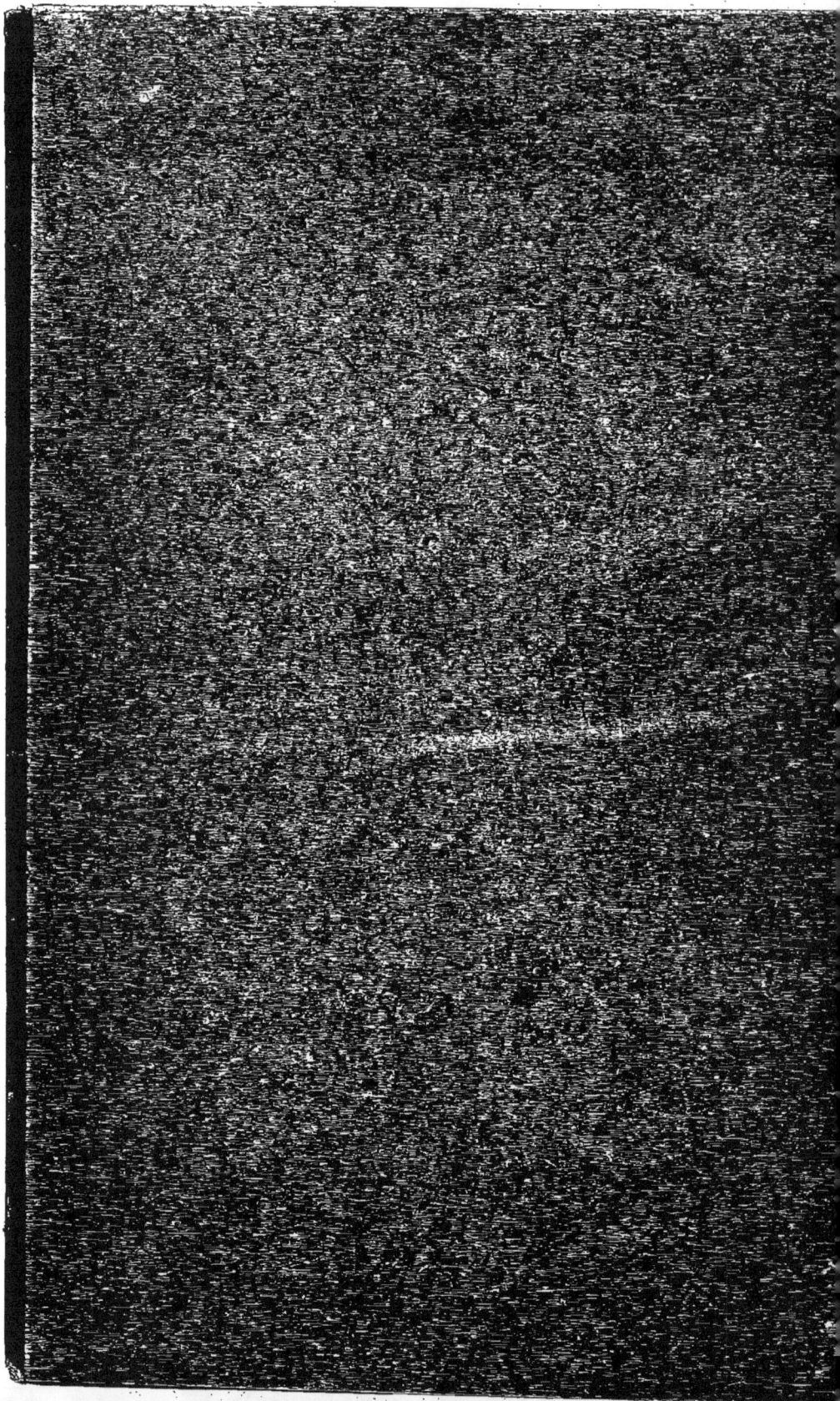

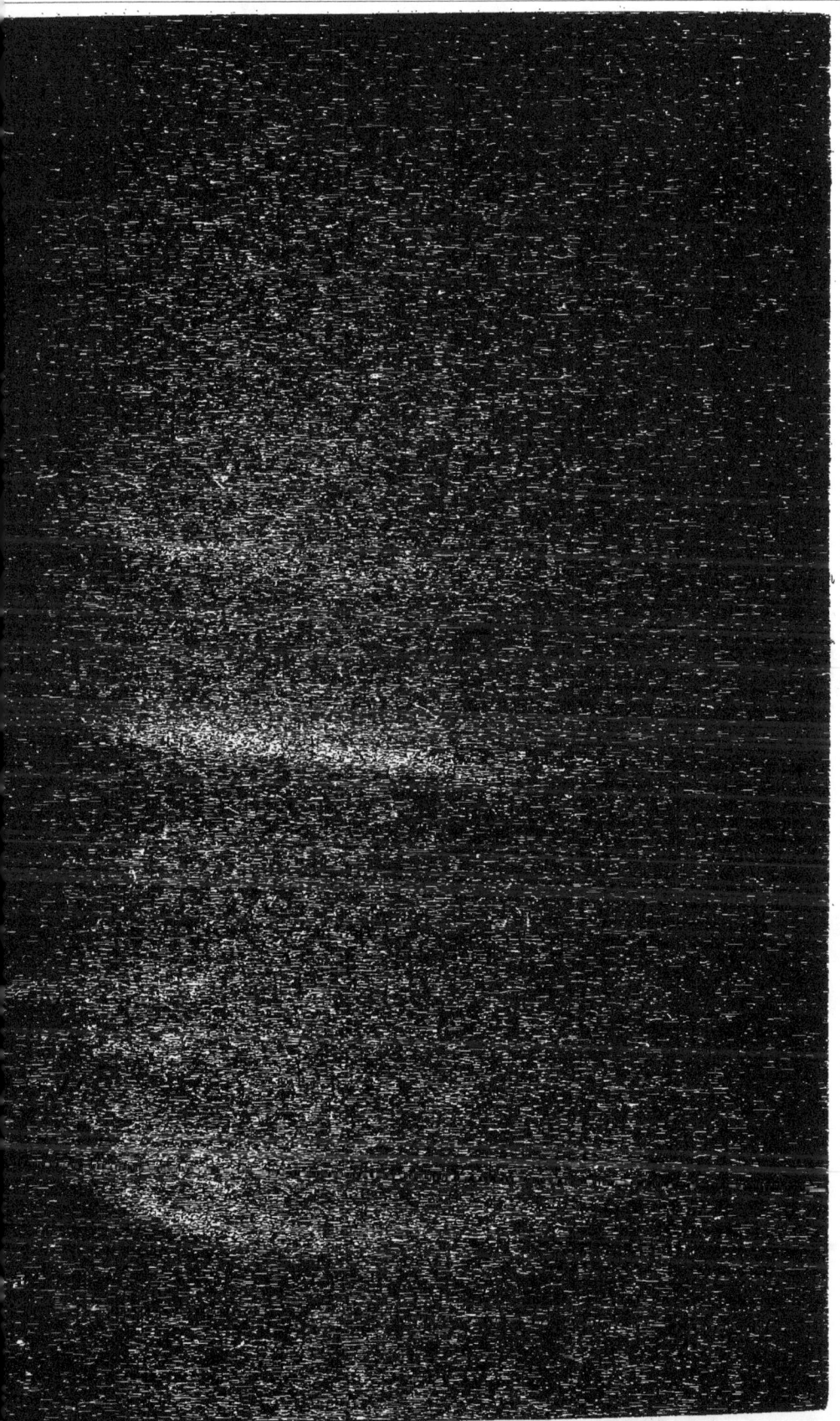

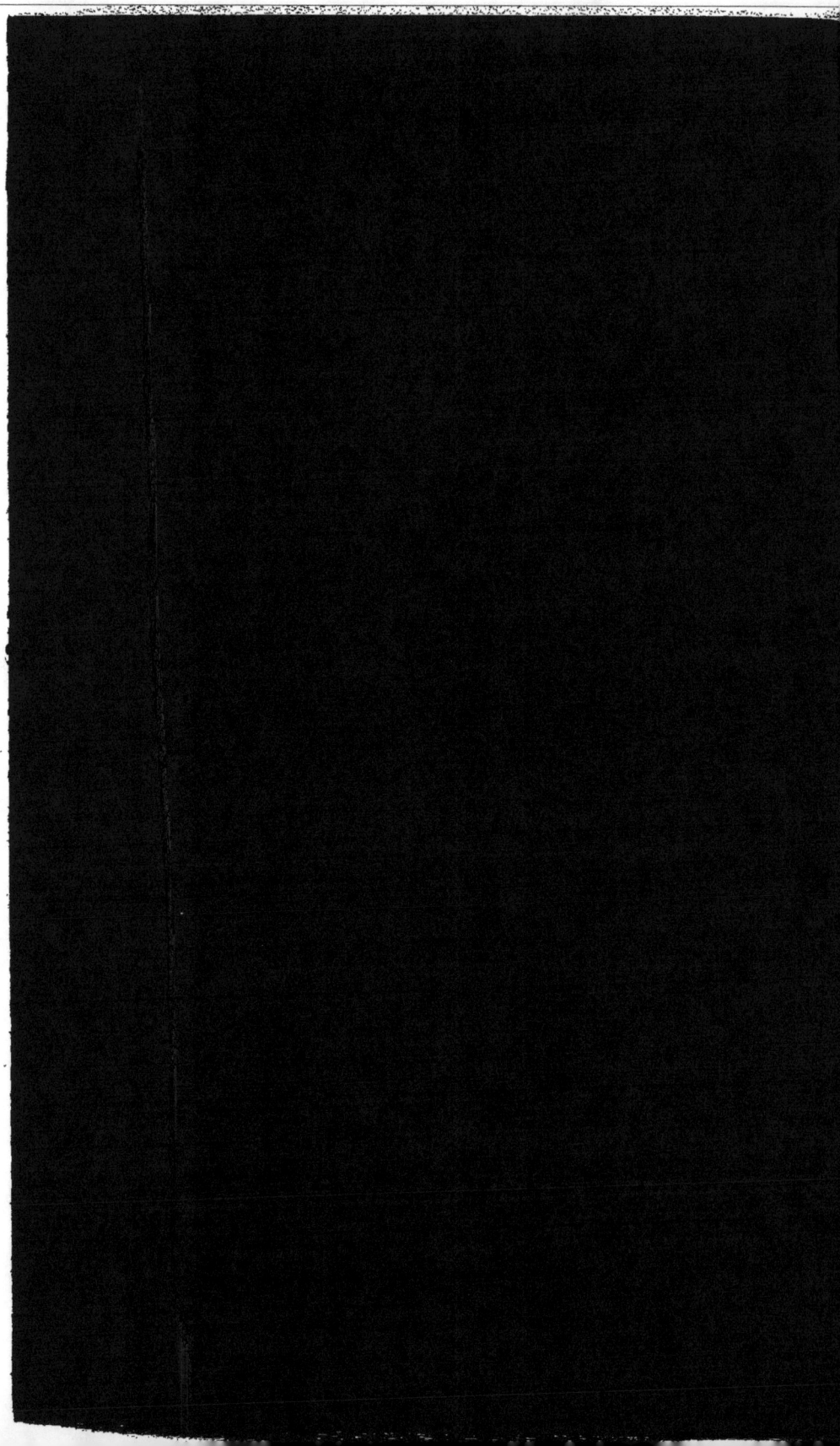

ÉLÉMENS

DE

CHIMIE,

PAR M. J. A. CHAPTAL, Chevalier de
l'Ordre du Roi, Professeur de Chimie
à Montpellier, Inspecteur Honoraire
des Mines du Royaume et Membre de
plusieurs Académies de Sciences, de
Médecine, d'Agriculture, d'Inscrip-
tions et Belles-Lettres.

TOME III.

A MONTPELLIER,
DE l'Imprimerie de JEAN-FRANÇOIS PICOT, seul
Imprimeur du ROI et de la Ville, Place de
l'Intendance.

1790.

QUATRIÈME PARTIE.

DES SUBSTANCES VÉGÉTALES.

INTRODUCTION.

LE minéral, dont nous nous sommes occupés jusqu'ici, n'a aucune vie proprement dite, et ne présente aucun phénomène qui dépende de son organisation intérieure : la crystallisation qu'affectent les corps de ce règne paroît très-différente de l'organisation des êtres vivans ; elle n'a aucun avantage pour l'individu, elle nous démontre tout au plus combien grande est l'harmonie de la nature, puisqu'elle marque chaque production par une forme constante et invariable, tandis que l'organisation du végétal et de l'animal dispose les êtres de la manière la plus avantageuse et la plus propre à remplir les deux fins de la nature, qui sont la subsistance et la reproduction de l'individu (1).

On ne peut pas nier que le végétal ne soit doué d'un principe d'*irritabilité*, qui développe

_____

(1) On peut voir le développement de ces principes dans la Thèse sur l'analyse végétale, soutenue aux Écoles de Montpellier, par mon élève et mon ami M. *Riche*.

A

en lui le sentiment et le mouvement: le mouvement est si marqué dans quelques plantes, qu'on peut le décider à volonté, comme dans la sensitive, les étamines de l'opuntia, etc. les plantes qui suivent le cours du soleil, celles qui dans les serres s'inclinent vers les ouvertures par où leur parvient la lumière, celles qui se contractent et se recoquillent par la piqûre d'un insecte, celles dont les racines se détournent et se dévoyent de leur première direction pour aller plonger dans de la bonne terre ou dans l'eau, n'ont-elles pas un tact et une sensation qu'on peut comparer à la sensibilité des animaux? La différence des sécretions dans les divers organes suppose une différence dans l'irritabilité de chaque partie.

Le végétal se reproduit de la même manière que l'animal; et les Botanistes modernes ont soutenu la comparaison entre ces deux fonctions de la manière la plus heureuse et la plus concluante.

Le végétal se nourrit d'air à la manière des insectes: cet aliment lui devient même nécessaire; car, sans son secours, il périt à la longue; mais il n'exige ni la même pureté ni la même nature d'air.

La grande différence qui existe entre les végétaux et les animaux, c'est que ceux-ci, en général, peuvent se transporter d'un endroit à un autre pour se procurer leur nourriture; tandis que les végétaux fixés à une même place sont obligés de saisir dans leur voisinage tout ce qui peut leur servir d'aliment ; et la nature les a doués de feuilles pour puiser dans l'atmosphère l'air et l'eau dont ils ont besoin , tandis que leurs racines s'étendent au loin dans la terre pour y prendre un appui et y chercher d'autres principes nutritifs.

Si nous suivions de près les caractères des animaux , nous verrions que la nature descend par degrés imperceptibles de l'animal le mieux organisé jusqu'au végétal ; et nous serions embarrassés pour décider où finit un règne et où commence l'autre. L'analyse chimique peut imparfaitement nous tracer des limites entre ces règnes : on a prétendu , pendant long-temps , qu'il étoit réservé aux substances animales de fournir de l'ammoniaque ; il est à présent reconnu que quelques plantes en donnent aussi. On peut, à la rigueur , considérer le végétal comme un être participant des loix de l'animalité , mais à un degré moindre que l'animal lui-même.

La différence qui a été établie entre le végétal et le minéral est bien plus frappante : on peut regarder celui-ci comme une masse inorganique et presqu'élémentaire , ne recevant des modifications et des changemens que par l'impression des objets externes , pouvant se combiner , se dénaturer et se reproduire ou reparoître avec ses

A 2

formes primitives à la volonté du Chimiste ;
l'autre au contraire, doué d'une vie particulière
qui modifie sans cesse l'impression des agens
externes, les décompose et les dénature, nous
présente une suite de fonctions toutes régulières,
presque toutes inexplicables ; et lorsque le Chimiste est parvenu à désorganiser le corps et à
en retirer des principes, il se voit dans l'impos-
sibilité de le reproduire par la réunion des mêmes
principes.

Dans le minéral, c'est à l'action des corps
externes que nous devons rapporter tous les
phénomènes qu'il nous présente ; c'est d'une
force purement physique, d'une simple loi d'affinité que nous pouvons déduire toutes les méta-
morphoses ; dans le végétal, au contraire, il
faut reconnoître une force intérieure qui fait tout,
régit tout et subordonne à ses desseins les agens
qui ont un empire absolu sur le minéral.

Le minéral n'a aucune vie marquée, aucun période qu'on puisse regarder comme son degré de
perfection, parce que ses divers états sont toujours relatifs aux fins auxquelles nous les desti-
nons, il ne paroît ni s'accroître ni se reproduire,
il change tout au plus de forme, mais jamais
par une détermination intérieure ; c'est toujours
un pur effet physique de la part des objets
externes : s'il paroît croître ou végéter, c'est
par l'application successive de semblables matiè-

res charriées et transportées par les eaux ; on n'y voit ni élaboration ni dessein ; c'est toujours la loi des affinités qui préside à ces arrangemens, et cette loi est la loi des corps morts.

Il n'est donc pas surprenant que l'analyse chimique ait fait moins de progrès dans le règne végétal que dans le minéral, elle devient plus difficile à mesure que les fonctions se compliquent ; et dans le végétal les principes constituans sont plus nombreux, ils sont marqués par des caractères moins tranchans, et les moyens d'analyse qu'on a employés sont tous imparfaits, de même que la marche qu'on a tenue est vicieuse.

Jusqu'ici toutes les plantes ont été analysées par le feu ou les menstrues : la première de ces méthodes est très-fautive ; le feu décompose les corps combinés, en altère les principes, forme de nouveaux corps par la réunion de ces élémens séparés, et extrait à-peu-près les mêmes principes de substances très-différentes. Une longue expérience nous a appris combien cette méthode étoit imparfaite : MM. *Dodart*, *Bourdelin*, *Tournefort* et *Boulduc* ont distillé plus de 1400 plantes ; et ce fut dans les résultats d'un travail aussi long, que *Homberg* trouva des raisons suffisantes pour conclure que cette méthode étoit fautive ; il cite, pour preuve de son assertion,

A 3

(8)

l'analyse du chou et de la ciguë, qui avoient donné les mêmes principes à la cornue.

La méthode par les *menstrues* est un peu plus rigoureuse, en ce qu'elle ne dénature pas les produits ; elle a été même plus avantageuse à la médecine, en lui donnant les moyens de séparer les principes médicamenteux de certains végétaux ; elle nous a même fourni des secours pour extraire dans leur pureté d'autres principes utiles aux arts ou à l'entretien de la vie ; elle nous a plus éclairé sur la nature des principes du végétal. Mais on ne peut pas borner à ce seul moyen l'analyse de la plante, et il faut que le Chimiste ait assez de génie pour varier le procédé selon la nature du végétal et le caractère du principe qu'il veut en extraire.

Un reproche assez grave qu'on peut faire à la plupart des Chimistes qui ont écrit sur l'analyse végétale, c'est qu'ils n'ont mis aucun ordre dans leur marche, et qu'ils n'ont suivi aucune distribution raisonnée : ils se bornent à donner des procédés pour extraire telle ou telle substance, sans lier tout cela à un système qui soit pris ou dans les moyens qu'on emploie, ou dans la nature des produits qu'on extrait, ou dans la marche même des opérations de la nature : je conviens que si on veut borner un cours d'analyse végétale aux procédés qu'on doit connoître pour savoir extraire telle ou telle substance , ce système d'ordre et de méthode que je propose est inutile ; mais si on veut connoître les opérations de la nature , et voir le végétal en Philosophe , en Physicien et en Chimiste , il faut consulter les opérations même de la nature dans le végétal , et suivre , autant que faire se peut, un plan qui nous fasse connoître la plante sous tous ses rapports : celui que j'ai adopté me paroît remplir cet objet.

Nous commencerons par donner une idée succincte de la structure du végétal , afin de mieux connoître les rapports de son organisation avec les principes que nous en extrairons.

Nous nous occuperons , en second lieu, du développement et de l'accroissement du végétal : pour cet effet , nous ferons connoître les divers principes qui lui servent de nourriture , et nous suivrons leurs altérations dans l'économie végétale , autant qu'il nous est donné de le faire : nous examinerons en conséquence l'influence de l'air , de la terre , de la lumière , etc.

En troisième lieu , nous examinerons les résultats du travail de l'organisation sur les substances alimentaires ; et pour cela nous apprendrons à connoître les divers principes constituans du végétal , ayant l'attention de procéder à cet examen , en suivant une marche que la nature elle-même nous indique. C'est ainsi que nous commencerons par l'analyse des produits que nous pouvons extraire sans désorganiser la plante, et que l'organisation nous présente à nud, tels que le mucilage, les gommes, les huiles, les résines, les gommes-résines, etc. Après cela nous nous occuperons de l'analyse de quelques principes qu'on ne peut recueillir qu'en désorganisant la plante, tels que la fécule, la partie glutineuse, le sucre, les acides, les alkalis, les sels neutres, les principes colorans, l'extrait, le fer, l'or, le manganèse, le soufre, etc.

Nous nous occuperons encore des humeurs prolifiques du végétal, c'est-à-dire, de l'examen de ces substances qui, quoique nécessaires à la vie, sont poussées au dehors pour servir à quelques fonctions; le pollen et le miel sont de ce genre.

Après cela nous examinerons les humeurs qui s'évaporent et s'échappent par la transpiration, telles que le gaz oxigène, le principe aqueux, l'arome, etc.

Et en dernier lieu, nous ferons connoître les altérations qu'éprouve le végétal mort. Et pour procéder avec ordre dans une question des plus importantes, nous examinerons successivement l'action de la chaleur de l'air et de l'eau sur le végétal, soit qu'ils agissent séparément, soit que leur action soit combinée. Cette marche nous fera connoître tous les phénomènes que nous présentent les végétaux dans leurs décompositions.

SECTION PREMIÈRE.

DE LA STRUCTURE DU VÉGÉTAL.

Tout végétal nous présente dans sa structure, 1°. une charpente fibreuse et dure qui soutient tous les autres organes, en détermine la direction et donne la solidité convenable à chaque plante et à chaque partie ; 2°. un tissu cellulaire qui accompagne tous les vaisseaux, enveloppe toutes les fibres, se replie de mille manières et forme par-tout des couches et des rézeaux qui lient toutes les parties, et établissent entr'elles une communication admirable. Nous ne décrirons que très-succinctement les diverses parties qui composent le végétal, et nous nous bornerons à faire connoître les organes dont il est nécessaire d'avoir une idée précise pour procéder à l'analyse de la plante.

ARTICLE PREMIER.

De l'Écorce.

L'écorce est l'enveloppe extérieure des plantes ; ses prolongemens ou extensions recouvrent toutes les parties qui composent le végétal, et nous pouvons y distinguer trois tuniques particulières qu'on peut détacher et observer séparément : l'épiderme, le tissu cellulaire et les couches corticales.

1°. L'épiderme est une membrane mince formée par des fibres qui se croisent en divers sens : le tissu en est quelquefois si délié qu'on peut reconnoître à travers qu'elle est la direction des fibres. Cette membrane se détache aisément de l'écorce lorsque la plante est en vigueur ; et lorsqu'elle est sèche on peut en procurer la séparation en la ramollissant dans l'eau chaude ou à la vapeur. Lorsque l'épiderme vient à être détruit il se régénère, mais alors il est plus adhérent au reste de l'écorce et forme une espèce de cicatrice.

Cet épiderme paroît destiné par la nature à modifier l'impression des corps externes sur le végétal, à fournir une foule de pores qui transmettent au dehors les produits excrétoires de la végétation, à protéger les dernières ramifications des vaisseaux aëriens ou aqueux qui pompent dans l'air les fluides nécessaires à l'accroissement du végétal, et à mettre à couvert l'organe cellulaire qui contient les principaux vaisseaux et les glandes où se font la digestion et l'élaboration des divers sucs charriés du dehors.

2°. L'enveloppe cellulaire forme la seconde

partie de l'écorce : c'est un tissu formé par des
vésicules et des utricules tellement rapprochés
et si nombreux qu'il n'en résulte qu'une couche :
c'est dans ces glandes que paroit se faire le travail de la digestion ; et le produit de cette élaboration est ensuite porté dans tout le végétal
par des vaisseaux qui se propagent par-tout et
communiquent même avec la moëlle par des
conduits qui parviennent dans le creux de l'arbre en croisant les couches ligneuses ; c'est
dans ce rézeau que se développe la partie colorante des végétaux , la lumière qui pénètre l'é-
piderme concourt à en aviver la couleur ;
c'est dans ce rézeau que se forment l'huile et
les résines , par la décomposition de l'eau et de
l'acide carbonique ; c'est enfin de ce rézeau que
partent les divers produits que l'organisation
pousse au dehors et qui sont comme les *fœces*
de la digestion végétale.

3°. Les couches intermédiaires entre l'enveloppe externe et le bois ou le corps du végétal ,
qu'on peut appeller couches corticales , ne sont
formées que par des lames qui ne sont elles-
mêmes que la réunion des vaisseaux communs
propres et aëriens de la plante ; les vaisseaux
ne s'étendent pas selon la longueur de la tige ,
mais ils se courbent en divers sens et laissent
entr'eux des mailles qui sont remplies par le tissu
cellulaire lui-même ; il suffit de faire macérer

ces couches dans l'eau, pour en observer l'organisation, alors le tissu qui est détruit laisse à nud
les mailles qu'il remplissoit (1): les couches
corticales se détachent facilement l'une de l'autre, et c'est par leur ressemblance assez gros-
sière avec les feuillets d'un livre qu'on les a
appellées *Liber* : à mesure que ces couches s'ap-
prochent du corps ligneux, elles prennent de
la dureté et finissent même par donner naissance aux couches du l'aubier.

L'écorce est la partie la plus essentielle du
végétal : c'est par elle que s'exécutent les principales fonctions de la vie, telle que la nutrition, la digestion, les sécrétions, etc; toutes les
antes, et principalement celles au chalumeau,
par lesquelles on dénature totalement les produits d'une plante que l'on recouvre d'une écorce
étrangère, démontrent avec évidence que la force
digestive réside éminemment dans cette partie:
la partie ligneuse est si essentielle que beaucoup
de plantes en sont dépourvues, telles que les
graminées, les arondinacées et toutes celles qui
sont évidées intérieurement. Les plantes grasses
n'ont à proprement parler que la partie corticale ; on voit souvent des plantes frappées de
putrilage dans leur intérieur, tandis que le

(1) C'est ce qu'on voit sur-tout dans l'arbre à dentelle, dont
le tissu se sépare par la macération de la plante.

bon état de l'écorce entretient encore leur vigueur.

ARTICLE II.

Du tissu Ligneux.

Sous l'écorce est une substance solide qui forme le tronc des arbres et qui paroît composée par couches ordinairement concentriques ; les couches intérieures sont plus dures que les extérieures, elles sont plus vieilles, et le tissu en est plus ferme et plus serré ; les plus dures forment le bois proprement dit, les molles ou extérieures forment l'aubier. On peut considérer le bois comme formé par des fibres plus ou moins longitudinales, lièes entr'elles par un tissu cellulaire parsemé de vésicules qui communiquent les unes aux autres, et qui vont en s'épanouissant de plus en plus vers le centre où elles forment la moëlle, laquelle moëlle n'est apparente que dans les jeunes branches ou les jeunes individus, elle disparoît dans les arbres d'un certain âge.

Le tissu vésiculaire présente de grandes analogies avec le tissu glanduleux et les vaisseaux lymphatiques du corps humain : la conformation et les usages sont les mêmes de part et d'autres ; dans le premier âge des plantes et des

animaux, les organes sont dans une expan-
sion considérable, parce qu'à cette époque,
l'accroissement est très-rapide ; avec l'âge les
vaisseaux s'oblitèrent dans les deux règnes, et
l'on observe que dans les bois blancs et les
fungus où le tissu vésiculaire est très-abondant,
l'accroissement est aussi très-rapide.

ARTICLE III.

Des Vaisseaux.

Les diverses humeurs du végétal sont contenues dans des vaisseaux particuliers, où elles
jouissent d'un certain mouvement, qu'on a com-
paré à celui de la circulation de l'animal ; il
en diffère, cependant, en ce que ces humeurs
ne se balancent pas sans cesse dans les vaisseaux
par une force qui leur soit inhérente, mais elles
reçoivent d'une manière plus marquée l'impression des agens externes. La lumière et la chaleur sont les deux grandes causes qui déterminent et modifient le mouvement des humeurs
dans le végétal ; ces agens font aborder la sève
dans les diverses parties, et là elle y est travaillée d'une manière relative aux fonctions de
chacune ; mais on n'apperçoit point qu'elle
prenne une voie rétrograde : de sorte, que dans
le végétal l'abord où le flux de l'humeur est

prouvé , mais le reflux ne paroît pas sensible.

On peut distinguer dans les végétaux trois espèces de vaisseaux : les vaisseaux communs ou séveux, les vaisseaux propres , et les vaisseaux aëriens ou trachées.

I°. Les vaisseaux séveux charrient la sève ou l'humeur générale d'où toutes les autres dérivent : cette liqueur peut être comparée au sang de l'animal ; ce sont des réservoirs d'où les divers organes peuvent extraire les divers sucs et les élaborer d'une manière convenable.

Ces vaisseaux occupent principalement le milieu des plantes et des arbres ; ils montent perpendiculairement , mais il se contournent de côté et aboutissent à toutes les parties du végétal ; ils versent la sève dans les utricules d'où elle est pompée par les vaisseaux propres pour être élaborée convenablement.

II°. Chaque organe est ensuite doué de vaisseaux particuliers pour séparer les divers sucs et les conserver , sans leur permettre de se mêler avec le corps du reste des humeurs ; c'est ainsi que l'on trouve dans le même végétal , souvent même dans le même organe , des sucs de diverse nature , de diverse couleur et de consistance très-différente.

Les vaisseaux , soit communs , soit propres , sont contenus dans leurs diverses directions par les fibres ligneuses , sont par-tout enveloppés du tissu cellulaire, s'ouvrent et versent leur liqueur dans les glandes, dans le tissu cellulaire, ou dans les utricules pour y remplir leurs diverses fonctions.

Les utricules sont de petits sacs qui renferment la moëlle et souvent la partie colorante du végétal ; ce sont des espèces de loges où se dépose le suc nourricier de la plante et d'où il est repris pour servir au besoin, comme les amas de moëlle qui se forment dans l'intérieur des os et qui en est ensuite pompée lorsque l'animal n'est pas suffisamment réparé.

III°. Les trachées ou vaisseaux aëriens paroissent être les organes de la respiration ou plutôt ceux qui reçoivent l'air et en facilitent l'absorption et la décomposition ; on les appelle trachées par rapport à la ressemblance qu'on a cru leur trouver avec les organes respiratoires de l'insecte : pour les appercevoir on prend une jeune branche d'arbre assez jeune pour se casser net ; après en avoir entamé l'écorce sans toucher au bois, on la rompt en tirant les deux extrémités en sens contraire, on voit alors les trachées sous la forme de petits tire-bourres ou de vaisseaux tournés en spirales. On pense généralement que les grands pores qu'on apperçoit sur la tranche d'une plante considérée au microscope ne sont que les vaisseaux aëriens ; il arrive souvent que la sève s'extravase dans

la

la cavité des trachées et elles paroissent ne pouvoir servir à d'autres usages , qu'à charrier l'air,
du moins pendant quelque temps , sans que la
vie en soit altérée.

ARTICLE IV.

Des Glandes.

On apperçoit sur plusieurs parties du végétal de petites protubérances qui ne sont que
des corps glanduleux , dont la forme varie prodigieusement ; c'est sur-tout d'après cette diversité de forme, que M. *Guettard* en a fait sept
espèces. Elles sont presque toujours remplies
d'une humeur dont la couleur et la nature varient singulièrement.

SECTION II.

DES PRINCIPES NUTRITIFS DU VÉGÉTAL.

Si la plante ne fesoit que pomper de la terre
les principes nutritifs qui y sont contenus, et
qu'elle n'eût point la faculté de les digérer , de
se les assimiler et de former des produits différens selon sa nature et la diversité de ses organes , il faudroit que nous retrouvassions dans

B

la terre tous les principes que l'analyse nous
fait découvrir dans les végétaux, ce qui est
contraire à l'observation ; et nous prouverons
dans la suite que la production de la terre végétale est un effet de l'organisation de la plante
et qu'elle lui doit sa formation, bien loin de la
donner elle-même à ces individus. S'il étoit
vrai que la plante ne fit qu'extraire ses principes du sein de la terre, les plantes qui croî-
troient sur le même sol, auroient les mêmes
principes du moins la plus grande analogie entr'elles : tandis que nous voyons croître et pros-
pérer à côté les unes des autres des plantes qui ont
des vertus et des allures bien différentes ; d'ailleurs, les plantes qu'on élève dans l'eau pure,
les plantes grasses qui croissent sans être fixées
à la terre pourvu qu'elles soient placées dans
une atmosphère humide, la classe des végétaux
parasites qui ne participent point des propriétés
de ceux qui leur servent de support, prouvent
que le végétal ne retire point ses sucs de la
terre, en tant que terre, et qu'il jouit d'une
force intérieure altérante et assimilatrice qui
approprie à chaque individu l'aliment qui lui
convient, le dispose et le combine pour en former tel ou tel principe. Cette vertu digestive
paroîtra bien étonnante et bien parfaite, si l'on
considère que la pâture commune à tous les
végétaux est bien peu variée, puisque nous ne

connoissons que l'eau et l'air , et que conséquemment avec deux principes très-simples elle
a le pouvoir de former des produits très-différens. Mais par cela même que les principes
nutritifs de la plante sont très-simples , il faut
présumer , dans les divers résultats de la digestion , où , ce qui revient au même , dans les
humeurs et les solides du végétal , la plus grande
analogie , et déduire les différences , de la proportion des principes et de leur combinaison plus
ou moins parfaite , plutôt que de leur variété.
C'est à cet effet que nous observerons avec soin
le passage d'un principe à l'autre , et que nous
ferons connoître l'art de les ramener tous à
quelques substances élémentaires ou primitives ,
telles que la fibre , le mucilage , ect.

ARTICLE I.

De l'eau, principe nutritif de la plante.

Tout le monde convient qu'une plante ne
sauroit végéter sans le secours de l'eau : mais on
n'est pas si généralement convaincu que ce soit
là le seul aliment que la racine pompe de la terre ,
et qu'une plante peut vivre et se reproduire
sans d'autres secours que le contact de l'eau et
de l'air ; il me paroît néanmoins que les expériences suivantes ne peuvent laisser aucun doute

à ce sujet : *Van - Helmont* planta un saule pesant cinquante livres, dans une certaine quantité de terre couverte avec des lames de plomb; il l'arrosa pendant cinq ans avec de l'eau distillée; et, au bout de ce temps-là, l'arbre pesa cent soixante-neuf livres trois onces, et la terre dans laquelle il avoit végété n'avoit souffert qu'un déchet de trois onces. *Boyle* a répété la même expérience sur une plante qui, au bout de deux ans, pesoit quatorze livres de plus, sans que le poids de la terre dans laquelle elle avoit cru fût diminué sensiblement.

MM. *Duhamel* et *Bonnet* ont donné un support, avec de la mousse, aux plantes qu'ils ont nourries par le seul moyen de l'eau; ils ont observé la végétation la plus vigoureuse; et le Naturaliste de Genève observe que les fleurs en étoient plus odorantes et les fruits plus savoureux: on avoit l'attention de changer les supports avant qu'ils pussent s'altérer. M. *Tillet* a aussi élevé des plantes, sur-tout des graminées, d'une manière semblable; la seule différence, c'est que les supports étoient du verre pilé ou du quartz en poudre. *Hales* a observé qu'une plante qui pesoit trois livres avoit augmenté de trois onces après une forte rosée. Ne voit-on pas journellement élever de jacinthes et autres plantes bulbeuses, de même que des graminées dans

des soucoupes ou des bouteilles où l'on n'entretient que de l'eau ?

Toutes les plantes ne demandent pas la même
quantité d'eau ; et la nature a varié les organes
de ces divers individus d'après le besoin où ils
sont de cet aliment : les plantes qui transpirent
peu , telles que les mousses et les lichens , n'ont
pas besoin d'une quantité considérable de ce
liquide , aussi sont-elles fixées sur des rochers
arides et presque dépourvues de racines ; les plantes qui en demandent davantage ont des racines
qui s'étendent au loin et absorbent l'humidité
par toute leur surface.

Les feuilles ont également la propriété d'absorber l'eau et de puiser dans l'atmosphère le
même principe que la racine pompe dans la
terre ; mais les plantes qui vivent dans l'eau ,
et qui nagent , pour ainsi dire , dans l'élément
qui leur sert de pâture , n'ont pas besoin de
racines , elles pompent par tous leurs pores
le liquide qui les baigne ; et nous voyons que
les *fucus*, les *ulva* , etc. en sont totalement
dépourvus.

Plus l'eau est pure, plus elle est salutaire à
la plante : M. *Duhamel* a tiré cette conséquence
d'une suite d'expériences bien faites , par lesquelles il s'est assuré que l'eau imprégnée de
sels étoit funeste à la végétation. *Hales* leur a
fait absorber divers fluides en faisant des inci-

sions à leurs racines et les plongeant dans l'esprit
de vin, le mercure et diverses dissolutions sali-
nes ; mais il s'est convaincu que c'étoit tout
autant de poisons pour ces végétaux. D'ailleurs,
si ces sels étoient favorables à la plante, on
retrouveroit ces substances dans l'individu qu'on
arrose avec l'eau qui en est imprégnée, tandis
que MM. *Thouvenel* et *Cornette* ont prouvé
que ces sels ne passoient pas dans le végétal :
on doit néanmoins excepter les plantes marines,
parce que le sel marin, dont elles ont besoin,
se décompose dans elles, et produit un principe
qui leur paroît nécessaire, puisqu'elles languis-
sent ailleurs.

Quoiqu'il soit prouvé que l'eau pure est plus
propre à la végétation que l'eau chargée de sels,
il ne faut pas croire pour cela qu'on ne puisse
disposer l'eau d'une manière plus favorable au
développement du végétal, en la chargeant des
débris de la décomposition végétale et animale ;
si, par exemple, on charge l'eau des principes
qui se dégagent par la fermentation ou la putréfaction, on présente alors à la plante des sucs
déjà assimilés à sa nature, et on lui fournit des
alimens préparés qui doivent en hâter l'accroissement. Indépendamment de ces sucs déjà
formés, le gaz nitrogène qui fait un des alimens
de la plante, et qui est fourni en abondance
par l'altération des végétaux et des animaux,

doit en faciliter le développement. La plante nourrie par les débris d'animaux et de végétaux, est comme l'animal qu'on soumet au lait pour toute nourriture ; ses organes ont moins de peine à travailler cette boisson que celle qui n'a pas reçu encore l'empreinte de l'animalité.

Le fumier qu'on mêle avec les terres et qui s'y décompose, outre qu'il fournit les principes alimentaires dont nous venons de parler, favorise encore l'accroissement de la plante par la chaleur constante et soutenue que produit sa décomposition ultérieure ; c'est ainsi que *Fabroni* dit avoir vu se développer des feuilles et des fleurs dans la seule partie d'un arbre qui étoit voisine d'un tas de fumier.

ARTICLE II.

De la terre et de son influence dans la végétation.

Quoiqu'il soit également prouvé que l'eau pure peut servir de nourriture à la plante, il ne faut pas non plus regarder la terre comme inutile ; elle ne l'est pas plus que le *placenta*, qui par lui-même ne fournit rien à la vie de l'enfant, mais qui prépare et dispose le sang de la mère à devenir une nourriture convenable ; elle ne l'est pas plus que les divers réservoirs

que la nature a placés dans le corps de l'homme
pour conserver les diverses humeurs et les livrer
au besoin. La terre s'imbibe d'eau et la retient ;
c'est un réservoir destiné par la nature à conserver le suc alimentaire dont la plante a sans
cesse besoin et à le fournir en proportion de ces
mêmes besoins, sans qu'elle soit exposée à l'alternative également meurtrière pour elle, d'être
inondée ou desséchée.

Nous voyons même que dans la jeune plante
ou dans l'embryon, la nature n'a pas voulu
confier au seul germe, encore foible, le travail
de la digestion. La semence est formée d'un
parenchyme qui s'imbibe d'eau, la travaille et
ne la transmet au germe que lorsqu'elle est réduite en suc ou humeur ; insensiblement cette
semence se détruit, et la plante, assez forte
par elle-même, fournit seule au travail de la
digestion. C'est ainsi que nous voyons le *fétus*
nourri dans le sein de la mère par les humeurs
de la mère elle-même ; mais dès qu'il a reçu le
jour, on lui donne pour nourriture une boisson
moins animalisée ; et peu à peu ses organes se
fortifient et deviennent capables par eux-mêmes
d'une nourriture plus forte et moins analogue.

Mais par-là même que la terre est destinée à
transmettre à la plante l'eau qui lui sert de nourriture, la nature du sol ne peut pas paroître
indifférente, et elle doit varier selon que la plante

a besoin d'une quantité d'eau plus ou moins considérable , selon qu'elle en demande plus ou moins dans un temps donné , et selon que ses racines doivent s'étendre plus ou moins. On sent déjà que toute terre n'est pas convenable pour toute plante , et que conséquemment un rejeton ne peut pas être enté indifféremment sur toutes sortes d'espèces.

Pour que la terre soit convenable , il faut, 1°. qu'elle puisse servir d'un support assez fixe pour que la plante ne soit pas ébranlée ; 2°. qu'elle permette aux racines de s'étendre au loin avec aisance ; 3°. qu'elle s'imprègne d'humidité et puisse retenir l'eau suffisamment pour que la plante n'en manque pas au besoin : pour réunir ces diverses conditions, il est nécessaire de faire un mélange convenable des terres primitives ; car aucune ne les possède en particulier : les terres siliceuses et calcaires peuvent être regardées comme dessicatives et chaudes , les argileuses , comme humides et froides, et les magnésiennes , comme douées de propriétés moyennes. Chacune en particulier a des défauts qui la rendent impropre à la culture : l'argileuse prend l'eau et ne la cède point , la calcaire la prend et la cède trop vîte ; mais heureusement les propriétés de ces terres sont tellement opposées qu'elles se corrigent par le mélange : c'est ainsi qu'en mêlant de la chaux dans une terre argileuse

on divise cette dernière, et on mitige la propriété
desséchante de la chaux en même-temps qu'on
corrige le pâteux de l'argile ; c'est ainsi que
l'engrais ne peut pas être fourni par une seule
terre, et qu'il faut étudier le caractère de la
terre qu'on veut bonifier avant de faire choix
de l'engrais. M. *Tillet* a prouvé que les meil-
leures proportions d'une terre fertile pour les
bleds, sont trois huitièmes d'argile, deux de
sable et trois de recoupes de pierre dure.

L'avantage du labour consiste à diviser la terre,
à l'aérer, à détruire les mauvaises plantes et à
les convertir en engrais en en facilitant la décomposition.

Avant les connoissances que nous avons
acquises sur les principes constituans de l'eau,
il étoit impossible d'expliquer et même de
concevoir l'accroissement de la plante par
ce seul aliment : en effet, si l'eau étoit un élément et un principe indécomposable, en entrant
dans la nutrition de la plante elle ne donneroit
que de l'eau, et le végétal ne nous présenteroit
que ce liquide ; mais en considérant l'eau comme
formée par la combinaison des gaz oxigène et
hydrogène, on conçoit sans peine que ce composé se réduit en principes, et que le gaz hydrogène devient principe du végétal, tandis que
l'oxigéne est poussé au dehors par les forces
même de la vie : aussi voit-on le végétal presque

tout formé d'hydrogène : les huiles , les résines , le mucilage n'en sont presque que des aggrégés ; et nous voyons le gaz oxigène s'échapper par les pores lorsque la lumière en procure le dégagement. Cette décomposition de l'eau est prouvée non-seulement dans le végétal , mais même dans l'animal : *Rondelet (lib. de pisc. lib.* I. *cap.* 12) cite un grand nombre d'exemples d'animaux marins qui ne peuvent vivre que d'eau par la constitution même de leurs organes : il dit avoir gardé pendant trois ans un poisson dans un vase qu'il tenoit plein d'eau très-pure ; il y prit un tel accroissement , qu'au bout de ce temps le vase ne pouvoit pas le contenir , il rapporte ce fait comme étant très-commun. Nous voyons aussi les poissons rouges qu'on élève dans des bocaux de verre se nourrir et croître sans d'autre secours que celui d'une eau convenablement renouvelée.

A R T I C L E I I I.

Du gaz nitrogène , principe nutritif de la plante.

Le végétal ne peut pas vivre sans air , mais celui dont il a besoin n'est pas le même que celui que l'homme s'approprie : MM. *Priestley*, *Ingenhouz* et *Sennebier* ont prouvé que c'étoit sur-tout le gaz nitrogène qui lui servoit d'aliment ; de là vient que la végétation est d'autant

plus vigoureuse , qu'on présente au végétal une
plus grande quantité de ces corps qui fournissent
ce gaz par leur décomposition , tels que les
animaux ou végétaux en putréfaction. Comme
la base du gaz nitrogène ne nous est pas connue ,
il est difficile de concevoir quel peut être son
effet sur l'économie végétale , et nous ne pouvons pas le suivre au-delà de son introduction
dans le végétal ; nous ne le retrouvons qu'à la
décomposition du végétal lui-même , où il repa-
roît de nouveau sous sa forme de gaz.

ARTICLE IV.

De l'acide carbonique , comme principe nutritif du végétal.

L'acide carbonique répandu dans l'atmosphère
ou dans l'eau , peut être encore regardé comme
aliment de la plante , car elle a le pouvoir de
l'absorber et de le décomposer lorsqu'il est en
petite quantité ; la base de cet acide paroît
même concourir à former la fibre végétale , car
j'ai observé que cet acide prédominoit dans les
fungus et autres plantes étiolées qui vivent dans
les souterrains ; mais qu'en faisant passer les
végétaux fixés sur des étançons, d'une obscurité
presqu'absolue à la lumière par des progrès et
des nuances imperceptibles , cet acide dispa-

roissoit presqu'en entier , et la fibre végétale augmentoit en proportion , en même-temps que la résine et la couleur se développoient par l'oxigène du même acide. *Sennebier* a observé que les plantes qu'on arrosoit avec de l'eau imprégnée d'acide carbonique , transpiroient beaucoup plus de gaz oxigène , ce qui annonce une décomposition de l'acide carbonique.

On peut donc employer avec succès la végétation pour corriger l'air trop chargé d'acide carbonique , ou dans lequel le gaz nitrogène se trouve en trop grande proportion.

A R T I C L E V.

De la lumière et de son influence dans la végétation.

La lumière est absolument nécessaire à la plante : sans son secours elle s'étiole , languit et se meurt ; mais il n'est pas prouvé qu'elle entre comme aliment dans sa formation , on peut tout au plus la regarder comme un *stimulus* , comme un agent qui décompose les divers principes nutritifs et sépare le gaz oxigène provenant de la décomposition de l'eau ou de l'acide carbonique , tandis que ses bases se fixent dans la plante elle-même.

Un effet bien immédiat de la fixation des

diverses substances gazeuses et de la concrétion des liquides qui servent d'aliment à la plante, c'est une production sensible de chaleur, qui fait que les plantes participent peu de la température de l'atmosphère : M. *Hunter* a vu qu'en tenant un thermomètre plongé dans le trou d'un arbre sain, il indique constamment une chaleur supérieure de quelques degrés à celle de l'atmosphère au-dessous de la cinquante-sixième division de *Farenheit*, tandis que la chaleur végétale, dans un temps plus chaud, s'est toujours trouvée inférieure de quelques degrés à celle de l'atmosphère ; le même Physicien a aussi observé que la sève qui, hors de l'arbre se geloit à 32 degrés, ne se geloit dans l'arbre qu'à 15 degrés de froid de plus. La chaleur végétale peut augmenter ou diminuer par diverses causes maladives ; elle peut même devenir sensible au tact dans des temps très-froids, suivant M. *de Buffon*.

La chaleur produite dans le végétal sain par les causes ci-dessus, tempère sans relâche la rigueur de l'atmosphère ; et l'évaporation qui se fait dans tout le corps de l'arbre, modère sans cesse l'ardeur dévorante du soleil ; et on voit s'accroître les causes productries de froid ou de chaleur, à mesure que le froid ou la chaleur extérieurs agissent avec plus ou moins d'énergie.

La propriété qu'ont les plantes de se nourrir de gaz nitrogène et d'acide carbonique, établit entr'elles et quelques insectes un point d'analogie bien étonnant : il paroît par les observations de *Frederic Garman* (*ephem. des cur. de la nat. année* 1670) que l'air peut être un véritable aliment pour les araignées ; la larve du fourmillon, ainsi que celle de quelques insectes chasseurs qui vivent dans le sable, peut croître et se métamorphoser sans autre nourriture que l'air : on a observé qu'un grand nombre d'insectes, sur-tout à l'état de larve, pouvoient vivre dans le gaz nitrogène mêlé d'acide carbonique et transpirer de l'air vital : l'*Abbé Fontana* a observé que plusieurs insectes avoient cette propriété ; et *Ingenhouz*, qui croit que la matière verte qui se forme dans l'eau et qui transpire du gaz oxigène à la lumière du soleil étoit une ruche d'animalcules, a ajouté à ces phénomènes. Les insectes ont de plus l'organe respiratoire distribué sur le corps comme le végétal. Voilà donc des points d'analogie très-étonnans entre les insectes et les plantes. Et l'analyse chimique ajoute encore à ces ressemblances, puisque les insectes et les végétaux donnent les mêmes pincipes, des huiles volatiles, des résines, des acides libres, etc.

SECTION III,

DU RÉSULTAT DE LA NUTRITION OU DES PRINCIPES DU VÉGÉTAL.

Les diverses substances qui servent d'aliment à la plante, se dénaturent par l'action de l'organisation du végétal, et il en résulte d'abord un fluide généralement répandu et connu sous le nom de *sève* : ce suc porté dans les diverses parties y reçoit des modifications infinies et forme les diverses humeurs qui sont séparées et fournies par les organes ; ce sont principalement ces humeurs dont nous allons nous occuper, et nous tâcherons de suivre dans leur examen une marche assez naturelle en les soumettant à l'analyse dans le même ordre que la nature nous les présente.

ARTICLE PREMIER,

Du mucilage.

Le mucilage paroît former la première altération des sucs alimentaires dans le végétal : la plupart des semences se résolvent presque toutes en mucilage, et les jeunes plantes en paroissent toutes formées ; cette substance a la plus grande

analogie

(35)

analogie avec le fluide muqueux des animaux :
comme lui il est très-abondant dans le jeune
âge, et c'est de lui que tous les autres principes paroissent sortir ; et dans le végétal comme
dans l'animal il diminue à mesure que le corps
peut se passer d'accroissement. Non-seulement
le mucilage forme le suc nutritif de la plante
et de l'animal, mais quand on l'extrait de l'un
ou de l'autre, il devient pour nous l'aliment
le plus sain et le plus nourrissant.

Le mucilage forme la base des sucs propres
ou de la sève de la plante : il est quelquefois
presque seul comme dans les mauves, les graines
de coing, celles de lin, de thlaspi, etc.; quelquefois il est combiné avec des substances insolubles dans l'eau qu'il y maintient dans un état
d'émulsion, comme dans les euphorbes, la
célidoine, les convolvulus et autres; d'autrefois
avec une huile, ce qui forme les huiles grasses;
souvent avec le sucre, comme dans les graminées,
la canne à sucre, le maïs, la carotte, etc.
On le trouve encore confondu avec des sels
essentiels avec excès d'acide, comme dans le
berberis, le tamarin, les oseilles, etc.
Le mucilage forme quelquefois l'état perma-
nant de la plante, comme dans les tremella,
les conferva, quelques lichens et la plupart des
champignons. Cette existence sous forme de
mucilage s'observe aussi dans quelques ani-

C

maux, tels que les méduses ou orties de mer, les holoturies, etc.

Les caractères du mucilage sont d'être 1°. insipide, 2°. soluble dans l'eau, 3°. insoluble dans l'alkool, 4°. susceptible de se coaguler par l'action des acides foibles, 5°. se charbonant au feu sans donner de la flamme et exhalant une quantité considérable d'acide carbonique par la combustion. Le mucilage est encore susceptible de passer à la fermentation acide, quand il est delayé dans l'eau.

La formation du mucilage paroît presque indépendante de la lumière : les plantes qui croissent dans les soutérrains en sont très-pourvues ; mais la lumière est nécessaire pour le faire passer lui-même en d'autres états ; car sans son secours, les mêmes plantes ne prennent presque point de consistance.

Ce qu'on appelle *gommes* ou *sucs gommeux* dans le commerce, n'est autre chose que des mucilages desséchés : ces gommes sont au nombre de trois, elles coulent naturellement du tronc de l'arbre, ou bien on les retire par incision.

1°. *De la gomme du pays, gummi nostras.* Cette gomme découle naturellement de quelques arbres de nos climats, tels que le prunier, le cerisier, l'abricotier, etc. Elle se présente d'abord sous forme d'un suc épais qui se fige

par le contact de l'air et perd le gluant et le
pâteux qui caractérise ce suc quand il est encore liquide ; la couleur en est blanche, mais
plus souvent jaune ou rougeâtre. Lorsqu'elle est
pure elle peut remplacer la gomme arabique
avec avantage puisqu'elle est beaucoup moins
chère.

2°. *De la gomme arabique.* La gomme arabique découle naturellement de l'Acacia en
Egypte et en Arabie ; on prétend même que
cet arbre n'est pas le seul à la fournir et que
celle du commerce est le produit de plusieurs ;
on trouve cette gomme dans le commerce en
morceaux ronds, blancs et transparens, ridés
à l'extérieur et creux dans l'intérieur: on en trouve
aussi des morceaux ronds et tortillés en divers
sens. Cette gomme se dissout aisément dans
l'eau, et forme une gelée transparente qu'on
appelle *mucilage.* On l'emploie beaucoup dans
les arts et la médecine : c'est un remède adou-
cissant, sans odeur et saveur, très-propre à faire
la base de toutes les pastilles et bombons usités
comme adoucissans.

3°. *De la gomme adragant.* La gomme adragant est un suc à-peu-près de même nature que
la gomme arabique: elle découle de l'adragant de
Crète, petit arbrisseau qui n'a que trois pieds,
et elle se trouve en petites larmes blanches et
tortillées comme de petits vermisseaux. Elle

forme avec l'eau une gelée plus épaisse que la gomme arabique et peut servir aux mêmes usages.

Si l'on fait macérer quelque temps dans l'eau les racines de guimauve ou de consoude, les semences de lin, les pepins de coing, etc., on en extrait un mucilage semblable à la gomme arabique.

Toutes ces gommes distillées donnent de l'eau, un acide, un peu d'huile, peu d'ammoniaque et beaucoup de charbon. Cette ébauche d'analyse nous prouve qu'il n'entre dans le mucilage que de l'eau, de l'huile, de l'acide, du carbone et de la terre, ce qui fait voir que les divers principes des sucs alimentaires tels que l'eau, l'acide carbonique et le gaz nitrogène, s'y sont à peine dénaturés.

Les gommes sont employées dans les arts et la médecine; dans les arts, on s'en sert pour donner de la consistance à certaines couleurs et les fixer d'une manière plus tenace sur le papier; on s'en sert encore pour donner du corps et de l'apprêt aux chapeaux, aux rubans, aux taffetas, etc.; les étoffes trempées dans l'eau gommée y prennent du lustre et de l'éclat, mais l'eau et le toucher détruisent bientôt l'illusion, et ces procédés sont classés parmi ceux qui avoisinent la mauvaise foi et la tromperie. La gomme fait encore la base de presque tous les cirages qu'on emploie pour les souliers, les bottes, etc.

En médecine on ordonne les gommes comme adoucissantes ; on en fait la base de plusieurs remèdes de ce genre ; le mucilage de graines de lin, et celui de pepins de coings calment bien les irritations.

ARTICLE II.

Des Huiles.

On est convenu d'appeller huile ou suc huileux des corps gras, onctueux, plus ou moins fluides, insolubles dans l'eau et combustibles.

Ces produits paroissent appartenir exclusivement aux animaux et aux végétaux ; le règne minéral ne nous offre que des substances qui en ont à peine quelques propriétés telles que l'onctueux.

On distingue les huiles, relativement à leur fixité, en *huiles grasses* et *huiles essentielles* : nous ne les connoîtrons dans cet article que sous le nom d'*huiles fixes* et *huiles volatiles*. La différence qui existe entre ces deux espèces d'huiles réside non-seulement dans leur volatilité plus ou moins grande, mais même dans la manière dont elles se comportent avec les divers réactifs : les huiles fixes sont insolubles dans l'alkool, les volatiles s'y dissolvent aisément ; les huiles fixes sont en général douces, tandis que les volatiles sont âcres et même caustiques.

Il paroît néanmoins que l'élément huileux est le même dans l'une et dans l'autre ; mais il est combiné avec le mucilage dans l'huile fixe, et avec l'esprit recteur ou l'arome dans les volatiles. En brûlant le mucilage de l'huile fixe par la distillation, on les attenue de plus en plus ; on peut y parvenir encore par le moyen de l'eau qui le dissout ; en distillant l'huile volatile avec un peu d'eau à la chaleur douce du bain marie, on en sépare l'arome, qu'on peut lui redonner en la redistillant avec la plante odorante qui l'a fournie.

L'huile volatile se forme assez constamment dans la partie la plus odorante de la plante : c'est la graine qui la fournit dans les ombellifères, ce sont les racines dans les geùm, ce sont les tiges et les feuilles dans les labiées. Le rapport qui se trouve entre l'huile volatile et l'éther qni ne paroît être qu'une combinaison d'oxigène et d'alkool, prouve que les huiles volatiles pourroient bien n'être que la combinaison de la base fermentescible du sucre avec l'oxigène ; nous concevrions d'après cela, comment il peut se former de l'huile dans la distillation du mucilage et du sucre ; nous ne serions plus sur-

pris que les huiles volatiles soient âcres et cor-
rosives, qu'elles rougissent le papier bleu, at-
taquent et détruisent le liège et se rapprochent
des propriétés de l'acide. Nous nous occuperons
séparément des huiles fixes et des huiles volatiles.

PREMIERE DIVISION.

Des huiles fixes.

Les huiles fixes sont presque toutes fluides ;
mais la plupart peuvent passer à l'état solide,
même par un froid modéré ; il en est même qui
ont constamment une forme solide à la température de nos climats, telles que le beurre de
cacao, la cire, le pela des Chinois. Elles se
figent toutes à des degrés de froid différens ;
celle d'olive, à 10 au-dessus de zéro ; celle
d'amande, à 10 au-dessus ; celle de noix ne
se gèle point au froid de nos climats.

Les huiles fixes ont une onctuosité très-mar-
quée, ne se mêlent ni à l'eau ni à l'alkool,
se volatilisent à un degré supérieur à celui de
l'eau bouillante et s'enflamment quand elles
sont volatilisées et qu'on leur applique un corps
embrasé.

Les huiles fixes sont contenues dans les amandes des fruits à noyaux, dans les pepins, et quel-

quefois dans toutes les parties du fruit, comme
dans l'olive, dans l'amande, dont toutes les
parties peuvent en fournir.

C'est en général par expression qu'on fait
couler l'huile des cellules qui la renferment ;
mais chaque espèce demande une manipulation
différente.

1°. L'huile d'olive se retire par expression du
fruit de l'olivier : le procédé usité chez nous est
très-simple : on écrase l'olive par le moyen
d'une meule placée verticalement et qui tourne
sur un plan horizontal ; la pâte qui en provient
est ensuite fortement exprimée par une presse,
et la première huile qu'on retire de cette pression est ce qu'on appelle *huile-vierge* ; on arrose
ensuite le marc avec de l'eau bouillante, on exprime de nouveau et l'huile qui surnage porte
avec elle une partie du parenchyme du végétal
et une grande partie de mucilage dont elle se
débarrasse difficilement.

La différence dans l'espèce d'olive en apporte
une dans l'huile qui en provient ; mais les circonstances qui accompagnent la préparation en
établissent encore : si l'olive n'est pas bien mûre,
l'huile est amère; si elle l'est trop, l'huile est pâteuse. La manière d'extraire l'huile influe prodigieusement sur la qualité : les moulins à huile ne sont
point tenus assez proprement ; les meules et tous
les outils sont imprégnés d'une huile rance qui ne

peut que donner du goût à la nouvelle. Il est des pays où l'on est dans l'usage d'entasser les olives et de les laisser fermenter avant d'en retirer l'huile, alors celle qui provient est mauvaise, et ce procédé n'est praticable que pour préparer l'huile qui est destinée aux savonneries ou à la lampe.

2°. L'huile d'amandes s'extrait de ce fruit par expression : pour cela, on prend les amandes sèches, on les secoue dans un sac de grosse toile et on les frotte un peu rudement pour en ôter une poussière âcre qui se trouve à l'écorce; on les pile dans un mortier de marbre, on en fait une pâte qu'on met dans un gros linge et qu'on soumet à la presse.

Cette huile fraîche est verdâtre et trouble, parce que l'effort de la presse a fait passer du mucilage ; en vieillissant elle se clarifie et devient âcre par la décomposition de ce même muqueux.

Quelques personnes jettent les amandes dans l'eau chaude ou les exposent à la vapeur avant de les soumettre à la presse ; mais cette addition d'eau dispose l'huile à rancir plus vîte.

On peut extraire par ce procédé l'huile de toutes les amandes, des noyaux et de toutes les graines.

3°. L'huile de lin s'extrait des graines que porte la plante de ce nom : mais comme elle

contient beaucoup de mucilage, on les torréfie
sur le feu avant de les soumettre à la presse ;
c'est cette préparation qui donne à l'huile un
goût de feu désagréable, mais en même temps
elle lui enlève la propriété de rancir et la rend
une des huiles les plus siccatives. Toutes les graines mucilagineuses, tous les pepins et les semences de jusquiame et de pavot doivent être traités
de cette manière.

Les Flamands retirent aussi, par un procédé semblable, l'huile d'une espèce de choux
qu'ils appellent *colsa* ; et l'huile est connue sous
le nom d'*huile de navette*.

Si on distille une huile grasse dans un appareil de vaisseaux convenable, on en retire, du
phlegme, de l'acide, une huile tenue qui passe
plus épaisse vers la fin, beaucoup de gaz hydrogène mêlé d'acide carbonique, et on a un
résidu charbonneux qui ne donne pas d'alkali.
J'ai observé que les huiles volatiles fournissent
plus de gaz hydrogène et les fixes plus d'acide
carbonique ; ce dernier produit dépend du mucilage ; en distillant à plusieurs reprises la même
huile, on l'atténue de plus en plus, elle devient très-limpide et très-volatile, avec la seule
différence que l'odeur particulière qu'elle a lui
est communiquée par le feu. On peut hâter la
volatilisation de l'huile en la distillant sur une
terre argileuse : par ce moyen on la débar-

rasse , en peu de temps , de sa partie colorante ; et les huiles pesantes et noires que nous
fournissent les bitumes distillées une ou deux
fois sur de l'argile seule , telle que celle de
murviel , en sont complétement décolorées. Les
anciens Chimistes préparoient *l'huile des phi-*
losophes en distillant une brique qui étoit impregnée d'huile.

1°. L'huile se combine aisément avec l'oxigène : cette combinaison est ou lente ou rapide ;
dans le premier cas , il en résulte de la rancidité ; dans le second , c'est une inflammation.

L'huile fixe , exposée pendant quelque temps
à l'air libre , absorbe le gaz oxigène et prend
une odeur de feu toute particulière , un goût âcre
et brûlé , en même temps qu'elle s'épaissit et
se colore. Si on met l'huile dans un flacon en
contact avec le gaz oxigène , elle rancit plus aisément et l'oxigène est absorbé. *Schèele* avoit
observé l'absorption d'une portion d'air avant
que la théorie en fût bien connue. L'huile mise
dans des vases fermés ne s'altère point.

Il paroît que l'oxigène combiné avec le mucilage forme la rancidité , et que combiné avec
l'huile il forme l'huile siccative.

La rancidité des huiles est donc un effet analogue à la calcination ou oxidation des métaux :
elle dépend essentiellement de la combinaison
de l'air pur avec le principe extractif qui est

naturellement uni au principe huileux ; nous
pouvons porter cela à la démonstration, en
suivant les procédés usités pour s'opposer à la
rancidité des huiles.

A. Lorsqu'on prépare les olives pour la table, on cherche à les débarrasser de ce principe qui en détermine la fermentation et on y
procède de différentes manières : dans quelques
endroits on les fait macérer dans l'eau bouillante
chargée de sel et d'aromates ; et, après vingt-
quatre heures de digestion, on les trempe dans
l'eau fraîche qu'on renouvelle jusqu'à ce que
la saveur soit parfaitement adoucie ; quelquefois on se contente de faire macérer l'olive dans
l'eau froide, souvent on fait macérer ces fruits
dans une lessive de chaux vive et de cendres,
et on les passe ensuite à l'eau fraîche ; mais
de quelque manière qu'on les prépare on les
conserve dans une saumure chargée de quelque
aromate tels que la coriandre, le fenouil ; quelques personnes les confisent entières, d'autres
les fendent pour que l'extraction soit plus complète et qu'elles s'impregnent mieux d'aromates.

Tous ces procédés tendent évidemment à extraire le principe mucilagineux soluble dans
l'eau, et à préserver par ce moyen le fruit de
la fermentation. Lorsque l'opération n'est pas
bien faite, les olives fermentent et se dénaturent ; si l'on traitoit l'olive avec l'eau bouillante

pour en extraire le principe mucilagineux avant
de la soumettre à la presse , on auroit de la
belle huile sans danger de rancidité.

B. Lorsque l'huile est faite , si on l'agite fortement dans l'eau , on en dégage le principe
mucilagineux et on peut ensuite la conserver
pendant long-temps sans qu'elle se dénature ;
je conserve de l'huile de marc d'olive préparée
de cette manière depuis plusieurs années dans
des bocaux decouverts et sans altération.

C. La torréfaction qu'on fait subir à quelques graines mucilagineuses , avant d'en extraire
l'huile , la rend moins susceptible de rancir parce
qu'on a détruit le mucilage.

D. M. *Sieffert* a proposé de faire fermenter
les huiles avec des pommes ou des poires pour
enlever l'âcreté des huiles rances : par ce moyen
on les dépouille du principe qui s'est combiné
avec elles et ce principe se porte sur d'autres
corps.

On peut donc regarder le mucilage comme
le germe de la fermentation.

Lorsque la combinaison de l'air pur est favorisée par la volatilisation de l'huile , il en résulte
alors une inflammation ou combustion : pour
mettre en jeu cette combinaison , il faut volatiliser l'huile par l'application d'un corps chaud ,
la flamme qui se produit est en état d'entretenir
le degré de volatilité et de soutenir la combus-

(48)

tion ; lorsqu'on établit un courant d'air dans le
milieu de la mèche et de la flamme, alors la
grande quantité de gaz oxigène qui passe nèces-
site une combustion plus rapide, une chaleur
plus forte ; et de-là vient que la lumière est plus
vive et qu'il n'y a pas de fumée, elle est
détruite et brûlée par la grande chaleur qui
s'excite.

Les lampes de *Palmer* méritent encore une
attention particulière : en faisant passer les rayons
à travers une liqueur colorée en bleu, il imite
au naturel la lumière du jour, ce qui prouve
que les rayons artificiels ont besoin de se mêler
avec les bleus pour imiter les naturels ; et les
rayons du soleil qui traversent l'atmosphère peuvent bien ne devoir leur couleur qu'à leur combinaison avec la couleur bleue, qui paroît la
couleur dominante dans l'atmosphère.

Si on jette de l'eau sur de l'huile enflammée,
on sait qu'on ne parvient pas à l'éteindre, parce
que l'eau se décompose dans cette expérience.
Si on ramasse le produit de la combustion de
l'huile, on trouve beaucoup d'eau, parce que
la combinaison de son hydrogène avec l'oxigène
en produit.

M. *Lavoisier* a prouvé qu'une livre d'huile
contenoit,

Charbon, 12 onces 5 gros 5 grains.
Hydrogène, 3   2   67.

L'art de rendre les huiles siccatives tient encore à la combinaison du gaz oxigène avec l'huile elle-même ; il suffit pour cet effet de les faire bouillir avec des oxides. Si l'on fait chauffer une huile sur l'oxide rouge de mercure , il en résulte un bouillonnement considérable ; le mercure est réduit et l'huile devient très-siccative ; cette observation est de M. *de Puymaurin.* On emploie ordinairement à cet usage les oxides de plomb ou de cuivre : il y a échange de principe dans ces opérations , le mucilage se combine avec le métal , tandis que l'oxigène s'unit à l'huile.

On peut encore combiner l'huile avec les oxides métalliques par les doubles affinités , à la manière de M. *Berthollet* : il suffit de verser dans une dissolution de savon une dissolution métallique. Par ce moyen on prépare avec le sulfate de cuivre un savon de couleur verte , et avec celui de fer un savon brun-foncé assez éclatant.

Il paroît que dans les combinaisons des huiles fixes avec les oxides de plomb , il se dégage de ces huiles une matière qui surnage , que *Schéele* a appelée *principe doux* , et qui ne me paroît être que le mucilage.

2°. L'huile se combine avec le sucre , et il en résulte encore une espèce de savon qui peut aisément se délayer dans l'eau et s'y tenir en

suspension ; la trituration des amandes avec le
sucre et l'eau, forme le *lait d'amande*, l'orgeat
et autres émulsions, etc. On les trouve dans cet
état dans le végétal.

3°. L'huile s'unit facilement aux alkalis, et
il résulte de cette union un corps connu sous
le nom de *savon* ; il suffit, pour faire cette composition, de triturer de la potasse avec de
l'huile, et de rapprocher le mélange par le feu.
Le savon médicinal se fait avec l'huile d'amandes
douces et moitié de potasse ou alkali caustique ;
le savon s'épaissit par le repos.

Pour faire le savon du commerce, on
peut faire bouillir une partie de bonne soude
d'Alicante et deux de chaux vive dans une
suffisante quantité d'eau ; on filtre la liqueur à
travers une toile et on la fait évaporer au point
qu'une fiole qui contient huit onces d'eau pure
puisse contenir onze onces de cette liqueur ;
qu'on nomme *lessive des Savonniers*. Une partie
de cette lessive et deux d'huile, cuites ensemble jusqu'à ce qu'en en prenant avec une spatule il se détache et se coagule promptement,
forment du savon.

Dans presque tous les atteliers on prépare la
lessive à froid ; on mêle pour cela volume égal
de soude d'Alicante pilée et de chaux vive
qu'on a précédemment arrosée avec de l'eau ;
on jette par dessus ce mêlange de l'eau qui passe

à

à travers , se filtre et va se rendre dans un baquet ; on passe de l'eau sur le mélange jusqu'à ce qu'il ne donne plus rien , et on fait trois sortes de lessives qui different par la force ; la première eau qui passe est la meilleure , et la dernière ne contient presque rien. On mêle ensuite ces lessives avec l'huile dans des chaudières où le mélange est favorisé par l'action du feu ; on met d'abord la lessive foible , peu à peu on ajoute de la plus forte , et on ne met la première qualité que vers la fin.

Pour faire le savon marbré on se sert de la soude en nature , de la couperose bleue , du cinabre , etc. selon la couleur qu'on veut obtenir.

On prépare encore un savon liquide verd ou noir en traitant , par ébullition , une lessive de soude , de potasse où même de cendres avec les marcs des huiles d'olive , de noix , de navette , les graisses , les huiles de poisson , etc. et on en fait du savon noir en Picardie et du verd en Hollande : M. le Marquis *de Bullion* a proposé de faire des savons avec la graisse des animaux.

A *Aniane* et aux environs de Montpellier , on prépare un savon mou avec une lessive de cendres caustique et de l'huile de marc d'olive.

Si on distille le savon il en résulte de l'eau , de l'huile et beaucoup d'ammoniaque ; il reste dans la cornue une grande quantité de l'alkali employé pour faire le savon. L'ammoniaque qui se produit dans cette expérience me paroit provenir de la combinaison du gaz hydrogène de l'huile avec le nitrogène, principe constituant de l'alkali fixe.

Le savon est soluble dans l'eau pure, mais il forme des grumeaux et se décompose dans l'eau chargée de sulfates, parce que l'acide sulfurique se porte sur l'alkali du savon, la terre se combine avec l'huile et forme un savon qui nage à la surface.

Le savon se dissout aussi dans l'alkool à l'aide d'un peu de chaleur, et forme l'essence de savon qu'on aromatise comme on veut.

Les savons peuvent se charger d'une plus grande quantité d'huile et la rendre soluble dans l'eau ; de là vient leur propriété de dégraisser les étoffes, de blanchir le linge, etc. Ils sont employés comme fondans et résolutifs dans la médecine.

4°. Les huiles fixes s'unissent également aux acides : MM. *Achard*, *Cornette* et *Macquer*, se sont sur-tout occupés de ces combinaisons : *Achard* verse peu à peu de l'acide sulfurique concentré sur de l'huile fixe ; on triture ce mélange et il en résulte une masse soluble dans l'eau et dans l'alkool.

L'acide nitrique fumant noircit sur le champ les huiles fixes et enflamme celles qui sont sic-

catives ; alors il se décompose et cette décomposition est d'autant plus rapide , que l'huile a
plus d'affinité avec l'oxigène ; de là vient que
l'inflammation des huiles siccatives est plus facile
que celles des autres.

Les acides dont les principes constituans sont
très-adhérens entr'eux , n'ont qu'une action très-
foible sur l'huile , ce qui démontre que l'effet
des acides sur les huiles n'est dû sur-tout qu'à la
combinaison de leur oxigène.

C'est en vertu de cette affinité marquée de
l'huile avec l'oxigène , qu'est produit l'effet qu'ont
les huiles de revivifier les métaux : alors l'oxigène
s'unit à elles et quitte le métal, l'huile s'épaissit
et se colore. Il s'ensuit encore de là que les
huiles siccatives doivent être préférées pour ces
usages , et on voit qu'en cela la pratique est
d'accord avec la théorie.

SECONDE DIVISION.

Des huiles volatiles.

L'huile fixe est unie au mucilage ; la volatile ,
à l'esprit recteur ou arome , et c'est cette combinaison ou ce mélange qui fait leur différence.
Elles sont caractérisées par une odeur forte plus
ou moins agréable ; elles sont solubles dans l'alkool et ont un goût piquant et âcre. Toutes les

plantes aromatiques contiennent de l'huile volatile , à l'exception de celles dont l'odeur est
très-fugace , telles que le jasmin , la violette ,
le lys , etc.

L'huile volatile est quelquefois distribuée dans
toute la plante , comme dans l'angélique de
Bohème ; quelquefois dans l'écorce , comme dans
la cannelle ; la melisse , la menthe , la grande
absinthe contiennent leurs huiles dans les tiges
et les feuilles ; l'aunée , l'iris de Florence , la
benoîte dans la racine. Tous les arbres résineux
en contiennent dans leurs jeunes rameaux, le
romarin , le thim , le serpolet ont leur huile
dans les feuilles et les boutons des fleurs ; la
lavande , la rose dans le calice des fleurs ; la
camomille, le citronier, l'oranger dans les pétales.
Plusieurs fruits en contiennent dans toute leur
substance , tels que le poivre , le genièvre , etc.
les oranges et les citrons dans le zest et l'écorce
qui le recouvre. Les semences des plantes ombelliferes , telles que l'anis , le fenouil ont les vésicules de l'huile essentielle rangées le long des
lignes saillantes qui se trouvent sur l'écorce ; la
noix muscade contient son huile essentielle dans
son amande. Voyez l'*introd. à l'étude du règne
vég.* par M. *Buquet* , pag. 209 , à 212.

La quantité d'huile volatile varie selon l'état
de la plante : il y en a qui en fournissent plus
lorsqu'elles sont vertes , d'autres quand elles sont

sèches, mais c'est le petit nombre. La quantité varie encore selon l'âge de la plante, le terrain où elle croît, le climat qu'elle habite, le temps auquel on l'extrait.

Les huiles volatiles different encore par la consistance ; il y en a de très-fluides, comme celles de lavande, de romarin, de rue ; celles de cannelle et de sassafras sont plus épaisses ; il en est qui conservent constamment leur fluidité, d'autres que la moindre impression de froid fait passer à l'état concret, comme celles d'anis et de fenouil ; quelques-unes sont constamment sous forme concrète, telle est celle de rose, celles de benoîte, de persil et d'aunée.

Les huiles volatiles varient encore par la couleur ; celle de rose est blanche, celle de lavande d'un jaune clair, celle de cannelle d'un jaune rembruni, celle de camomille d'un beau bleu, celle de mille-feuille aigue-marine, celle de persil verte, etc.

La pesanteur est encore différente dans les diverses espèces : celles de nos climats sont en général plus légères et surnagent l'eau, d'autres sont à-peu-près de même pesanteur, et d'autres sont plus pesantes, telles que celles de sassafras et de girofle.

L'odeur des huiles essentielles varie comme celle des plantes qui les produisent.

La saveur des huiles volatiles est chaude en

général , mais la saveur de la plante n'influe pas
toujours sur celle de l'huile : par exemple , celle
qu'on retire du poivre n'a aucune acrimonie ,
et celle que fournit l'absinthe n'a pas d'amertume.

Nous connoissons deux moyens pour extraire
les huiles volatiles : l'expression et la distillation.

1°. On retire par expression celles qui sont,
pour ainsi dire , à nud , et contenues dans des
loges saillantes et visibles ; telles sont celles de
citron , d'orange , de cédrat , de bergamotte :
il suffit de presser l'écorce de ces fruits pour en
faire jaillir l'huile qui y est contenue. On peut
donc se la procurer en exprimant fortement les
écorces contre une glace inclinée : en Provence
et en Italie on les frotte contre une rape , on
déchire par ce moyen les vésicules , et l'huile
coule dans le vaisseau destiné à la recevoir ;
cette huile laisse déposer le parenchyme qu'elle
a entraîné et se clarifie par le repos.

Si on frotte un morceau de sucre contre ces
vésicules , il s'imbibe de ces huiles volatiles et
forme un *oleo-saccharum* soluble dans l'eau et
très-propre à aromatiser certaines liqueurs.

2°. La distillation est le moyen le plus généralement employé pour extraire les huiles volatiles : pour cet effet, on met la plante ou le
fruit qui contient l'huile dans la chaudière de

l'alambic , on y verse dessus une quantité d'eau
suffisante pour qu'elle baigne la plante et on
porte l'eau à l'ébullition ; l'huile qui se volatilise
à ce degré de chaleur , monte avec l'eau et se
ramasse à la surface dans un récipient particulier,
appelé *récipient italien*, qui laisse échapper l'eau
excédente par un bec placé sur le ventre , et
dont l'orifice est plus bas que celui du goulot ;
de sorte que par ce moyen l'huile se ramasse dans
le goulot sans pouvoir s'échapper.

L'eau qui passe par la distillation est plus ou
moins chargée d'huile et du principe odorant de
la plante , et forme ce qui est connu sous le
nom d'*eau distillée.* Ces eaux doivent être rever-
sées dans la cucurbite , lorsqu'on doit distiller
de suite la même nature de plante , parce qu'étant
saturées d'huile et d'arome elles contribuent à
augmenter le produit ultérieur.

Lorsque l'huile est très-fluide ou très-volatile ,
il faut ajouter le serpentin à l'alambic , et avoir
la précaution d'y entretenir l'eau à une température très-froide ; lorsqu'au contraire l'huile est
épaisse , il faut supprimer le serpentin et entretenir l'eau du réfrigérant à une température modérée ; on peut distiller par la première méthode
les huiles de menthe , de melisse , de sauge , de
lavande , de camomille , etc. ; et par la seconde,
celles de rose , d'aunée , de persil , de fenouil ,
de cumin , etc.

On peut aussi extraire l'huile de girofle par la distillation, *per descensum*, qu'on détermine en appliquant le feu par-dessus.

Les huiles volatiles sont très-sujettes à être falsifiées, et elles le sont, ou par leur mélange avec des huiles grasses, ou par leur mélange entr'elles comme avec celle de térébenthine qui est moins chère, ou par leur mélange avec l'alkool : dans le premier cas, on reconnoît aisément la fraude, 1°, par la distillation, parce que les volatiles montent à la chaleur de l'eau bouillante ; 2°. en imbibant un papier de trace de ce mélange et l'exposant à une chaleur suffisante pour volatiliser l'huile volatile ; 3°. par le moyen de l'alkool, qui se trouble et devient laiteux par l'insolubilité de l'huile fixe.

Les huiles volatiles qui ont une odeur très-forte, telles que celles de thim et de lavande, sont souvent sophistiquées par des huiles de térébenthine. Dans ce cas on découvre la fraude en imbibant un peu de coton de ce mélange, et le laissant exposé à l'air assez long-temps pour que l'odeur de la bonne huile se dissipe et qu'il ne reste que la mauvaise ; on peut encore y parvenir en se frottant la main avec ce mélange ; on développe par ce moyen l'odeur particulière de la térébenthine : on falsifie encore les huiles en faisant digérer dans l'huile d'olive la plante qui devroit la fournir ; c'est de cette manière qu'on prépare celle de camomille.

Les huiles très-légères, telles que celles de cédrat, de bergamotte, sont souvent mêlangées d'un peu d'alkool : on reconnoît aisément la fraude en en versant quelques gouttes sur de l'eau qui blanchit tout de suite, parce que l'alkool abandonne l'huile pour s'unir à ce liquide.

Les huiles volatiles sont susceptibles de s'unir à l'oxigène, aux alkalis et aux acides.

1°. Les huiles volatiles absorbent l'oxigène avec plus de facilité que les fixes ; elles se colorent par cette absorption, s'épaississent et passent à l'état de résine ; et lorsqu'elles se sont épaissies à ce point, elles ne sont plus susceptibles de fermenter et garantissent de toute putréfaction les corps qui en sont pénétrés et bien imprégnés ; c'est là-dessus sur-tout qu'est fondée la théorie des embaumemens. L'action des acides sur ces huiles les fait passer à l'état de résine, et il n'y a de différence entre l'huile volatile et la résine, que celle qui est fournie par cette addition d'oxigène.

Toutes les huiles, en prenant le caractère de la résine par cette combinaison d'oxigène, laissent précipiter des crystaux en aiguilles qui ne sont que du camphre : M. *Geoffroy* le cadet les a observés dans l'huile de matricaire, de marjolaine et de térébenthine. *Acad.* 1721, *pag.* 163.

Lorsque l'huile s'altère par la combinaison de l'oxigène, elle perd peu à peu son odeur et sa volatilité : pour ramener cette huile altérée à son premier état, on la distille ; il reste dans le vaisseau une matière épaisse qui n'est que la résine toute formée, séparée par ce moyen de l'huile non altérée.

2°. Les acides ne se comportent pas également avec les huiles volatiles ; 1° l'acide sulfurique concentré les épaissit, mais s'il est foible il en fait des savonules ; 2°. l'acide nitrique les enflamme quand il est concentré, mais lorsqu'il est affoibli il les fait passer peu à peu à l'état de résine : *Borrichius* paroît être le premier qui ait fait enflammer l'huile de térébenthine avec l'acide sulfurique sans acide nitrique : *Homberg* a répété cette expérience délicate avec les autres huiles volatiles : l'inflammation est d'autant plus facile à produire, que l'huile est plus siccative ou avide d'oxigène, et que l'acide est plus facile à décomposer ; 3°. l'acide muriatique réduit les huiles à l'état savoneux ; l'acide muriatique oxigéné les épaissit.

3°. *Starkey* paroît être un des premiers qui ait essayé la combinaison de l'huile volatile avec l'alkali fixe ; son procédé, long et compliqué, sent l'alchimie ; et la combinaison qui en provenoit a été connue sous le nom de *savon de Starkey*. Le procédé de ce Chimiste n'étoit si long que parce qu'il employoit du carbonate de potasse ; mais si l'on triture à chaud dix parties d'alkali caustique ou de *pierre à cautère* avec huit parties d'huile de térébenthine , le savon se forme instantanément et devient très-dur ; ce procédé est de M. *Géoffroy* , *Mémoires de l'Acad, des Sciences* , *ann.* 1725.

DU CAMPHRE.

On retire le camphre d'une espèce de laurier qui croît dans la Chine et au Japon ; quelques voyageurs assurent que les vieux arbres le contiennent en si grande abondance , qu'en fendant ces arbres on en trouve de grosses larmes très-pures qui n'ont besoin d'aucune rectification : pour extraire le camphre on choisit d'ordinaire les racines des arbres , et à leur défaut toutes les autres parties. On les met avec de l'eau dans un alambic de fer qu'on couvre de son chapiteau ; on ajuste dans le chapiteau des cordes de riz , on lutte les jointures et on distille ; une portion du camphre se sublime et s'attache aux pailles de l'intérieur du chapiteau , tandis qu'une autre portion est emportée par l'eau jusques dans le récipient. Les hollandois purifient le camphre en le mêlant avec une once de chaux vive par livre , et procèdent à la sublimation dans de grands récipiens de verre.

Le camphre ainsi purifié est une substance blanche, concrète, crystalline, d'une odeur et d'une saveur fortes, soluble dans l'alkool, brûlant avec une flamme blanche sans laisser de résidu, se rapprochant des huiles volatiles sous beaucoup de rapports, mais en différant par quelques propriétés, telles que celles de brûler sans résidu, de se dissoudre paisiblement dans les acides, et sans se décomposer ni s'altérer lui-même, et de se volatiliser à une douce chaleur, sans se dénaturer.

On retire aussi le camphre de la distillation des racines de zédoaire, du thim, du romarin, de la sauge, de l'inula-helenium, de l'anémoné pulsatilla, etc. Et il est à observer que toutes ces plantes fournissent beaucoup plus de camphre, lorsque par une dessication de plusieurs mois on a laissé passer la sève à l'état concret; le thim et la menthe poivrée desséchés lentement donnent beaucoup de camphre, tandis que lorsque ces plantes sont fraîches elles fournissent de l'huile volatile; la plupart des huiles volatiles, en passant à l'état de résine, laissent aussi précipiter beaucoup de camphre. M. Achard a encore observé qu'on dégageoit une odeur de camphre lorsqu'on mettoit une huile volatile de fenouil avec les acides; la combinaison de l'acide nitrique affoibli avec l'huile volatile d'anis, lui a donné une grande quantité de crystaux qui avoient presque tous les propriétés du camphre, il a obtenu un précipité semblable en versant de l'alkali végétal sur du vinaigre saturé de l'huile volatile d'angélique.

Il paroît, d'après tous ces faits, que la base du camphre forme un des principes constituans de quelques huiles volatiles ; mais il est à l'état liquide, et ne se concret que par la combinaison de l'oxigène.

Le camphre est susceptible de crystallisation, suivant M. *Romieu*, soit dans la sublimation, soit lorsqu'il est précipité lentement de l'alkool, soit lorsqu'on en charge l'alkool ; il se précipite en filets déliés, il crystallise en lames hexagones attachées à un filet commun, et se sublime en pyramides hexagones ou en crystaux polygones.

Le camphre ne se dissout pas dans l'eau, mais lui communique son odeur et brûle à sa surface. *Romieu* a observé que des parcelles de camphre, d'un tiers ou d'un quart de ligne de diamètre, mises sur un verre d'eau pure, se meuvent en tournant ; et il paroît que c'est un effet électrique, car le mouvement cesse si on touche l'eau avec un corps qui fasse conducteur; et il continue si on la touche avec un corps qui isole, tels que le verre, le soufre, la résine: *Bergen* a observé que le camphre ne tournoit pas sur l'eau chaude.

Les acides dissolvent le camphre sans l'altérer et sans se décomposer : l'acide nitrique le dissout paisiblement , et c'est cette dissolution qu'on a appelée *huile de camphre*. Le camphre précipité de sa dissolution dans les acides par les alkalis augmente en poids , en dureté et devient beaucoup moins combustible , selon les expériences de M. *Kosegarten*. En distillant de l'acide nitrique à plusieurs reprises sur cette substance , elle acquiert toutes les propriétés d'un acide qui crystallise en parallélipipèdes.

Pour retirer l'*acide camphorique* il ne s'agit que de distiller de l'acide sur le camphre à plusieurs reprises et en grande quantité : M. *Kosegarten* a distillé huit fois sur le camphre de l'acide nitrique , et a obtenu un sel en cristaux parallélipipèdes , qui rougit le sirop violat et la teinture de tournesol ; il a une saveur amère et diffère de l'acide oxalique , en ce qu'il ne précipite pas la chaux dissoute dans l'acide muriatique.

Avec la potasse il forme un sel qui crystallise en hexagones réguliers.

Il donne avec la soude des crystaux irréguliers.

Avec l'ammoniaque il forme des masses crystallines , qui présentent des crystaux en aiguilles et en prismes.

Avec la magnésie il produit un sel blanc pulvérulent qui se redissout dans l'eau.

Il dissout le cuivre, le fer, le bismuth, le zinc, l'arsenic et le cobalt. La dissolution du fer donne une poudre d'un jaune blanc qui est insoluble.

Cet acide forme avec le manganèse des crystaux dont les plans sont parallèles et qui ressemblent en quelque façon aux basaltes.

L'acide camphorique, ou plutôt le radical de cet acide, existe dans plusieurs végétaux, puisqu'on extrait le camphre des huiles du thim, du cinnamomum, de la térébenthine, de la menthe, de la matricaire, du sassafras, etc. M. *Dehne* en a tiré de la coquelourde, et *Cartheuser* a fait connoître plusieurs autres plantes qui en contiennent.

L'alkool dissout le camphre avec aisance, on peut l'en précipiter par l'eau seule ; cette dissolution est connue dans les pharmacies sous le nom d'*esprit de vin camphré*, et d'*eau-de-vie camphrée* lorsque l'eau de vie en est le dissolvant.

Les huiles fixes et volatiles se dissolvent aussi à l'aide de la chaleur ; ces dissolutions laissent précipiter des cristaux en végétation, semblables à ceux qui se forment dans les dissolutions de sel ammoniac, composés d'une cote moyenne ou adhérent des filets très-fins ; cette observation est de M. *Romieu.* V. *Acad. des Sciences* 1756.

: Le camphre est un des grands remèdes que possède la médecine , il est résolutif appliqué sur les tumeurs inflammatoires ; il est antispasmodique , antiseptique sur-tout dissous dans l'eau-de-vie ; en Allemagne et en Angleterre on en porte la dose jusqu'à plusieurs gros par jour ; en France nos médecins pusillanimes ne le prescrivent qu'à la dose de quelques grains, il calme les ardeurs des voies urinaires , on le donne trituré avec le jaune d'œuf , le sucre , etc.

On a cru aussi que son odeur dissipoit les insectes destructeurs des étoffes.

ARTICLE III.

Des Résines.

On appelle *résines* des subsistances inflammables solubles dans l'alkool, donnant d'ordinaire beaucoup de suie par leur combustion ; elles peuvent aussi se dissoudre dans les huiles, mais pas du tout dans l'eau.

Toutes les résines ne paroissent être que des huiles rendues concrètes par leur combinaison avec l'oxigène ; leur exposition à l'air et la décomposition des acides sur elles le démontrent évidemment.

Les

Les résines sont en général moins suaves que les baumes ; elles fournissent plus d'huile volatile et ne donnent point de sel acide à la distillation.

Parmi les résines connues il y en a de très-pures et parfaitement solubles dans l'alkool, telles que le baume de la mecque, celui de copahu, les térébenthines, le tacamahaca, l'élémi ; les autres sont monis pures et contiennent un peu d'extrait qui fait qu'elles ne se dissolvent pas en totalité dans l'alkool, telles sont le mastic, la sandaraque, le gayac, le ladanum et le sang-dragon.

1°. *Le baume de la Mecque*, est un suc fluide qui s'épaissit et brunit en vieillissant ; il découle des incisions faites à l'Amyris opobalsamum; on le connoît sous les divers noms de *baume de Judée*, *d'Egypte*, du *Grand-Caire*, de *Syrie*, de *Constantinople*, etc.

Son odeur est forte et tire sur celle du citron, sa saveur est amère et aromatique.

Ce baume distillé à l'eau bouillante, donne beaucoup d'huile volatile.

Il est balsamique et on le donne incorporé avec le sucre, ou mêlé avec le jaune d'œuf; il est aromatique, vulnéraire et cicatrisant.

2°. *Le baume de copahu* découle, dans l'Amérique méridionale près de Tolu, d'un arbre

E

appellé *copaiba* ; il donne les mêmes produits et a les mêmes vertus que le précédent.

3°. *La térébenthine de Chio* découle du té-rébinthe qui fournit les pistaches ; elle est fluide et d'un blanc jaunâtre tirant sur le bleu.

Cette plante croit en Chipre, à Chio, et est commune dans le midi de la France ; on ne re-tire la térébenthine que du tronc et des plus grosses branches ; on commence à faire les in-cisions par le bas et on monte insensiblement jusqu'au haut.

Cette térébenthine distillée sans addition au bain-marie fournit une huile volatile très-blan-che, très-limpide, très-odorante ; au degré de l'eau bouillante, on peut en extraire une huile plus pesante ; et le résidu, qu'on appelle *téré-benthine cuite*, distillé au feu du reverbère donne un acide foible, un peu d'huile brune et consistante et beaucoup de charbon.

La térébenthine de Chio est très-rare dans le commerce. *La térébenthine de Venise* s'ex-trait du mélèse, elle a une couleur jaune claire et limpide d'une odeur forte et aromatique, d'une saveur amère.

L'arbre qui la fournit est le mélèse qui donne la manne ; on pratique pendant l'été des trous de tarière au tronc et vers le bas des arbres, dans lesquels on met de petites goutières qui

conduisent le suc dans des baquets destinés
à le recevoir. On ne retire la résine que des
arbres qui sont dans la plus grande vigueur ;
les vieux présentent souvent dans leur tronc des
dépôts de résine assez considérables.

Cette térébenthine fournit les mêmes principes que celle de Chio.

On emploie cette térébenthine en médecine pour déterger les ulcères du poumon , des
reins , etc. : on l'incorpore avec du sucre , ou
on la délaye avec un jaune d'œuf afin de la
rendre plus miscible aux potions aqueuses : c'est
avec elle qu'on fait le savon de *Starkey* , dont
nous avons parlé à l'article des huiles volatiles.

La résine connue dans le commerce sous le
nom de *résine de Strasbourg* , est un suc résineux de la consistance d'une huile fixe , d'un
blanc jaunâtre , d'un goût amer et d'une odeur
plus agréable que les précédentes.

Elle découle du sapin à feuille d'if très-commun dans les montagnes de la Suisse : cette
résine se ramasse dans des vessies qui paroissent sous l'écorce dans les plus fortes chaleurs ;
les paysans percent ces vésicules avec la pointe
d'un cornet qui se remplit de ce suc , et qu'ils
vident à mesure dans un vaisseau plus grand.

Le baume du Canada ne diffère de la térébenthine du sapin que par son odeur qui est

E 2

plus suave ; on le retire d'une espèce de sapin qui croit dans le Canada.

L'huile de térébenthine est sur-tout employée dans les arts : elle est le grand dissolvant de toutes les résines ; et , comme elle s'évapore , elle les laisse appliquées sur le corps sur lequel on a étendu le mêlange ; comme la base de tous les vernis est fournie par les résines , l'alkool ou l'huile de térébenthine doivent en être les dis- solvants.

4°. *La poix* est un suc résineux de couleur jaune tirant plus ou moins sur le brun ; elle est fournie par un sapin nommé *picea* ou *épicia* ; on incise l'écorce jusqu'au bois , et on raf- fraîchit la plaie , lorsque les bords deviennent calleux ; un arbre vigoureux en fournit souvent quarante livres.

La poix fondue et exprimée à travers des sacs de toile en est plus pure ; on la coule dans des barils , et c'est alors *la poix blanche* , *poix de Bourgogne.*

La poix blanche mêlée avec du noir de fu- mée , forme de la *poix noire.*

La poix blanche tenue en fusion se dessèche ; on peut en faciliter le desséchement avec du vi- naigre , et on la laisse encore quelque temps sur le feu , elle a alors beaucoup de siccité et on l'appelle *colophane.*

Le noir de fumée n'est que la fumée de la poix brûlée ; on en prépare aussi en recueillant celle du charbon de pierre.

5°. Le *galipot* est un suc résineux concret, d'un blanc jaunâtre et d'une odeur forte ; ce suc est fourni dans la Guienne par deux pins, *pinus maritima major*, *et minor*.

Lorsque ces arbres ont acquis une certaine grosseur, on fait au bas de leur tronc une entaille qui pénètre l'écorce jusqu'au bois, la résine suinte et coule dans des auges placées au pied pour la recevoir ; on a soin de rafraîchir la plaie et de la renouveller ; la résine coule pendant l'été, celle qui suinte pendant l'hiver, l'automne et le printemps, se dessèche sur l'arbre.

Le pin fournit encore le *goudron* et *l'huile de cade* : pour cela on met en tas le bois du tronc, les branches et racines ; on les recouvre de gazon et on allume du feu dessous comme pour les charbonner ; l'huile qui se dégage ne pouvant pas s'échapper tombe au fond dans une gouttière qui la conduit dans un baquet la partie la plus fluide se vend sous le nom *d'huile de cade*, et la plus épaisse sous celui de *goudron* dont on enduit les vaisseaux.

La combinaison de diverses résines colorées par le cinabre et le minium, forme ce qu'on appelle *cire d'Espagne* : pour faire cette cire

on prend demi-once gomme lacque , deux gros
térébenthine , autant de colophane , un gros
cinabre et autant de minium ; on fait fondre
la lacque et la colophane , on ajoute ensuite
la térébenthine et on y mêle les principes colorans.

6°. Le *mastic* est en larmes blanches , fari-
neuses , d'une odeur peu forte , d'une saveur
amère et astringente ; le mastic coule naturellement , mais on en facilite la sortie par des
incisions ; le petit térébinthe et le lentisque
fournissent celui du commerce.

Le mastic ne fournit point d'huile volatile
lorsqu'on le distille avec l'eau ; il se dissout presqu'en totalité dans l'alkool.

On emploie le mastic en fumigations , on le
fait mâcher pour fortifier les gencives , on en
fait la base de plusieurs vernis siccatifs.

7°. La *sandaraque* est un suc résineux concret , en larmes sèches , blanches , transparentes , d'une saveur amère et astringente : on
la retire de presque toutes les espèces de *génevrier* et elle se trouve entre le bois et l'é-
corce.

La sandaraque est presque entièrement soluble dans l'alkool avec lequel elle forme un
vernis très-blanc et très-siccatif , c'est pour cela
qu'on l'appelle aussi *vernis*.

8°. Le *ladanum* est un suc résineux noir ,

sec et friable , d'une odeur forte , d'une saveur aromatique assez désagréable. Il transude des feuilles et des branches d'une espèce de ciste qui vient dans l'isle de Candie ; *Tournefort* , dans son voyage du Levant , nous dit que , lorsque l'air est chaud et que la résine sort par les pores du ciste , les paysans promènent sur ces arbrisseaux une espèce de rateau composé de plusieurs lanières de cuir fixées à une lame de bois , le suc se prend aux courroies et on les ratisse avec un couteau ; c'est-là le ladanum pur qui est très-rare. Celui qu'on connoît sous le nom de *ladanum in tortis* est altéré par un sable ferrugineux très-fin , qu'on y ajoute pour en augmenter le poids.

9°. *Le sang-dragon* est une résine , d'une couleur rouge foncée lorsqu'il est en masse , et d'un rouge plus brillant lorsqu'il est en poudre ; il n'a ni odeur ni saveur.

Il se retire du *drakena* dans les isles Canaries , d'où il découle sous la forme de larmes pendant la canicule , on en retire encore du *ptero-carpus draco :* on expose les fruits à la vapeur de l'eau chaude , le suc suinte en gouttes , on le ramasse et on l'enveloppe dans des feuilles de roseau.

Le sang-dragon qu'on trouve dans les boutiques en pains orbiculaires aplatis , est une composition de diverses gommes qu'on met sous cette forme après leur avoir donné la couleur avec un peu de sang-dragon.

Le sang-dragon se dissout dans l'alkool et la dissolution est rouge , on précipite cette résine en rouge.

Le sang-dragon bouilli avec l'eau , la colore en rouge et s'y dissout en partie.

Le sang-dragon est employé en médecine , comme astringent.

ARTICLE IV.

Des Baumes.

Quelques auteurs appellent *baumes* des substances inflammables fluides ; mais il en est qui sont secs : d'autres donnent ce nom aux résines les plus odorantes. M. *Bucquet* a affecté cette dénomination aux seules résines qui ont une odeur suave qu'elles peuvent communiquer à l'eau , et qui sur-tout contiennent des sels acides odorans et concrets, qu'on peut en extraire par la décoction ou la sublimation : il paroît donc qu'il y a dans ces substances un principe qui ne se trouve point dans les résines , lequel en se combinant avec l'oxigène forme un acide, tandis que l'huile saturée de ce même air forme la résine ; ce sel acide est soluble dans l'eau et l'alkool. Comme l'analyse nous démontre une

différence assez frappante entre les baumes et
les résines nous devons les traiter à part.

Les substances qu'on appelle baumes sont
donc les résines unies avec un sel acide concret : nous en connoissons trois principaux ; le
benjoin , le *baume de tolu* ou du *perou* et le
storax calamite.

1°. Le *benjoin* est un suc épaissi , d'une
odeur suave qui devient plus forte par le frottement et la chaleur.

On en connoît deux variétés, *le benjoin amig-
daloïde* et le *benjoin commun* : le premier est
formé par les plus belles larmes de ce baume
liées entr'elles par un *gluten* ou suc de même
nature , mais plus brun , ce qui offre dans sa
cassure l'aspect du nougat. Le second n'est que
le suc lui-même sans mélange de ces belles larmes très-pures ; il nous est apporté du royaume
de Siam et de l'isle de Sumatra , mais nous ne
connoissons point l'arbre qui le fournit.

Le benjoin mis sur les charbons , se fond ,
s'enflamme promptement et répand en brûlant
une odeur forte et aromatique ; mais si on se
contente de l'échauffer sans exciter l'inflammation , alors il se boursoufle et laisse échaper
un odeur plus suave quoique très-forte.

Le benjoin écrasé et bouilli avec l'eau fournit
un sel acide qui cristallise par refroidissement
en longues aiguilles : on peut encore extraire

ce sel par sublimation, il se volatilise à un degré de chaleur moindre que l'huile même de benjoin, et c'est ce qu'on appelle *fleurs de benjoin* ou *acide benzoïque sublimé* : ni l'un, ni l'autre de ces deux procédés ne sont économiques ; et dans les préparations de ces objets en grand, je commence par distiller le benjoin et fais passer dans un vaste récipient tous les produits confondus, alors je les fais bouillir dans l'eau, et par ce moyen j'obtiens une bien plus grande quantité de sel de succin, parce que dans cet état l'eau attaque et dissout tout ce qui y est contenu, tandis que la trituration la plus compléte ne produira pas cet effet.

L'acide benzoïque sublimé à une odeur aromatique très-pénétrante et qui excite la toux, sur-tout lorsqu'on ouvre les vaisseaux sublimatoires pendant qu'ils sont chauds ; il rougit le sirop de violettes et fait effervescence avec les carbonates alkalins ; il s'unit aux terres et aux alkalis de même qu'aux métaux et forme des benzoates sur lesquels *Bergmann* et *Schéele* nous ont fourni quelques connoissances.

L'alkool dissout le benjoin en totalité et ne laisse que ce qui peut être contenu d'étranger dans ce baume : on peut le précipiter par le moyen de l'eau, et c'est alors ce qu'on appelle *lait virginal*.

Le benjoin est employé en médecine comme

aromatique ; mais on l'emploie peu en nature, parce qu'il est peu soluble ; on se sert de sa teinture ou de l'acide volatil : ce dernier est un bon incisif, qu'on donne dans les embarras pituiteux du poumon, des reins, etc. On le donne dans des extraits ou en dissolution dans l'eau.

On emploie le benjoin en fumigations contre des tumeurs indolentes : l'huile est aussi un excellent résolutif, et on l'applique en friction sur les membres affectés de rhumatismes froids et de paralysie.

2°. Le *baume de Tolu*, du *Perou* ou *de Carthagène*, a une odeur douce et agréable.

Il est sous deux états dans le commerce, en *coques* ou *fluide* ; si on ramollit le coco par l'eau bouillante, alors le baume en découle sous forme fluide.

L'arbre qui le fournit est le *toluïfera* de *Linné*: il en vit dans l'Amérique méridionale dans un pays appellé *Tolu*, entre Carthagène et le nom de Dieu.

Le baume fluide donne beaucoup d'huile volatile lorsqu'on le distille à l'eau bouillante.

On peut en extraire un sel acide, très-analogue à celui du benjoin, par les mêmes procédés ; mais ce sel sublimé est pour l'ordinaire plus brun parce qu'il est sali par une portion qui se volatilise à un feu moindre que celui du benjoin.

Ce baume est soluble dans l'alkool, et on peut l'en précipiter par le secours de l'eau.

Ce baume est très-employé dans la médecine, comme aromatique, vulnéraire et antiputride ; on le prescrit trituré avec le sucre ou mêlé à quelque extrait. On en prépare un sirop, en le triturant avec le sucre et faisant digérer à une chaleur douce, ou en le dissolvant dans l'alkool, y laissant fondre le sucre et laissant dissiper l'alkool par le repos.

On le falsifie en faisant macérer, sur les bourgeons du peuplier à odeur de baume, l'huile distillée du benjoin et y ajoutant un peu de baume naturel.

3°. Le storax ou styrax calamite est un suc d'une odeur très-forte mais fort agréable ; on en connoît deux variétés dans le commerce ; l'un est en larmes rougeâtres et nettes, l'autre en masses d'un rouge noirâtre, molles et grasses.

La plante qui le fournit s'appelle Liquidambar orientale ; on a cru pendant long-temps que c'étoit le styrax folio mali cotonœi C. B. : lequel est connu en Provence, dans le bois de la Chartreuse de Montrieu, sous le nom d'Alibousier ; et qui, au rapport de Duhamel, donne un suc très-odorant qu'il a pris pour du storax.

Ils se comporte à l'analyse comme les précédents et présente les mêmes phénomènes.

On l'envoyoit autrefois dans des cannes ou rozeaux, de-là son nom de storax calamite.

Ces trois baumes font la base de ces pastilles odorantes qu'on brûle dans la chambre des malades, pour masquer ou tromper la mauvaise odeur ; on envelope ces baumes par le moyen des mucilages, on y ajoute du charbon et du nitrate de potasse pour faciliter la combustion.

ARTICLE V.

Des Gommes-Résines.

Les gommes-résines sont un mélange naturel d'extrait et de résine ; ces sucs ne découlent guère naturellement, mais à l'aide des incisions que l'on fait à la plante. Il est quelquefois blanc comme dans le tithymale, le figuier ; quelquefois jaune comme dans la Chélidoine ; de sorte, qu'on peut considérer ces substances comme une véritable émulsion dont les principes constituans varient par les proportions.

Les gommes-résines sont solubles partie dans l'eau, partie dans l'alkool.

Un caractère des gommes-résines c'est de rendre trouble l'eau dans laquelle on les fait bouillir.

Cette classe est assez nombreuse , mais nous ne parlerons que des principales espèces et surtout de celles qui sont usitées dans les arts et la médecine.

1°. *L'oliban ou encens* est une gomme résine , en larmes d'un blanc jaunâtre et transparentes. On en connoît deux espèces dans le commerce , l'une qui est en petites larmes très-pures et qu'on appelle *encens mâle* ; l'autre en grosses larmes et impures connue sous le nom d'*encens femelle*.

On ne connoît point l'arbre qui le fournit ; quelques auteurs pensent qu'il vient du *cèdre à feuilles de cyprès.*

L'oliban contient trois parties de résine et une de matière extractive : lorsqu'on le fait bouillir dans l'eau , la dissolution est blanche et trouble , comme celle de tous les sucs de cette classe ; lorsqu'il est frais il fournit un peu d'huile volatile.

L'oliban est employé dans la médecine comme résolutif ; mais son grand usage est dans nos temples où il a été adopté pour le culte qu'on y rend à la divinité.

On l'emploie dans les hôpitaux pour masquer l'air puant qui s'en exhale ; M. *Achard* a prouvé que ce procédé étoit de nul effet , il ne trompe que le nez.

2°. *La scammonée* est d'un gris noirâtre ,

d'une saveur amère et âcre , d'une odeur forte
et nauséabonde.

On en connoît deux variétés dans le commerce ; l'une vient d'Alep et l'autre de Smyrne :
la première est plus pâle , plus légère , plus
pure ; la seconde noire , pesante et mêlée de
corps étrangers.

On l'extrait du *convolvulus scammonia* ; c'est
principalement de la racine qu'on la retire ; on
pratique à cet effet des incisions à la tête de
cette même racine ; on la recueille dans des
coquilles de moule , celle-là est en belles larmes
d'un jaune foncé , mais presque toute celle
du commerce se retire par l'expression des racines.

D'après les résultats des analyses de *Geoffroy*
et de *Cartheuser* , il paroît que les proportions
des principes varient dans les diverses espèces
qu'on analyse ; le dernier a retiré presque moitié
d'extrait , tandis que le premier n'en a trouvé
qu'un sixième.

La scammonée est employée en médecine
comme purgative à la dose de quelques grains ;
triturée avec le sucre et les amandes ; elle forme
une émulsion purgative très-agréable ; adoucie
par le suc de réglisse ou de coings , elle forme
le *diagrède*.

3°. *La gomme gutte* a une couleur d'un jaune
rougeâtre : elle n'a pas d'odeur , mais sa saveur

est âcre et caustique ; la gomme gutte fut envoyée à *Clusius* en 1603 ; elle vient du royaume de *Siam* , de la *Chine* et de l'isle de *Ceylan* , en cylindres plus ou moins gros ; l'arbre qui la fournit est appellé *Coddam-Pulli*. *Herman* témoin oculaire rapporte , qu'il découle un suc laiteux et jaunâtre de l'incision que l'on fait à ces arbres , que ce suc s'épaissit à la chaleur du soleil , et que lorsqu'on peut le manier on en forme de grandes masses orbiculaires.

Geoffroy a extrait cinq sixièmes de résine de la gomme gutte. *Cartheuser* lui avoit attribué plus de parties extractives que de résineuses.

La gomme gutte est quelquefois employée comme purgatif , à la dose de quelques grains ; mais le grand usage qu'on en fait est dans la peinture , où la beauté de sa couleur l'a faite employer.

4°. *L'affa fœtida* se trouve en larmes d'un blanc jaunâtre ; mais le plus souvent , sous la forme de pains formés par l'amas de plusieurs larmes ; il a une saveur âcre et amère , l'odeur en est des plus désagréables.

La plante qui fournit ce suc , s'appelle *férula affa fœtida.*

Cette plante croit en Perse , et on retire le suc de sa racine par expression suivant *Kœmpfer* ; il est fluide et blanc en sortant de la plante et exhale une odeur détestable quand il est récent ;

ce

ce suc en se desséchant perd son odeur et se colore , il en conserve néanmoins assez pour mériter le nom de *stercus diaboli.*

Les Indiens trouvent son odeur agréable ;
ils l'emploient comme assaisonnement et l'appellent le *manger des Dieux ;* ce qui nous prouve
mieux que tous les raisonnemens , qu'il ne faut
pas disputer des goûts.

Cartheuser y a trouvé un tiers de résine.

C'est un médicament fondant et discussif ,
mais sur - tout un anti - histérique des plus effi-
caces.

5°.L'*aloès* est un suc d'un rouge brun et d'une
amertume considérable : on en distingue de trois
espèces , l'*aloès succotrin,* l'*aloès hépatique* et
l'*aloès caballin ;* ils ne different que par le degré
de pureté. M. *de Jussieu* qui a vu préparer ces
trois variétés à *Morviedro* en Espagne , assure
qu'on les retire toutes de l'*aloès vulgaris :* la
première variété s'obtient par des incisions qu'on
pratique aux feuilles ; on lui donne le temps de
déposer toutes ses impuretés ; on décante de
dessus le marc la liqueur qu'on laisse épaissir
au soleil , et on la met dans des sacs de cuir
pour l'expédier sous le nom d'*aloès succotrin ;*
par l'expression de ces mêmes feuilles , on en
extrait un suc qui, clarifié de la même manière,
forme l'*aloès hépatique ;* et par une pression
plus forte , on retire l'*aloès caballin.*

F

L'aloès succotrin ne contient qu'un huitième de résine, selon *Boulduc*; l'aloès hépatique en contient moitié de son poids.

L'aloès est fort employé en médecine comme purgatif, tonique, fondant et vermifuge.

6°. *La gomme ammoniaque* est quelquefois en petites larmes, blanches à l'intérieur, jaunes à l'extérieur; mais elles sont souvent réunies en masse et ressemblant au benjoin amigdalin.

L'odeur en est fétide et la saveur âcre, amère et un peu nauséabonde.

Ce suc vient des déserts de l'Afrique; et quoiqu'on ne connoisse pas la plante qui le fournit, on présume qu'elle est dans la classe des ombelliferes, d'après la forme des graines qu'on y trouve.

La gomme ammoniaque est très-employée en médecine; c'est un très-bon fondant, on la donne en pilules incorporée avec le sucre ou dans quelque extrait; on peut même la faire dissoudre dans l'eau; ce liquide se trouble et devient d'un blanc jaunâtre; elle entre dans tous les emplâtres fondans et résolutifs.

DU CAOUTCHOUC OU GOMME ÉLASTIQUE.

La gomme élastique est une de ces substances qu'il est difficile de classer : elle brûle comme

les résines ; mais sa mollesse., son élasticité ,
son indissolubilité dans les menstrues qui atta-
quent les résines , ne nous permettent pas de la
comprendre dans la classe de ces substances.

L'arbre qui la fournit est connu sous le nom
de *siringa* par les Indiens du Para ; les habitans
de la province d'Esmeraldas , province de Quito,
l'appellent *Hhevé*, et ceux de la province de
Mainas *caoutchouc*.

M. *Richard* a prouvé que cet arbre étoit de
la famille des *euphorbes* ; et M. *Dorthes* a observé
que les *coccus* qui sont revêtus d'un duvet qui
ressemble à de petites pailles , étoient recouverts d'une gomme très-analogue à la gomme
élastique. Ces insectes se nourrissent sur l'eu-
phorbe ; mais ceux qui viennent ailleurs donnent le même suc.

Nous devons à M. *de la Condamine* une relation et des détails exacts sur cet arbre. (*Mém.
de l'Academ. des Sciences* , ann. 1751). Cet
Académicien nous dit , d'après M. *Fresnau* ,
Ingénieur à Cayenne, que le caoutchouc est
un arbre fort haut. On fait des incisions sur
l'écorce , on reçoit dans un vaisseau le suc blanc
et plus ou moins liquide qui en découle , on
l'applique couche par couche sur des moules de
terre , on le laisse sécher au soleil ou au feu,
on y pratique toutes sortes de desseins , et, lors-

qu'il es sec , on écrase le moule qu'on fait sortir par morceaux.

Cette gomme est très-élastique et susceptible de s'étendre beaucoup.

La gomme élastique exposée au feu se ramollit , se boursouffle et brûle en donnant une flamme blanche ; on s'en sert même pour s'éclairer dans la Cayenne.

Elle n'est pas du tout soluble dans l'eau , ni dans l'alkool. Mais *Macquer* nous a appris que l'ether en étoit le vrai dissolvant ; et , sur cette propriété , il a fondé l'art de faire des sondes de gomme élastique , en appliquant des couches de cette dissolution sur un moule de cire jusqu'à ce qu'elles aient l'épaisseur convenable.

M. *Berniard* , à qui nous devons des observations importantes sur cette matière , n'a trouvé que l'éther nitrique qui eût la propriété de dissoudre la gomme élastique ; le sulfurique bien pur ne l'a pas attaquée sensiblement.

Si on met la gomme élastique en contact avec une huile volatile , telle que celle de térébenthine , et même si on l'expose à la vapeur , elle se gonfle , se ramollit et devient très-pâteuse ; on peut alors l'étendre sur le papier ou en enduire des étoffes ; mais cet enduit conserve cette qualité visqueuse pendant long-temps et ne la perd qu'à la longue. Le mélange de l'huile volatile

et de l'alkool forme un meilleur dissolvant que
l'huile pure, et le vernis se dessèche plus vîte.

M. *Berniard* a conclu de ses recherches, que
la gomme élastique est une huile grasse, colorée
par une matière dissoluble dans l'alkool, et
salie par la fumée à laquelle on expose cette
gomme pour la dessécher.

Si on rend l'huile de lin très-siccative en la
faisant digérer sur les oxides de plomb, qu'on
l'applique ensuite avec un pinceau sur un corps
quelconque, et qu'on la fasse dessécher au soleil
ou à la fumée, il en résultera une pellicule d'une
consistance assez ferme, d'une transparence marquée, brûlant à la manière de la gomme élastique, et susceptible d'une extension et d'une
élasticité étonnantes. Si on abandonne cette huile
bien siccative dans un vase très-large, la surface
s'épaissit et forme une membrane qui a la plus
grande analogie avec la gomme élastique; une
livre de cette huile étendue sur une pierre et
exposée à l'air pendant six à sept mois, y a
acquis presque toutes les propriétés de la gomme
élastique. On s'en est servi pour faire des sondes, des seringues; on en a enduit des ballons, etc.

Il est quelquefois des gommes résines qu'on
débarrasse de leur principe extractif pour les
approprier à divers usages; tel est le but du
procédé usité pour faire la *glu*: on prépare la

glu avec différentes substances, telles que les baies de guy, les prunes de sebeste, etc. Mais la meilleure est celle qui se fait avec l'écorce de *houx* : au mois de Juin ou de Juillet on pèle ces arbres, on jette la première écorce et on prend la seconde ; on fait bouillir cette écorce dans l'eau de fontaine pendant sept à huit heures, on en fait des masses que l'on met dans la terre et que l'on couvre de cailloux en faisant plusieurs lits les uns sur les autres ; après avoir préalablement fait égoutter l'eau, on les laisse fermenter pendant quinze jours jusqu'à ce qu'elles se résolvent en une matière pâteuse et collante, on les retire et on les pile jusqu'à ce qu'on puisse les manier comme de la pâte ; après cela on les lave dans l'eau courante ; on met cette pâte dans des vaisseaux de terre, où elle reste trois à quatre jours pour qu'elle jette son écume ; on la met ensuite dans un autre vaisseau et on la garde pour l'usage.

On emploie encore à titre de glu la composition suivante : prenez une livre de glu, une livre de graisse de volaille, ajoutez une once de vinaigre, demi-once d'huile et autant de térébenthine, faites bouillir quelques minutes le mélange ; et lorsque vous voudrez vous en servir rechauffez-là. On peut empêcher qu'elle ne se gèle en hiver, en y mêlant un peu de pétrole.

DES VERNIS.

Le Père d'*Incarville* nous a appris que l'arbre qui fournit le vernis de la Chine s'appelle *tsi-chou* par les Chinois. Cet arbre prend par boutures: lorqu'on veut en planter on entoure la branche qu'on a choisie avec de la terre qu'on assujettit avec de la filasse ; on a soin d'humecter cette terre , il y pousse des racines , on la scie ensuite dessous et on la transplante ; ces arbres sont de la grosseur de la jambe.

Le vernis se retire en été ; si c'est un arbre cultivé il en fournit trois récoltes ; on l'extrait par des incisions qu'on pratique à l'arbre ; et , lorsque le vernis qu'on reçoit dans des coquilles ne coule point , on y introduit quelques soies de cochon humectées avec de l'eau ou de la salive et le vernis coule ; lorsque l'arbre est épuisé on en entoure la cime d'une petite botte de paille , on y met le feu , et tout ce qui reste de vernis se précipite dans le bas et tombe par les entailles faites au pied de l'arbre.

Ceux qui recueillent le vernis partent avant le jour et placent leurs coquilles sous les incisions : on ne laisse les coquilles que trois heures en place , parce que le soleil feroit évaporer le vernis.

Le vernis exhale une odeur qu'on se garde

bien de respirer : elle donne ce qu'on appelle des *cloux de vernis.*

Le vernis quand il sort ressemble à de la poix, exposé à l'air peu à peu il se colore et acquiert un beau noir.

Le suc qui sort des incisions qu'on fait aux feuilles et aux tiges du rhus toxicodendron a les mêmes propriétés. Celui qu'on cultive dans nos climats fournit un suc blanc et laiteux qui se colore en noir et s'épaissit dès qu'il a le contact de l'air ; la couleur en est du noir le plus brillant, et on pourroit introduire aisément parmi nous ce genre précieux d'industrie, puisque l'arbre vient à merveille dans notre climat et qu'il résiste aux froids de l'hiver.

Pour faire le vernis brillant on le fait évaporer au soleil, on lui donne du corps avec le fiel de porc évaporé et le sulfate de fer.

Les chinois emploient l'huile de thé, qu'ils rendent siccative en la faisant bouillir avec l'orpiment, le réalgar et l'arsenic.

Les vernis dont les arts font le plus d'usage ont tous pour base les résines ; et on peut réduire aux principes suivans ce qui regarde cet art précieux.

Vernir un corps c'est appliquer sur ce corps une couche d'une matière qui doit avoir la propriété de le garantir de l'influence de l'air et de lui donner du luisant.

Il faut donc qu'une couche de vernis ait la propriété, 1°. d'empêcher l'action de l'air, parce qu'on vernit les bois et les métaux pour les préserver de la rouille et de la pourriture ; 2°. de n'être pas attaqué par l'eau., sans cela l'effet des vernis ne seroit que momentané ; 3°. de ne pas altérer les couleurs qu'on veut conserver par ce moyen.

Il est donc nécessaire qu'un vernis puisse s'étendre commodément , qu'il ne laisse pas de pores, qu'il ne s'écaille pas et qu'il soit inattaquable à l'eau : or les seules résines réunissent ces propriétés.

Les résines doivent donc faire la base des vernis ; mais il est question de les disposer à ces usages , et à cet effet il faut les dissoudre , les diviser le plus possible, et les combiner de façon que les vices de celles qui sont susceptibles de s'écailler soient corrigés par les autres.

On peut dissoudre les résines par trois agens, 1°. par l'huile fixe ; 2°. par l'huile volatile ; 3°. par l'alkool , et c'est ce qui forme trois espèces de vernis, *vernis gras* , *vernis à l'essence* et *vernis à l'esprit de vin.*

Avant de dissoudre une résine dans une huile fixe il faut la rendre *siccative* , c'est-à-dire, qu'il faut lui donner la propriété de sécher facilement ; à cet effet on la fait bouillir avec des oxides : le mucilage se combine avec le métal ;

tandis que l'huile s'unit à l'oxigène de l'oxide.
Pour aider la dessication de ce vernis, il est
nécessaire d'y ajouter de l'huile de térébenthine.

Les vernis à l'essence sont une dissolution
de résine dans l'essence de térébenthine : on
applique les vernis et l'essence se dissipe ; on ne
les emploie que pour vernir les tableaux.

Lorsqu'on dissout les résines par l'alkool,
alors les vernis sont très-siccatifs et sujets à se
gercer ; mais on y remédie en ajoutant à la
composition un peu de térébenthine qui leur
donne de l'éclat et du liant.

Pour colorer les vernis on emploie les gommes
ou résines colorées, telles que la gomme-gutte,
le sang-dragon, etc.

Pour lustrer les vernis on se sert de la pierre
ponce porphyrisée trempée dans l'eau, on la
passe avec un linge, on frotte ensuite l'ouvrage
avec un drap blanc imbibé d'huile et de tripoli,
on essuie ensuite avec des linges doux, et
quand il est sec on décrasse avec de la poudre
d'amidon et on frotte avec la pomme de la main.

ARTICLE VI.

Des Fécules.

La fécule ne paroît qu'une légère altération
du mucilage ; elle n'en diffère que parce qu'elle

est insoluble à l'eau froide , et se précipite
dans ce liquide avec une promptitude incro-
yable ; si on la met dans de l'eau chaude ,
elle forme un mucilage et en reprend tous les
caractères , et il paroît que la fécule n'est que
le mucilage dépourvu de calorique : en effet ,
une jeune plante est toute mucilage ; les
vieilles ou les fruits faits donnent peu de
fécule , parce que la chaleur est plus forte dans
les jeunes que dans les vieilles , d'après *Hunter.*

Il est peu de plantes qui ne contiennent pas
de la fécule : M. *Parmentier* nous a donné une
liste de toutes celles qui lui en ont fourni (Voyez
ses recherches sur les végétaux nourrissans).
Mais les semences des graminées et des plantes
légumineuses , de même que les racines que les
Botanistes appellent *tubéreuses* , sont celles qui
en contiennent le plus.

Pour extraire la fécule il suffit de broyer la
plante dans l'eau ; la fécule entraînée par le
liquide se précipite. Nous ne nous occuperons
ici que des fécules qui sont employées dans les
arts ou la pharmacie ; telles sont celles de brione,
de pommes de terre ; la cassave , le sagou , le
salep , l'amidon , etc.

1°. C'est de la racine de brione qu'on extrait
la fécule qui porte son nom : on enlève l'écorce
des racines ; on les rape et on les soumet à la
presse ; le suc qui découle par expression est

coloré par une fécule qui le blanchit et se précipite, on décante le suc et on la fait sécher ;
cette fécule est fortement purgative, par rapport à une portion d'extrait qui lui reste unie ;
mais on peut lui enlever cette vertu purgative
en la lavant soigneusement dans l'eau ; si on passe
de l'eau sur le marc resté sous la presse, on
en extrait une grande quantité, et celle-ci n'est
pas purgative, parce que la pression en a fait
sortir l'extrait qui jouit de cette vertu. M. *Baumé*
a proposé de substituer cette fécule à l'amidon :
on pourroit aussi employer à cet usage celle
qu'on peut extraire des racines du Glayeul et de
l'Arum.

2°. Ce qui est connu généralement sous le
nom de *farine de pomme de terre*, n'est que la
fécule de ce fruit, obtenue par des procédés ordinaires et faciles : on écrase ce fruit bien lavé,
ayant soin d'en bien déchirer le tissu ; on met
cette pulpe sur un tamis et on passe de l'eau
dessus qui entraîne la fécule et la laisse déposer
dans le fond du vase ; on décante l'eau qui surnage colorée par l'extrait de la plante et une
partie du parenchyme qui y est resté suspendu ;
on lave le dépôt à plusieurs reprises, on le met
à sécher, la couleur blanchit à mesure, et la
fécule sèche est très-blanche et très-fine.

Comme cette fécule est devenue d'un usage
commun, depuis quelque temps, on a fait con-

noître plusieurs instrumens plus ou moins propres à broyer la pomme de terre : on a proposé des rapes tournant dans des cylindres, des meules armées de pointes de fer, etc.

3°. La cassave des américains s'extrait des racines du manioc : cette plante contient un poison âcre et très-dangereux dont il faut soigneusement la débarrasser. Les américains prennent la racine fraîche du manioc, la dépouillent de sa peau, la rapent et l'enferment dans un sac de jonc d'un tissu très-lâche qu'ils suspendent à un bâton ; on attache à sa partie inférieure un vaisseau très-pesant, qui sert de contre-poids et exprime la racine, en même-temps qu'il en reçoit le suc qui découle ; ce suc est un poison des plus terribles : on met la racine bien épuisée dans les mêmes sacs et on l'expose à la fumée pour la sécher, on la passe par un tamis, et c'est alors ce qu'on appelle *cassave* : pour l'approprier à ses usages et la convertir en aliment, on l'étend sur un fer ou une brique chauds ; et lorsque la surface qui repose immédiatement sur la brique est d'un jaune roussâtre on la retourne pour la cuire de l'autre côté, c'est ce qu'on appelle *pain de cassave.*

Le suc exprimé a entraîné avec lui la fécule la plus fine qui se dépose bientôt ; et cette fécule, connue sous le nom de *mouchasse*, est employée pour faire les pâtisseries.

L'extrait vénéneux, que presque toutes ces racines riches en fécule contiennent, doit engager à apporter le plus grand soin dans la préparation de ces fécules ; il pourroit, sans une attention scrupuleuse, en résulter les plus terribles événemens ; on doit toujours avoir présent à l'esprit, dans la préparation de ces substances, que le poison est à côté de l'aliment.

4°. On a approprié encore aux usages domestiques une fécule qu'on tire de la moëlle de plusieurs palmiers farineux, et on connoît cette préparation sous le nom de *sagou*. C'est aux *Moluques* que se fait cette préparation : on ne fait servir que la moëlle des palmiers du moyen âge ; les jeunes donnent peu de fécule de même que les vieux, on délaie leur moëlle dans l'eau et on laisse précipiter la fécule qui en est extraite et qui blanchit le liquide ; cette fécule desséchée forme de petits grains qui, étant réduits en poudre et mis dans l'eau tiède, donnent une pulpe ou un mucilage très-nutritif.

M. *Parmentier* a proposé de faire du sagou des pommes de terre, d'après l'idée où il est que les fécules sont absolument identiques, et que ce principe est un dans la nature : pour cet effet, il propose de délayer peu-à-peu dans une chopine d'eau chaude ou de lait une cuillerée de fécule de pommes de terre, on entretient un feu doux sous le poëlon et on remue sans

discontinuer pendant demi-heure ; on peut y
ajouter du sucre et des aromates tels que la
cannelle , l'écorce de citron , le saffran , l'eau de
fleur d'orange , l'eau rose , etc.

On peut encore préparer le sagou de pommes
de terre avec de l'eau de veau , de l'eau de pou-
let ou du bouillon ordinaire ; on peut varier
cette préparation de mille manières ; c'est un
aliment très-sain dont on peut tirer le plus grand
parti comme restaurant.

5°. Les bulbes de toutes les espèces *d'orchis*
peuvent être employées à faire le *Salep* ; il ne
s'agit que de leur enlever par la décoction leur
principe extractif et faire sécher le résidu qui
dans cette opération est devenu transparent.

Pour en procurer la dessication la plus prompte
on les enfile et on les fait sécher à l'air , ou
bien on se contente de frotter ces bulbes dans
l'eau froide ou chaude et de les faire sécher
au four , ce dernier procédé a été communiqué
par M. *Jean Moult* , au docteur *Perceval.*

Cette fécule pulvérisée et délayée dans l'eau ,
forme une gelée très-nourrissante.

6°. La fécule est encore un des principes
constituans des semences des graminées ; et ,
lorsqu'on les a écrasées et réduites en farine ,
il suffit de les délayer dans l'eau pour en précipiter la fécule ; mais dans les arts on connoît
un autre procédé pour se la procurer , il con-

siste à détruire par la fermentation la partie extractive et le principe glutineux avec lesquels elle est intimément unie, c'est cette science qui forme *l'art de l'amidonnier*. Le procédé de l'amidonnier consiste à faire fermenter les grains, les recoupes, la farine de bled gâté, etc. dans de l'eau acide qu'ils appellent *eau sûre*. Lorsque la fermentation est achevée ils en retirent la fécule qui s'est précipitée au fond de l'eau ; ils la mettent dans des sacs de crin et versent dessus de la nouvelle eau qui entraîne la fécule la plus fine ; on lave à plusieurs reprises et on dépouille l'amidon de tout principe étranger.

Il est encore des fécules colorées, telles que l'indigo, dont nous parlerons à l'article des teintures.

Les usages de ces fécules sont très-multipliés.

1°. Ce sont des alimens très-sains, et en eux réside la vertu nutritive des graminées ; celles que l'homme s'est appropriées pour sa nourriture en contiennent beaucoup, et ces fécules delayées dans l'eau chaude forme une gelée très-nourrissante ; on peut voir dans l'ouvrage de M. *Parmentier* que c'est réellement le véritable aliment qui nous convienne. Quelques-unes même sont uniquement consacrées à cet usage telle que la cassave.

Dans

Dans les pays septentrionaux , les lichens forment presque la seule nourriture de l'homme et des animaux qui ne sont pas carnivores ; et ces lichens , suivant les expériences de l'académie de Stockolm , donnent par la simple mouture un excellent amidon : les rennes , les cerfs et les autres bêtes fauves du nord de l'Europe se nourrissent du *lichen rangiférinus* ; les Islandois font un gruau très-délicat avec la fécule du *lichen Islandicus.*

2°. En faisant bouillir l'amidon dans l'eau et le colorant avec un peu d'azur, on forme l'empois dont on se sert pour donner au linge du lustre , de la roideur , de la force et un coup d'œil agréable.

3°. On fait encore servir les fécules à poudrer nos têtes ; et cet usage , qui en entraîne une prodigieuse consommation , pourroit être rempli par de l'amidon fait avec des plantes moins précieuses que les graminées ; alors les objets de luxe ne le disputeroient plus à nos premiers besoins.

ARTICLE VII.

Du Gluten.

C'est sur-tout dans l'analyse des graminées qu'on a trouvé le principe glutineux que ses

G

propriétés analogues à celles des substances animales ont fait nommer *matière vegeto-animale* par quelques chimistes. C'est à *Beccari* que nous devons la découverte de cette substance ; et , depuis lui , on a enrichi l'analyse des farines de plusieurs faits importans.

Pour faire l'analyse d'une farine , on a employé des procédés simples et incapables de décomposer ni de dénaturer un seul des principes constituans : on forme une pâte avec de la farine et de l'eau , on malaxe cette pâte sous l'eau, et on la pétrit dans les mains jusqu'à ce qu'elle ne trouble plus l'eau ; il reste alors une matière tenace, ductile et très-elastique, qui devient de plus en plus gluante à mesure que l'eau qui l'imprègne s'évapore. Dans cette même opération la fécule s'est précipitée au fond de l'eau , tandis que la matière extractive s'est dissoute et peut être rapprochée par l'évaporation du liquide.

Si on tire en sens contraire la matière glutineuse, elle s'allonge et revient à son premier état : dès-qu'on l'abandonne à elle-même, elle forme une membrane très-mince , transparente et qui présente à l'œil un rézeau qui imite le tissu des membranes des animaux.

M. *Beccari* a observé que les proportions de la matière glutineuse varioient prodigieusement dans les diverses semences des graminées:

celles du froment en contiennent le plus, mais on ne l'a jamais trouvée dans les plantes pota‑ gères qui servent à notre nourriture. La matière glutineuse varie aussi dans le même grain selon la nature du terrain où il a végété ; les lieux humides n'en donnent presque point.

La matière glutineuse exhale une odeur sé‑ minale très-caractérisée ; la saveur en est fade ; elle se gonfle sur les charbons, se dessèche très‑ bien à un air sec et à une chaleur douce ; alors elle devient semblable à de la colle forte, elle casse net comme cette substance ; si dans cet état on la met sur les charbons ardens elle s'a‑ gite et brûle à la manière des substances ani‑ males ; à la distillation elle fournit du carbo‑ nate d'ammoniaque.

Le gluten frais exposé à l'air s'y pourrit avec facilité, et lorsqu'il retient un peu d'amidon ce dernier passe à la fermentation acide et retarde la putréfaction du gluten ; de sorte, qu'il en résulte un état voisin de celui du fromage.

L'eau n'attaque point la partie glutineuse ; si on la fait bouillir avec ce fluide, elle perd son extensibilité et sa vertu collante ; et c'est d'au‑ tant plus surprenant que c'est ce liquide lui‑ même qui lui avoit développé ces propriétés, puisque dans la farine ce principe est sans co‑ hérence, et en la privant d'eau par la dessica‑

tion on lui enlève sa propriété élastique et sa qualité collante.

Les alkalis la dissolvent à l'aide de l'ébullition , la dissolution est trouble et dépose du gluten non élastique par l'addition des acides.

L'acide nitrique dissout le gluten avec activité , et cet acide en dégage d'abord du gaz nitrogène comme des substances animales ; il s'échape ensuite du gaz nitreux , et le résidu rapproché donne des cristaux d'acide oxalique.

Les acides sulfurique et muriatique le dissolvent aussi : M. *Poulletier* a observé qu'on pouvoit retirer des sels à base d'ammoniaque de ces combinaisons dissoutes dans l'eau ou l'alkool , et évaporées à l'air libre.

Si on fait dissoudre le gluten dans les acides végétaux à plusieurs reprises , et qu'on l'en précipite par les alkalis on le ramène à l'état de fécule : suivant *Macquer* , si on distille à une chaleur douce du vinaigre sur cette substance on la ramène à l'état de mucilage.

Cette substance a donc un caractère d'animalité très-décidé. C'est à ce gluten que la farine de froment doit la propriété de faire une bonne pâte avec l'eau et la facilité avec laquelle elle lève. *Rouelle* a trouvé une substance glutineuse analogue à celle-là dans les fécules vertes

des plantes qui donnent à l'analyse de l'ammoniaque et de l'huile empyreumatique ; le suc
exprimé des plantes herbacées lui en a fourni ;
tel est celui de la bourrache, celui de la ciguë,
celui de l'oseille, etc.

Le gluten se détruit quelquefois par la fermentation des farines, et alors elles n'ont plus
les mêmes qualités bienfaisantes parce qu'elles
ne peuvent plus lever et former un bon pain.

La farine est donc composée de trois principes : l'un amilacé, l'autre sucré et l'autre animal. Lorsque, par une division convenable,
ces principes sont mêlangés et qu'on en facilite
la fermentation par les moyens connus, chacun
de ces principes susceptible d'une fermentation
différente se décompose à sa manière : le principe sucré éprouve la fermentation spiritueuse ;
le glutineux, la putréfaction animale ; l'amilacé,
la fermentation acide : de sorte, qu'on peut
considérer la fermentation panaire comme la réunion des trois différentes. Mais, lorsque les premiers phénomènes de la fermentation se sont
bien développés et que déjà les principes bien
mêlangés bien assimilés sont dénaturés, alors
on arrête la fermentation par la cuisson, et le
pain devient plus léger par ces opérations préliminaires.

L'art de faire le pain n'est connu à Rome
que depuis l'an 585 : les armées Romaines, au

retour de Macédoine , amenèrent des boulan-
gers Grecs en Italie. Avant ce temps on ne
mangeoit à Rome que de la bouillie : ce qui,
au rapport de *Pline*, faisoit appeller les Romains,
des mangeurs de bouillie. V. *Aubry*.

ARTICLE VIII.

Du Sucre.

Le sucre est encore un principe constituant
du végétal , assez répandu dans un assez grand
nombre des végétaux : l'érable , le bouleau , le
froment , le bled de turquie en fournissent ;
Margraaf en a retiré des racines de poirée ,
de bette-rave , de chervi , de panais et des raisins secs : le procédé de ce chimiste consiste à
faire digérer ces racines rapées et très-divisées
dans de l'alkool ; cette liqueur dissout le sucre
et l'enlève à l'extrait qui se précipite.

Dans le Canada , on extrait le sucre de l'é-
rable. (*Acer montanum candidum.*) On met,
au commencement du printems , à l'approche
de la nuit , de la neige au pié de l'arbre ; on
pratique des ouvertures par lesquelles sort la
sève qui reflue ; deux cent livres produisent
par l'évaporation quinze livres de sucre brunâtre. On en prépare par an quinze milliers.

Les Indiens retirent aussi du sucre de la
moëlle du bambou.

Mais le sucre dont on fait un si grand usage est fourni par la canne à sucre (*arundo saccharifera*) qu'on élève dans nos Colonies : lorsque cette tige est mure on la coupe et on l'écrase en la faisant passer entre des cilindres de fer placés perpendiculairement et mus par l'eau ou des animaux ; le suc qui coule par cette forte expression est reçu dans une table creuse placée sous les cilindres , c'est ce suc qu'on nomme *vezou* , et la canne ainsi desséchée est connue sous le nom de *bagasse*. Le vezou est plus ou moins sucré suivant le terrain où a végété la canne , et la constitution qui a régné : il est aqueux lorsque le terrain ou le temps ont été humides ; il est gluant dans les circonstances contraires.

Le vezou est porté dans des chaudières où on le fait bouillir avec des cendres et de la chaux ; on lui fait subir la même opération dans trois chaudières ayant soin d'écumer soigneusement , on l'appelle alors *sirop*. On fait encore bouillir ce sirop avec de la chaux et de l'alun ; et lorsque le sirop est suffisamment cuit , il est versé dans une bassine appellée *raffraîchissoir* ; là on le remue avec une spatule de bois, et lorsqu'il se forme une croûte à la surface on la brise, on verse ensuite le tout dans des baquets de bois pour hâter le refroidissement , et lorsqu'il est encore tiède on le fait couler dans

des barriques posées perpendiculairement au-
dessus d'une citerne et percées à leur fond de
plusieurs trous bouchés avec des cannes ; le
sirop qui ne s'est pas condensé se filtre par les
cannes et tombe dans la citerne. Ce qui reste
dans les barriques après que le sirop s'est écoulé
se nomme *sucre brut* ou *moscouade*. Ce sucre
est jaune et gras , et on le purifie dans les isles
de la manière suivante : on cuit le sirop , et on
le verse dans des formes coniques de terre percées à leur sommet d'un petit trou qu'on tient
bouché ; chaque cône renversé sur sa pointe est
reçu dans un pot de terre qui l'assujettit ; on
remue le sirop contenu dans les cônes et on
laisse cristalliser ; au bout de quinze à seize
heures on débouche la pointe des cônes pour
laisser couler le gros sirop , on enlève la base
de ces pains de sucre ; on remet en place du
sucre blanc pulvérisé , que l'on passe bien et
on recouvre le tout d'une couche d'argile délayée dans l'eau , cette eau s'infiltre à travers ,
entraîne le sirop qui est mêlé avec le sucre et
coule dans un pot qu'on a substitué au premier , c'est alors ce qu'on appelle *sirop fin*.
On a soin de raffraîchir et de ramollir la terre
lorsqu'elle se dessèche. On enlève ensuite ces
pains de sucre et on les met à sécher dans une
étuve où ils passent huit à dix jours , après
quoi on les réduit en poudre pour en faire des

cassonades, qu'on expédie en Europe pour y
être purifiées encore.

Le travail de nos raffineries consiste à dissoudre la cassonade dans de l'eau chargée de chaux;
on y ajoute du sang de bœuf pour aider la
clarification; et quand la liqueur commence à
bouillir on diminue la chaleur et on enlève soigneusement les écumes; on la rapproche ensuite par un feu très-vif, et comme elle se gonfle
on y jette un peu de beurre pour modérer ces
mouvemens. Lorsque la cuisson est parfaite on
éteint le feu, et on verse la liqueur dans des
formes où on l'agite pour mêler avec le sirop
le grain qui se forme. Lorsque le tout est refroidi on débouche les formes, on recouvre les
pains d'une couche d'argile détrempée et on
renouvelle cette couche jusqu'à ce que le sucre
soit bien dégagé de son syrop; les pains étant
sortis des formes on les porte dans une étuve
qu'on chauffe par degrés jusqu'au cinquantième
degré de *Reaumur*, et ils restent dans cette
étuve huit jours, après quoi on les enveloppe
avec du papier bleu.

Les divers sirops traités par les moyens indiqués fournissent des sucres de moindre qualités, et les dernières portions qui ne fournissent plus de grain se vendent sous le nom de
mélasse : les espagnols achetent la mélasse pour
en faire des confitures.

Une dissolution de sucre beaucoup moins rapprochée que celle dont nous venons de parler laisse précipiter , par le repos , des cristaux qui affectent la forme de prismes tétraèdres , terminés par des sommets dihèdres ; c'est ce qu'on appelle *sucre candi.*

Le sucre est très-soluble dans l'eau, il se boursouffle au feu , noircit et exhale une odeur particulière connue sous le nom *d'odeur de caramel.*

Le sucre est très-employé dans les usages domestiques : il fait la base des sirops , et est servi sur nos tables pour masquer l'aigreur des fruits et des sucs ; il corrige l'amertume du café et sert de base à une foule de préparations pharmaceutiques.

Le sucre est un aliment excellent , et c'est par une suite d'un vieux préjugé qu'on s'imagine qu'il donne des vers aux enfans.

Il y a quelques années que le célèbre *Bergmann* nous a appris à extraire du sucre un acide particulier , en combinant l'oxigène de l'acide nitrique avec un de ses principes constituans. La découverte de l'acide du sucre a été consignée dans une thèse soutenue à Upsal , le 13 juin 1776, par M. *Arvidson* sous la présidence de *Bergmann.*

Pour faire l'acide du sucre ou *acide oxalique* on met neuf parties d'acide nitrique avec

une de sucre dans une cornue , on chauffe légèrement pour aider l'action de l'acide , il se
décompose rapidement sur le sucre , il se dégage une quantité considérable de gaz nitreux ;
et , lorsque cette décomposition est achevée ,
on soutient la distillation au bain de sable jusqu'à ce que le résidu soit assez rapproché ;
alors on laisse refroidir et il se forme dans la
liqueur des cristaux superbes qu'on peut séparer, et qui affectent la forme d'un prisme tetraèdre
terminé par un sommet d'hièdre. En rapprochant
de nouveau le liquide dans lequel cet acide a cristallisé, on peut en obtenir encore. Ces divers cristaux sont dissous de nouveau dans l'eau et éva-
porés pour être purifiés de tout l'acide nitrique
qu'ils contiennent. Autrefois on avoit cru d'abord
que c'étoit une modification de l'acide nitrique ,
et *Bergmann* a été forcé d'entrer dans les plus
grands détails pour lever tout doute à ce sujet :
mais les connoissances qu'on a aujourd'hui des
principes constituans de l'acide nitrique , et les
phénomènes multipliés de ce genre qu'il nous
présente lorsqu'on le fait agir sur plusieurs corps ,
nous dispensent de revenir sur cet objet.

L'eau froide dissout moitié de son poids de
cet acide , et l'eau bouillante en prend parties
égales.

Cet acide combiné avec la potasse forme un
sel en crystaux prismatiques , hexaèdres , apla-

(110)

tis, rhomboïdaux, terminés par un sommet dihèdre. Pour que la crystallisation ait lieu, il faut que l'un des principes soit en excès. Ce sel est très-soluble dans l'eau.

Le même acide forme, avec la soude, un sel qu'il est bien difficile d'emmener à crystallisation, et qui verdit le sirop de violette.

Cet acide versé sur de l'ammoniaque fournit, par une légère évaporation, de superbes crystaux prismatiques tétraèdres, terminés par un sommet dihèdre, dont une des faces est plus grande et occupe trois angles de l'extrémité. (V. mes *Mémoires de Chimie*.) Ce sel est très-avantageux dans l'analyse des eaux minérales, il développe dans le moment la présence d'un sel à base de chaux, parce que l'oxalate de chaux est insoluble dans l'eau.

Cet acide attaque et dissout la plupart des métaux, mais il a plus d'action sur les oxides que sur les métaux eux-mêmes et il enlève les oxides à leurs vrais dissolvans; c'est ainsi qu'il précipite le fer de la dissolution de sulfate de fer en une substance du plus beau jaune, dont on peut tirer parti dans la peinture.

Il précipite le cuivre en une poudre blanche, qui se colore en un beau verd clair par la dessication.

Le zinc est précipité en blanc.

Cet acide précipite encore le mercure et

l'argent , mais ce n'est qu'après quelques heures de repos.

On peut voir, dans le Mémoire de *Bergmann*, des détails sur la combinaison de cet acide avec les diverses bases.

On peut extraire cet acide, par le moyen de l'acide nitrique, de plusieurs substances végétales, telles que les gommes , le miel , l'amidon , le gluten , l'alkool; et de plusieurs substances animales, d'après la découverte de M. *Berthollet* , telles que la soie , la laine , la lymphe.

M. *de Morveau* , qui a fait un très-beau travail sur l'acide du sucre , a prouvé que tout le sucre n'entroit pas dans la confection de l'acide, mais seulement un de ses principes ; et il prétend que c'est une huile atténuée qui se trouve dans plusieurs corps.

Comme d'après les expériences de MM. *Schéele*, *Westrumb* , *Hermstadt* , etc. L'acide du sel d'oseille ne diffère pas du tout de celui du sucre , on les a confondus sous la même dénomination ; et ce qui est connu dans le commerce sous le nom de *sel d'oseille* est un *oxalate acidule de potasse*.

Ce sel d'oseille est préparé en Suisse , au Hartz, dans les forêts de Thuringe , en Souabe, etc. On le tire du suc de l'oseille qu'on appelle *alleluya. Junker , Boërhaave , Margraaf*, etc. nous ont décrit le procédé usité pour l'extraire, on exprime le suc de l'oseille , on le filtre , on l'étend avec de l'eau , on évapore jusqu'à consistance de crême , on le recouvre d'huile pour empêcher la fermentation , et on l'abandonne à la cave pendant six mois.

Suivant M. *Savary* cinquante livres de cette plante fournissent vingt-cinq livres de suc , qui ne donnent que deux onces et demi de sel. Six parties d'eau bouillante dissolvent une de ce sel. Il paroît crystalliser en parallélipipèdes très-allongés , selon M. *de Lile.*

Margraaf avoit observé que l'acide nitrique digéré sur le sel d'oseille donnoit du nitre.

La terre calcaire a la propriété d'en dégager l'alkali ; et , dans cette opération , l'acide carbonique de la craie s'unit à l'alkali du sel et forme un carbonate de potasse.

Le sel d'oseille s'unit aux bases sans céder la sienne ; de sorte qu'il en résulte des sels à trois parties. V. l'*Encyclopédie méthod. tom.* I, *pag.* 200 *et* 201.

On peut obtenir l'acide oxalique pur par la distillation , comme l'indique M. *Savary* ; ou bien en s'emparant de l'alkali par l'acide sulfurique et distillant pour dégager cet acide , comme le propose *Wiégleb* ; ou bien encore , et ceci est indiqué par *Schéele* , en saturant cet acide en excès par l'ammoniaque et versant dans la dissolution du nitrate de barite ; l'acide nitrique s'empare des deux alkalis, l'acide oxalique s'unit à la barite et se précipite : ou s'empare ensuite de la barite par l'acide sulfurique, et l'acide oxalique reste à nud.

Schéele a encore proposé un autre moyen pour obtenir l'acide oxalique pur ; il consiste à dissoudre le sel dans l'eau et à y verser du sel de saturne ; il s'y forme un précipité, la liqueur qui surnage contient l'alkali du sel d'oseille uni à une portion du vinaigre ; on lave le précipité et on y verse de l'acide sulfurique qui s'unit au plomb ; on filtre, on évapore et on obtient l'acide oxalique en crystaux prismatiques semblables à ceux de l'acide du sucre.

Schéele a prouvé l'identité de l'acide du sel d'oseille avec celui qu'on extrait du sucre ; à cet effet, il fit dissoudre dans l'eau froide de l'acide du sucre jusqu'à saturation, il y versa peu à peu de la dissolution bien saturée de potasse ; durant l'effervescence il vit se former de petits crystaux transparens qui se trouvèrent être un vrai sel d'oseille.

M. *Hoffmann* a prouvé que le suc et les crystaux du *berberis vulgaris* contiennent l'acide oxalique combiné avec la potasse.

Et le célèbre *Schéele* a démontré que la terre de la rhubarbe étoit une combinaison de l'acide oxalique avec la chaux.

ARTICLE IX.

De l'acide végétal.

On a regardé pendant long-temps les acides végétaux comme plus foibles que les autres ; et l'on a été dans cette opinion jusqu'à ce qu'on ait observé que l'acide oxalique pouvoit enlever la chaux à l'acide sulfurique : les principaux caractères qui pourroient établir une ligne de démarcation entre les acides végétaux et les autres sont, 1°. leur volatilité, il n'en est point qui ne se dissipe à une chaleur médiocre ; 2°. leur propriété de laisser après la combustion un résidu charbonneux, et d'exhaler en brûlant une odeur empyreumatique ; 3°. la nature de leur base acidifiable qui est en général huileuse.

Mais les acides végétaux sont-ils de nature identique ? Et ne peut-on pas les considérer comme des modifications d'un seul et même acide ?

Si l'on part du même principe que le célèbre *Monro*, qui ne regarde comme identique que les acides qui forment exactement les mêmes sels avec la même base (*trans. philos.*, *vol.* 57, *pag.* 479), il n'est pas douteux que tous les acides connus doivent être considérés comme

des

dés êtres très-différens entr'eux ; mais il me
paroît que cette manière de procéder est vicieuse,
puisque dans ce cas les divers degrés de saturation d'un même principe par l'oxigène établi-
roient diverses espèces d'acides. La combustion
lente ou rapide du phosphore, apporte dans l'acide
des modifications suffisantes pour donner des
sels neutres phosphoriques différens , d'après
les expériences de MM. *Sage* et *Lavoisier* :
doit-on pour cela établir deux espèces d'acide
phosphorique? En suivant la méthode de *Monro*,
qui est celle de presque tous les Chimistes , on
peut multiplier à l'infini les acides végétaux :
mais , en rapprochant les expériences de MM.
Hermstadt , *Crell* , *Schéele* , *Westrumb* , *Ber-*
thollet , *Lavoisier* , etc. On peut voir que les
acides végétaux ne sont que la modification d'un
ou de deux acides primitifs.

1°. *Schéele* a obtenu du vinaigre en traitant le
sucre et la gomme avec le manganèse et l'acide
nitrique : il a observé que le tartre se comportoit
comme le sucre dans la dissolution du manganèse par l'acide nitrique et qu'on trouvoit du vinaigre après la décomposition des Ethers.

2. M. *Crell* en faisant bouillir le résidu d'Alkool nitrique , (esprit de nitre dulcifié) avec
beaucoup d'acide nitrique , en ayant soin d'a-
dapter des vaisseaux pour en concentrer la vapeur , a saturé avec de l'alkali ce qui a passé

dans le récipient , et a obtenu du nitrate et de l'acétité de potasse ; en séparant ce dernier par l'alkool on peut en retirer du vinaigre par le procédé ordinaire.

3°. Le même Chimiste en faisant bouillir l'acide oxalique pur avec douze à quatorze parties d'acide nitrique , a observé que le fer disparoît , et qu'on trouve dans le récipient de l'acide nitreux , de l'acide acéteux , de l'acide carbonique , du gaz oxigène , etc. et dans la cornue de l'acide sulfurique concentré.

4°. En saturant le résidu de l'alkool nitrique , avec la craie , on obtient un sel insoluble qui traité avec l'acide sulfurique , donne un vrai acide tartareux.

5°. En faisant bouillir une partie d'acide oxalique et une partie et demie de manganèse avec suffisante quantité d'acide nitrique , le manganèse est presqu'entiérement dissous , et il passe dans le ballon du vinaigre et de l'acide nitreux.

6°. En faisant bouillir de l'acide tartareux et du manganèse avec de l'acide sulfurique , le manganèse se dissout , et on trouve du vinaigre et de l'acide sulfurique.

7°. En faisant digérer , pendant quelques mois, de l'acide tartareux et de l'alkool , tout se charge en vinaigre , et l'air des vaisseaux n'est plus qu'un mélange d'acide carbonique et de gaz nitrogène.

Crell conclut de ces faits que les acides tartareux, oxalique et acéteux, ne sont que des
modifications d'un même acide.

On peut lire, dans le journal de physique
septembre 1787, un mémoire de M. *Herms-*
tadt, sur la conversion des acides oxalique et
tartareux en acide acéteux.

1°. En faisant passer l'acide muriatique oxigéné à travers l'alkool bien pur, il se produit
de l'éther, et l'acide muriatique oxigéné reprend
son caractère d'acide ordinaire : l'éther distillé
fournit ensuite 1°. de l'éther, 2°. de l'alkool
muriatique, 3°. du vinaigre mêlé avec l'acide
muriatique régénéré.

2°. L'acide nitrique distillé plusieurs fois de
suite sur les acides oxalique et tartareux, les
convertit totalement en acide acéteux.

3°. Deux parties d'acide oxalique, trois parties d'acide sulfurique et quatre de manganèse,
mêlées avec une partie et demie d'eau, et distillées ensemble donnent de l'acide acéteux qui
a besoin d'être récohobé et redistillé pour être
bien pur.

4°. Si l'on fait bouillir de l'acide sulfurique
sur l'acide oxalique ou sur le tartareux, ces
deux derniers ne sont pas détruits comme l'a cru
Bergmann, mais ils sont convertis en acide
acéteux. Il est prouvé par les expériences de
M. *Hermstat*, que l'acide sulfureux qui passe

H 2

dans le récipient lors de la préparation de l'éther est mêlé de beaucoup d'acide acéteux.

Il paroît donc démontré que les acides tartareux, oxalique et acéteux, ne diffèrent que par la proportion de l'oxigène ; dans les expériences ci-dessus les acides minéraux se décomposent toujours, et en saturant le radical de leur oxigène, ils forment constamment de l'acide acéteux. Si la saturation n'est pas exacte, il en résulte un acide oxalique ou tartareux, c'est ce qui est encore prouvé par une belle expérience de M. *Hermstadt* : si l'on met trois parties d'acide nitrique fumant dans l'appareil pneumatique et qu'on emploie pour recevoir le gaz un grand récipient rempli d'eau ; si alors, on verse peu-à-peu sur l'acide nitrique une partie de bon alkool, à chaque goutte qui tombera sur l'acide le mélange s'échauffera et il s'élévera dans le récipient une grande quantité de bulles ; l'opération finie, si on a eu soin de rassembler les gaz on les trouvera composés de gaz nitreux, d'un peu d'acide carbonique et d'environ un douzième d'air acide acéteux de *Priestley* ; le résidu fournit de l'acide oxalique et de l'acide acéteux. L'acide oxalique disparoît si on continue l'opération, il se forme de l'éther, et l'acide acéteux persiste et augmente.

M. *Hermstadt* est encore parvenu à convertir en acides oxalique, tartareux et acéteux, l'acide des tamarins , le nitrique , le marc du raisin , le jus de prune , ceux de pommes , de poires , de groseilles , d'épine-vinette , d'oseille et autres.

Il paroît , d'après toutes ces expériences , que l'oxigène , combiné avec un principe de l'alkool , forme l'acide oxalique , et que la saturation plus exacte de ce principe par l'oxigène forme l'acide tartareux et l'acéteux.

M. *Lavoisier* a prouvé que les acides végétaux connus ne différoient entr'eux que par la proportion d'hydrogène et de carbone , et par leur degré d'oxigénation.

J'ai prouvé (*dans les mémoires de l'Académie des Sciences de Paris , année* 1786 ,) que l'eau impregnée du gaz qui se dégage de la vendange en fermentation passe à l'état d'acide acéteux.

Il paroît que les acides végétaux peuvent être considérés sous deux points de vue très-différens : la plupart existent dans la plante , mais leurs propriétés et leurs caractères acides y sont masqués par leur combinaison avec d'autres principes , tels que les huiles , les terres , les alkalis , etc. : d'un autre côté , on extrait de certains végétaux plusieurs acides qui n'y existent point en nature : dans ce cas , la plante ne contient que le radical , et le réactif dont on se sert pour la traiter fournit l'oxigène.

La simple distillation de la plupart des végétaux suffit pour développer un acide qui étoit
masqué par des substances huileuses, alkalines
ou terreuses.

1°. *Acide pyro-muqueux.* Tous les végétaux
contenant un suc sucré donnent à la distillation
un acide particulier, connu sous le nom *d'a-
cide pyro-muqueux.*

Pour préparer cet acide, on met dans une
cornue la quantité de sucre sur laquelle on veut
opérer, on a soin de prendre une cornue très-
ample, parce que la matière se boursouffle, et on
y adapte un récipient d'une assez grande capacité
pour pouvoir condenser les vapeurs : il se dégage, à la premiere impression du feu, une
quantité étonnante d'acide carbonique et de gaz
hydrogène ; il reste dans le récipient une liqueur
brune dont la plus grande partie est un acide
foible, rougissant le papier bleu, coloré par une
portion d'huile ; on trouve dans la cornue un
charbon spongieux. M. *Schrickel* a recommandé
de rectifier sur de l'argile le produit de la première distillation afin de purifier l'acide ; M.
de Morveau la redistillé sans intermède, et l'a-
cide qu'il a obtenu n'avoit qu'une légère teinte
jaune : la pesanteur spécifique étoit de 1,0115,
le thermomètre marquant 20 degrés.

Cet acide s'élevant à la même température
que l'eau, il n'est guère possible de le concen-

trer par la distillation , mais on y parvient par la gelée : c'est de cette manière que M. *Schrickel* a préparé l'acide dont il s'est servi pour en es- sayer les combinaisons.

Cet acide existe dans tous les corps suscep- tibles de passer à la fermentation spiritueuse , tandis qu'ils ne contiennent que le radical de l'acide oxalique. L'acide pyro-muqueux est com- biné dans le végétal avec des huiles et y est à l'état savonneux.

Cet acide concentré à une saveur très-pi- quante ; il rougit fortement les couleurs bleues végétales : si on l'expose au feu dans des vais- seaux ouverts , il se volatilise et ne laisse qu'une tâche brune ; si on le calcine dans des vaisseaux clos , il laisse un résidu plus considérable et de la nature de charbon de sucre.

Cet acide attaque promptement les carbo- nates terreux et alkalins et forme des sels dif- férens des oxalates ; suivant M. *Schrickel* cet acide dissout l'or , il dit avoir fait l'expérience en présence de *Fred. Aug. Cartheuser* ; *Lemery* a prétendu que l'esprit de miel rectifié avoit cette propriété , cette opinion est encore éta- blie dans les ouvrages de *Depré*, d'*Ettmuller*, etc. *Neumann* s'étoit élevé contre cette assertion ; et les expériences de M. de *Morveau* confirment celles de ce dernier.

L'argent n'est pas attaqué par cet acide ,

mais le mercure l'est à l'aide d'une longue digestion. V. *de Morveau.*

Cet acide corrode le plomb et forme un sel
à cristaux allongés très-styptiques, il donne avec
le cuivre une dissolution verte, il dissout l'é-
tain en partie et forme des cristaux verts avec
le fer.

2°. *Acide-pyroligneux.* On donne le nom d'*a-
cide-pyroligneux* à l'acide qu'on retire du bois
par la distillation : on savoit depuis long-temps
que les bois les plus durs donnoient un principe acide mêlé avec une portion d'huile qui
en masquoit les propriétés en partie ; mais personne ne s'étoit occupé de déterminer les propriétés particulières de leur acide, lorsque M.
Goettling publia (*dans le recueil de Crell, en
1779,*) une suite de recherches sur l'acide du
bois et sur l'éther qu'on peut en former.

M. *de Morveau*, pour obtenir cet acide,
distille dans une cornue de fer, au fourneau de
reverbère, de petits morceaux de hêtre bien secs;
il change de récipient lorsque l'huile commence
à monter, et rectifie le produit par une
seconde distillation. Cinquante - cinq onces de
copeaux bien secs ont donné dix - sept onces
d'acide rectifié, de couleur ambrée, nullement
empyreumatique, dont la pesanteur spécifique
étoit à celle de l'eau distillée : : 49 : 48.

Cet acide rougit fortement les couleurs bleues

végétales : une once a pris vingt-trois onces et demie d'eau de chaux pour sa saturation complette.

Il soutient assez bien le feu lorsqu'il est engagé dans une base alkaline ; mais à un feu plus fort il se brûle comme tous les acides végétaux.

Il ne précipite point en noir les dissolutions martiales.

Cet acide s'unit aux alkalis , aux terres et aux métaux ; il ne cède même pas la chaux et la barite pour se combiner avec les alkalis caustiques.

L'action de l'acide pyro-ligneux sur les substances métalliques et sur l'alumine , peut être comparée à celle de l'acide acéteux et paroît suivre le même ordre.

Cet acide dissout près de deux fois son poids d'oxide de plomb.

3°. *Acide citrique.* Le jus de citron est à nud dans le fruit ; il manifeste ses propriétés aigres sans aucune préparation ; néanmoins cet acide est toujours mêlé avec un principe muci-lagineux , susceptible de s'altérer par la fermentation. M. *Georgius* a annoncé (*dans les mémoires de Stockolm, pour l'année* 1774) un procédé pour purifier cet acide de cet excès de mucilage sans en altérer les propriétés : il remplit une bouteille de ce jus de citron , il la bouche avec du liége et la conserve à la cave ; l'acide s'est conservé quatre ans sans se corrompre ; les parties mucilagineuses s'étoient précipitées en flocons et il s'étoit formé sous le bouchon une croûte solide ; l'acide étoit devenu aussi limpide que de l'eau. Pour déphlegmer l'acide il l'expose à la gelée , et il observe que le froid ne soit pas trop fort , car alors tout se prendroit en une seule masse ; et quoique l'acide dégelât le premier, cela entraîneroit toujours quelque inconvénient. Pour le concentrer avec plus d'avantage on peut séparer les glaçons à mesure qu'ils se forment ; les premiers sont doux , les derniers ont un peu de saveur aigre , et par ce moyen on réduit la liqueur à moitié. Cet acide ainsi concentré est huit fois plus fort ; il n'en faut que deux gros pour saturer un gros de potasse.

L'acide citrique ainsi purifié et concentré , se conserve pendant plusieurs années dans une bouteille , et il sert pour tous les usages , même pour en faire de la limonnade.

Les personnes qui ont essayé les combinaisons de l'acide citrique , n'ont employé que cet acide embarrassé de son principe mucilagineux ; tel est le résultat des expériences de M. *Wenzel*, qui n'a obtenu que des produits gommeux. Mais M. *de Morveau* ayant saturé cet acide purifié avec des crystaux de potasse , a trouvé au bout de quelque temps un sel non déliquescent.

Les combinaisons de cet acide sont peu connues.

4°. *Acide malique*. L'acide malique a été annoncé, en 1785, par *Schéele* et publié dans les annales de *Crell* : pour l'obtenir on sature le jus de pomme avec l'alkali, on y verse ensuite de la dissolution acéteuse de plomb jusqu'à ce qu'elle n'occasionne plus de précipité, on édulcore le précipité, on verse dessus de l'acide sulfurique affoibli, jusqu'à ce que la liqueur prenne une saveur acide franche sans mêlange de doux ; on filtre le tout pour séparer l'acide du sulfate de plomb ; cet acide est très-pur, il est toujours en liqueur et ne peut pas être mis à l'état concret.

Il s'unit aux trois alkalis et forme avec eux des sels neutres déliquescens. Saturé de chaux il donne de petits crystaux irréguliers, qui ne sont solubles que dans l'eau bouillante ; il se comporte avec la barite comme avec la chaux.

Il forme avec l'alumine un sel neutre peu soluble dans l'eau, et avec la magnésie un sel déliquescent.

Il differe de l'acide citrique, 1°. en ce que l'acide citrique saturé de chaux et précipité par l'acide sulfurique crystallise, celui-ci est incrystallisable ; l'acide malique traité avec l'acide nitrique, donne de l'acide oxalique ; l'acide citrique n'en donne point ; 3°. le citrate de chaux est presque insoluble dans l'eau bouillante ; le malate de chaux est plus soluble ; 4°. l'acide malique précipite les dissolutions de nitrate de plomb, de mercure et d'argent ; l'acide citrique n'y produit aucun changement ; 5°. si l'on fait bouillir un instant les dissolutions de nitrate d'ammoniaque et de malate de chaux, le dernier sel est décomposé et il se précipite du nitrate de chaux, ce qui prouve que l'affinité de l'acide malique avec la chaux est plus foible que celle de l'acide citrique.

Le célèbre *Schéele*, qui a fait connoître cet acide, a présenté le tableau suivant des fruits qui fournissent cet acide pur ou mêlé avec d'autres acides.

Les sucs exprimés des fruits.

De l'épine-vinette. *Berberis vulgaris.*
Du sureau. *Sambucus nigra.*
Du prunier épineux. *Prunus spinosa.*
Du sorbier des oiseleurs. *Sorbus aucup.*
Du prunier des jardins. *Prunus domestic.*

} Fourniffent beaucoup d'acide malique, et peu ou point d'acide citrique.

Du Groselier à fruits velus. *Ribes grossularia.*

Du groselier rouge. *Ribes rubrum*

De l'ayrelle mirtille. *Vaccinium mirtillus.*

De l'alisier commun. *Cratægus aria.*

Du cerisier. *Prunus cerasus.*

Du fraisier. *Fragaria vesca.*

De la ronce sans épine. *Rubus chamemorus.*

Du Framboisier. *Rubus idæus.*

Paroissent contenir moitié de l'un et moitié de l'autre.

De l'ayrelle canneberge. *Vaccinium oxycacos.*

De l'ayrelle à fruits rouges. *Vaccinium vitis idæa.*

Du mérisier à grappe. *Prunus padus.*

De la douce amère. *Solanum dulcamara.*

De l'églantier. *Cynosbatos.*

Du citronnier.

Beaucoup d'acide citrique , peu ou point de malique.

Suivant le même Chimiste le jus des raisins verds, ainsi que celui du tamarin, ne contient que l'acide citrique.

Schéele a aussi démontré l'acide malique dans le sucre : si on verse de l'acide nitrique affoibli sur du sucre , et qu'on distille jusqu'à ce que le mélange commence à tourner au brun , on précipitera tout l'acide oxalique par l'addition de l'eau de chaux , et il restera un autre acide que l'eau de chaux ne précipite point : pour obtenir cet acide pur , on sature la liqueur par la craie , on la filtre , on y ajoute de l'alkool qui y occasionne un coagulé ; ce coagulé bien lavé dans l'alkool est redissout dans l'eau distillée ; on décompose le malate de chaux par l'acétite de plomb , et on dégage enfin l'acide malique par l'acide sulfurique ; l'alkool évaporé laisse une substance plutôt amère que douce qui est déliquescente, et ressemble à la matière savonneuse du jus de citron ; si on distille dessus un peu d'acide nitrique , on en obtient encore de l'acide malique et de l'acide oxalique.

En traitant plusieurs autres substances par l'acide nitrique , on en obtient aussi de l'acide malique et de l'acide oxalique ; telles sont la gomme arabique , la manne , le sucre de lait , la gomme adragant , l'amidon , la fécule de pommes de terre. L'extrait de la noix de galle , l'huile de graine de persil , l'extrait aqueux d'aloès , de coloquinte , de rhubarbe , d'opium , outre les deux acides , ont fourni beaucoup de résine à M. *Schéele*.

Ce célèbre Chimiste , en traitant quelques substances animales avec de l'acide nitrique très-concentré, en a retiré de l'acide oxalique et de l'acide malique ; la colle de poisson , le blanc d'œuf , le jaune d'œuf et le sang traités de la même manière donnent les mêmes produits.

Il est peu de végétaux qui ne nous présentent quelque acide plus ou moins développé : nous voyons, par exemple, tous les fruits doux dans leur principe, s'aigrir insensiblement, et finir par perdre cette saveur et devenir sucrés ; il en est quelques-uns qui conservent constamment un goût acide et forment une classe particulière.

Il est des plantes qui contiennent un principe acide répandu dans tout le parenchyme ou le corps du végétal : telles sont le giroflier jaune, la bardane, la filipendule, le cresson d'eau, l'herbe à Robert, etc. Ces plantes rougissent sensiblement le papier bleu.

Il en est d'autres où le principe acide n'existe que dans une partie de la plante, comme, par exemple, dans les feuilles de la grande valérianne, les fruits de l'alkekenge, du cornouillier, l'écorce de bourdaine, la racine d'aristoloche.

M. *Monro* a communiqué quelques expériences à la Société Royale de Londres, en 1767, qui prouvent que certains végétaux contiennent des acides presque à nud, ceux même où l'on est le moins tenté de les soupçonner.

1°. Ayant pelé et coupé en morceaux deux douzaines de pommes d'été, il versa dessus de l'eau dans laquelle il avoit fait dissoudre auparavant deux onces de soude, et laissa le tout en repos pendant six jours. La liqueur filtrée, évaporée et abandonnée pendant dix jours, fournit un beau sel crystallisé en petits feuillets ronds, transparens, posés de champ.

2°. Le jus de mûre clarifié avec le blanc d'œuf et saturé de soude, a donné un sel pulvérulent sans figure régulière qui, par des dissolutions et évaporations répétées, a enfin laissé des crystaux alongés, les uns plus minces, les autres plus épais et qui s'entrecroisent.

3°. Il a obtenu, de la pêche et de l'orange, avec la soude de petits crystaux cubiques ou rhomboïdaux.

4°. La prune verte lui a donné, après plusieurs dissolutions et crystallisations, un sel neutre qui s'est crystallisé, sans évaporation, en grosses tables hexagones et partie en larges rhombes ; ce sel avoit une saveur chaude et étoit soluble dans trois ou quatre fois son poids d'eau froide.

5°. La groseille rouge lui a donné par évaporation et refroidissement de petits crystaux rhomboïdaux fort durs, ne s'altérant point à l'air, et dont la saveur ressemble à celle du sel neutre résultant de la combinaison de l'acide citrique avec la même base.

La groseille verte a produit une croûte saline formée de petits crystaux rhomboïdaux et couverts d'écailles minces brillantes.

6°. Le raisin verd a donné à M. *Monro*, au moyen des dissolutions répétées, un sel neutre

en

en petits crystaux cubiques , rhomboïdaux ou par allèlogrammatiques , superposés et s'entre-croisant les uns les autres.

Celui de ciguë a donné à M. *Baumé* un sel en petits crystaux irréguliers , presque sans sa-veur , mais rougissant l'infusion de tournesol.

7°. M. *Rinmann* (dans son histoire du fer) met les fruits du sorbier et du prunellier au nombre des substances qui peuvent décaper ce métal à cause de leur acide.

Lorsqu'en décomposant quelques végétaux par l'acide nitrique on a obtenu pour dernier résultat un acide , on a cru qu'il existoit tout formé dans le végétal ; on s'est imaginé que l'acide n'avoit fait que détruire ou séparer certains principes qui le masquoient ; mais une analyse plus exacte nous a prouvé que l'acide employé à cette opé-ration ne faisoit que se décomposer , désorga-niser le végétal , briser les liens qui retenoient les principes , et que la base oxigène de cet acide , en s'unissant à un élément du végétal , formoit un acide particulier ; c'est ce qui résulte des preuves combinées de MM. *Lavoisier* , *de Morveau* , etc.

C'est à une semblable cause que nous devons attribuer la formation des acides acéteux , car-bonique , etc. et même la rancidité des huiles et les altérations de quelques autres principes du règne végétal. Içi l'air extérieur porte l'oxigène qui se fixe sur la plante et lui donne une nature acide.

L'acide oxalique n'existe pas en nature dans le sucre.; l'acide camphorique n'est point dans le camphre ; il en est de même de plusieurs autres, qu'on extrait par l'action de quelques acides qu'on décompose sur les végétaux. Nous parlerons de ces divers acides en traitant de leurs radicaux.

ARTICLE X.

Des Alkalis.

L'alkali est encore contenu dans la plante : *Grosse* et *Duhamel* ont prouvé qu'on peut l'extraire par les acides ; *Margraaf* et *Rouelle* ont ajouté de nouvelles preuves à l'assertion de ces deux Chimistes, et ils ont tous assuré, d'après cela, que l'alkali étoit à nud dans les végétaux : mais ces expériences prouvent tout au plus que leur combinaison est telle, que les acides minéraux peuvent la rompre. L'alkali y est quelquefois presque à nud, puisqu'on ne l'a trouvé combiné qu'avec l'acide carbonique, dans l'*hélianthus annuus*. Mais l'alkali est souvent combiné avec le principe huileux.

Lorsqu'on veut extraire l'alkali on détruit par la combustion tous les principes auxquels il peut être uni , et on le dégage des résidus de la combustion par la lixiviation : c'est là le procédé usité pour faire le *salin*, comme nous l'avons déjà observé.

Le séjour dans l'eau enlève aux bois la propriété de donner de l'alkali par leur combustion , parce que l'eau dissout les composés qui peuvent le contenir.

Les plantes marines fournissent une autre nature d'alkali , connue sous le nom de *soude* ; les végétaux ont la propriété de décomposer le sel marin et d'en retenir la base alkaline. Toutes les plantes douces peuvent donner plus ou moins de soude si on les élève sur les bords de la mer , mais elles y périssent en peu de temps.

On trouve encore de l'ammoniaque dans les plantes : la partie glutineuse des graminées en contient, qu'on peut dégager par le moyen des acides nitrique , muriatique , sulfurique , etc. d'après M. *Poullettier*. Et il suffit de triturer le sel essentiel d'absinthe avec l'alkali fixe pour en séparer l'alkali volatil ; cet alkali paroît être un des principes des tétradinames , puisqu'on peut l'extraire par la simple distillation.

Les alkalis sont encore à l'état de sel neutre dans les végétaux : ils sont combinés avec l'acide sulfurique dans les vieilles borraginées et dans quelques plantes aromatiques astringentes. Le sulfate de potasse paroît exister dans presque tous les végétaux, puisque les potasses en contiennent toutes plus ou moins , et l'analyse du tabac m'en a fourni considérablement.

Le *tamarisc* fournit le sulfate de soude en si grande abondance , qu'en le retirant de ses cendres on peut le donner très-pur et en beaux crystaux à 30 livres le quintal.

Le *grand tournesol*, la *pariétaire* et les *borraginées* contiennent du nitrate de potasse.

Les muriates de soude et de potasse sont fournis par les plantes marines.

Nous retrouvons encore les alkalis combinés avec les acides de la végétation , tels que l'oxalique , le tartareux, etc.

Il paroît que les divers sels sont le produit de la végétation et le résultat du travail particulier de l'organisation du végétal : deux plantes qui croissent dans le même terrain, donnent des sels très-différens , et chaque plante fournit constamment la même espèce. En outre, *Homberg* a vu (*Mém. de l'Acad.*, ann. 1669) se développer les mêmes sels dans des terres bien lessivées et arrosées avec de l'eau bien distillée.

On doit donc classer les sels parmi les principes des végétaux , et ne plus les regarder comme contenus accidentellement dans la plante. Je ne nierai cependant pas que la combustion du végétal ne puisse donner lieu à la formation de quelques-uns , et augmenter ou diminuer la proportion de plusieurs autres : la combustion doit former des combinaisons qui n'existent pas dans la plante , et détruire plusieurs de celles qui existent ; l'air atmosphérique employé à cette opération s'unit à certains principes et donne naissance à plusieurs résultats ; le gaz nitrogène se précipite en torrens dans le foyer de la combustion , et se combine , peut-être , avec certains principes pour former des alkalis , et augmenter conséquemment la proportion de ceux qui existent naturellement dans les plantes.

ARTICLE XI.

Des principes colorans.

L'objet de la teinture est d'enlever à un corps son principe colorant pour le porter sur un autre et l'y fixer d'une manière durable. La suite de manipulations nécessaires à cet effet , forme l'art de la teinture. Cet art est un des plus utiles et des plus merveilleux qu'on connoisse ; et si quelqu'un peut inspirer un noble orgueil à l'homme c'est celui-là : non-seulement il a procuré le moyen de suivre et d'imiter la nature dans la richesse et l'éclat des couleurs ; mais il paroît l'avoir surpassée en donnant plus d'éclat , plus de fixité et plus de solidité aux couleurs fugaces et passagères dont elle a revêtu tous les corps qui composent ce globe.

Cette suite d'opérations qui forment l'art de

I 3

la teinture , sont absolument dépendantes des
principes chimiques ; et quoique jusqu'ici le hazard,
ou de bien foibles combinaisons suggérées par
la comparaison de quelques faits , aient enrichi
cette partie d'excellentes recettes et de quelques
principes, il n'en est pas moins vrai qu'on n'y fera
de progrès et qu'on n'y acquerra des bases solides, qu'en analysant les opérations et les rame-
nant à des principes généraux que la seule chimie
peut fournir. La nécessité d'établir des principes
est même démontrée par l'incertitude et le tâton-
nement continuel qu'on voit régner dans les
atteliers : quelque foible variété dans la nature
des matières premières déroute l'artisan , à tel
point qu'il est hors d'état de se redresser par
lui-même ; de-là des pertes continuelles et une
décourageante alternative de succès et de revers,

Si jusqu'ici la chimie a fait peu de progrès
dans la teinture , cela dépend de plusieurs causes
que nous allons développer.

La première cause de ce peu de progrès tient
à la difficulté de bien connoître la nature , les
propriétés et les affinités du principe colorant :
pour extraire le principe de la couleur , il faut
savoir connoître quel est son dissolvant ; il faut
savoir si ce principe est pur ou mêlangé avec
d'autres parties du végétal , si le principe de
la couleur est un ou le résultat de la confusion
de plusieurs couleurs réunies ; il faut connoître
ses affinités avec telle et telle étoffe , car on

(137)

sàit que telle couleur prend sur la laine ; et n'altère même pas la blancheur du coton ; il faut connoître son affinité avec le mordant ; puisque l'alun est le mordant de quelques couleurs et ne l'est pas des autres ; il faut encore savoir quelle peut être l'action de tous les corps qui peuvent agir sur cette couleur appliquée sur une étoffe afin de chercher le moyen de l'en garantir, etc.

La seconde cause qui a retardé l'application de la chimie à la teinture , c'est la difficulté où se trouve le chimiste de pouvoir travailler en grand : le préjugé qui règne en despote dans les atteliers en écarte le chimiste comme un innovateur dangereux ; et le proverbe si accrédité *qu'expérience passe science* , contribue encore à écarter la lumière des atteliers. Il est très-vrai qu'un teinturier borné à la simple pratique fera sans contredit une plus belle écarlate qu'un chimiste qui n'aura que des principes , comme un simple artisan en horlogerie fera mieux une montre que le plus célèbre méchanicien : et en ce cas , on peut dire *qu'expérience passe science* ; mais s'il s'agit de résoudre quelque problème , d'expliquer quelque phénomène et de reconnoître quelque vice dans les détails compliqués de l'opération , l'homme à routine n'y connoîtra plus rien.

Une autre cause du peu de progrès de la chimie dans la teinture, c'est que presque tous

les ouvrages qui en parlent se bornent à des détails et à la description des procédés usités dans
les atteliers : ces ouvrages ont, sans contredit,
leur avantage, mais ils n'avancent pas d'un pas
la science ; ils ne font que présenter la carte d'un
pays sans indiquer ni ses rapports ni sa nature.
A la vérité il a été difficile jusqu'à aujourd'hui
de faire mieux, parce que les *gaz* qui jouent
un si grand rôle dans cette partie de la chimie
n'étoient pas connus, parce que l'action de la
lumière et de l'air qui est si puissante sur les
couleurs étoit un fait dont on ne pouvoit connoître ni la cause ni la théorie, parce que sur-
tout on ne connoissoit point les sels et les combinaisons à 3, à 4 et à 5 principes, ce qui
complique les phénomènes que nous présentent
les opérations des végétaux.

Pour faire des progrès dans la teinture, il faut
donc partir d'après de nouveaux principes ; et
je vais tracer un plan qui me paroît remplir
l'objet qu'on peut se proposer. Nous examinerons,

1°. La manière dont se développent et se forment les couleurs dans les divers corps.

2°. La nature des combinaisons de ces mêmes
couleurs dans ces corps, et les moyens les plus
propres pour les extraire.

3°. Les procédés les plus avantageux pour les
appliquer.

1°. Les couleurs sont toutes formées dans la lumière solaire : la propriété qu'ont les corps d'absorber tel ou tel rayon et de renvoyer les autres, forme les nuances de couleur dont ils sont décorés, c'est-là ce qui résulte des expériences du célèbre *Newton*.

D'après ce principe, on peut donc considérer l'art de colorer les corps sous deux points de vue très-différens : car on peut déterminer et décider des couleurs sur un corp, ou bien en changeant sa forme et la disposition de ses pores, de façon que par-là il acquierre la propriété de réfléchir tel rayon différent de celui qu'il renvoyoit avant ces opérations méchaniques ; c'est ainsi que par la trituration on change la couleur de beaucoup de corps, et on doit rapporter ici tous les effets dépendans des reflets et de la refrangibilité des rayons. Cette coloration ne dépend, comme l'on voit, que du changement qu'on apporte sur la surface des corps et dans la disposition des pores. Les phénomènes de la refrangibilité tiennent à la densité des corps et à leur gravité spécifique, d'après *Newton* et *Delaval*.

On peut encore déterminer une couleur sur un corps, en transportant sur ce corps un corps tout coloré ou une substance qui ait la vertu de réfléchir tel rayon connu ; et c'est ce qui forme principalement la teinture.

Mais de quelle manière les corps colorés qu'on trouve dans les trois règnes acquièrent-ils la propriété de réfléchir constamment un rayon connu ! C'est une question fort délicate sur laquelle je vais rassembler quelques faits qui pourront y répandre quelque jour.

Il paroît que les trois couleurs éminemment primitives dans les arts, celles qui forment toutes les autres par leur combinaison, et conséquemment les seules dont on doive s'occuper, le bleu, le jaune et le rouge, se développent dans les corps des trois règnes par une absorption plus ou moins grande d'oxigène qui se combine avec les divers principes de ces corps.

Dans le minéral la première impression du feu ou le premier degré de calcination développe une couleur bleue quelquefois parsemée de jaune ; c'est ce qu'on observe, lorsqu'on expose du plomb, de l'étain, du cuivre, du fer et autres métaux fondus à l'action de l'air pour en hâter le refroidissement ; c'est ce qu'on voit dans les lames d'acier qu'on colore en bleu en les exposant au feu.

Les métaux acquérent la propriété de réfléchir la couleur jaune en se combinant avec une plus grande quantité d'oxigène : aussi voit-on paroître cette couleur dans presque tous à mesure que la calcination avance : le *massicot*,

la *litarge* , *l'ocre* , *l'orpin* , le *précipité jaune*
en sont des preuves.

Une plus forte combinaison d'oxigène paroît
décider le rouge : de-là le *minium* , le *colcho-*
tar , le *précipité rouge* , etc.

Cette marche n'est pas uniforme pour tous
les corps du règne minéral , parce qu'il est très-
naturel de penser que ces effets doivent être modifiés par la base minérale avec laquelle se combine l'oxigène : c'est ainsi que, dans quelques
uns , nous voyons se déveloper la couleur noire
presque aussi-tôt que la bleue , et cela doit être,
parce qu'il y a une bien petite différence entre la propriété de ne renvoyer que le rayon
le plus foible et celle de n'en réfléchir aucun.

Ce qui peut ajouter du poids aux observations que nous venons de donner , c'est que les
métaux par eux-mêmes sont presque sans couleur et qu'ils n'en acquèrent que par leur calcination , c'est-à-dire , par la fixation et la combinaison de l'oxigène.

Les effets de la combinaison de l'oxigène sont
aussi marqués dans le végétal que dans le minéral : nous n'avons qu'à suivre , pour nous en
convaincre , la manière dont on prépare et développe les couleurs bleues principales , telles
que l'*indigo* , le *pastel* , le *tournesol* , etc.

L'indigo s'extrait d'une plante connue sous le
nom d'*Anillo* par les Espagnols , et d'indigotier

par les François ; c'est l'*indigo-fera tinctoria*
de *Linné*. On la cultive à Saint-Domingue, aux
Antilles et dans les Indes Orientales ; on coupe
les tiges tous les deux mois, et la racine dure
deux ans. On met la plante à fermenter dans
une cuve appellée *trempoire* ou *pourriture*, on
la remplit d'eau ; au bout de quelque tems l'eau
s'échauffe, bouillonne et se colore en bleu ; on
la fait passer dans une seconde cuve qu'on appelle *batterie*, là on bat fortement l'eau avec
un moulin à palettes pour condenser la substance de l'indigo ; dès-que l'eau devient l'impide
on la fait couler, puis on fait passer le dépôt
dans une troisième cuve qu'on appelle *reposoir* ;
là il se dessèche et on l'en tire pour former des
pains qu'on introduit dans le commerce.

Le Pastel est une couleur qu'on extrait également dans le haut Languedoc, en faisant fermenter les feuilles de la plante après les avoir écrasées ; on facilite la fermentation en les mouillant
avec de l'eau la plus infecte qu'on puisse se procurer. La *Vouëde* se prépare en Normandie comme le pastel. Le Tournesol se fabrique au *Grand-
Gallargues* en imbibant des chiffons du suc
de *croton tinctorium*, et les exposant ensuite
à la vapeur de l'urine ou du fumier.

Nous voyons encore que le premier degré de
combinaison de l'oxigène avec une huile développe dans le moment du bleu.

Le bleu ne se forme donc dans le végétal mort que par la fermentation ; or , dans ces cas , il y a fixation d'oxigène : cet oxigène se combine , avec la fécule dans l'indigo , avec un principe extractif dans le tournesol , etc. Et la plupart de ces couleurs sont encore susceptibles de passer au rouge par une plus grande quantité d'oxigène , c'est ainsi que le tournesol rougit à l'air et par l'action des acides , parce que l'acide se décompose sur le mucilage qui est l'excipient de la couleur , comme on le voit dans le sirop de violettes , puisque quand il est concentré les acides s'y décomposent dessus. Il n'en est pas de même lorsque l'oxigène est fixé sur une fécule , car la fécule étant saturée d'oxigène ne permet pas la décomposition de l'acide ; de-là vient que l'indigo ne rougit pas avec les acides , mais qu'au contraire il peut s'y dissoudre ; c'est encore par la même raison que nous voyons se développer du rouge dans les végétaux ou l'acide réagit sans cesse , comme dans les feuilles des *oxalis* , de la vigne vierge , de l'oseille et de la vigne ordinaire : de-là vient encore , que les acides avivent la plupart des couleurs rouges , et qu'on se sert d'un oxide métallique très-chargé d'oxigène pour faire le mordant de l'écarlate.

Nous voyons les mêmes couleurs se développer dans l'animal par la combinaison du même

principe : lorsque la viande se putréfié , la première impression de l'oxigène est de décider le
bleu ; de-là , le bleu des échimoses , des chairs
qui tombent en putrilage , de la volaille qui est
trop faite , ce qu'on appelle dans nos cuisines
le *cordon-bleu.* Cette couleur bleue est remplacée
par le rouge ; c'est ce qu'on observe dans la
préparation des fromages qui se revêtent d'a-
bord d'un duvet bleu qui devient ensuite rouge ;
j'ai suivi ces phénomènes dans la préparation des
fromages à *Roquefort.* La combinaison de l'oxigène et ses proportions dans cette combinaison
décident donc la propriété de réfléchir tel ou
tel rayon : mais il est aisé de sentir que les
couleurs doivent varier , selon la nature du principe avec lequel se fait cette combinaison , et
c'est une source d'expériences intéressantes à
faire.

Tous les phénomènes de la combinaison de
l'air avec les divers principes dans diverses proportions , s'observent dans la flamme des corps
embrasés : elle est bleue lorsque la combinaison est lente ; rouge , lorsqu'elle est plus forte
et plus complète ; et blanche lorsqu'elle l'est
encore plus , car les derniers degrés *d'oxidation*
déterminent assez généralement la couleur blanche , parce qu'alors tous les rayons sont également réfléchis.

On peut donc conclure des faits ci-dessus ,

que le rayon bleu est le plus foible et qu'il est réfléchi par les premiers degrés de combinaison de l'oxigène. Nous pourrions ajouter les faits suivans à ceux que nous avons fait connoître : la couleur de l'atmosphère est bleuâtre ; la lumière des astres est bleue , comme M. *Mariotte* l'a prouvé en 1678 , en recevant sur un papier blanc la lumière de la lune ; la lumière d'un grand jour réfléchie dans l'ombre par la neige est d'un beau bleu , suivant les observations de *Daniel Major* (*Ephém. des cur. de la nat.* 1671. *première dec.*).

Le principe colorant se trouve dans le végétal dans quatre états de combinaison ; 1°. avec le principe extractif; 2°. avec le principe résineux; 3°. avec une fécule ; 4°. avec un principe gommo-résineux. Ces quatre états , sous lesquels nous trouvons le principe colorant , nous indiquent le moyen de l'extraire.

A. Lorsque l'excipient de la couleur est de la nature des extraits , alors l'eau peut le dissoudre en entier; tel est celui du bois d'inde , du tournesol, de la gaude , de la garance , de la cochenille , etc. Il suffit , en effet , de mettre ces substances dans l'eau pour en dégager le principe colorant. Si on plonge l'étoffe dans cette dissolution , elle se recouvrira d'une couche de couleur qui ne sera qu'une espèce de barbouillage que l'eau elle-même pourra enlever. Pour obvier à cet inconvénient, il a donc fallu trouver le moyen d'imprégner les étoffes, sur lesquelles on vouloit porter les couleurs, de quelque sel ou de quelque substance qui dénaturât ce principe colorant, et, en lui donnant de la fixité, lui fît perdre la propriété d'être soluble dans l'eau ; c'est cette substance qu'on connoît sous le nom de *mordant*. Il faut encore que ce mordant ait de l'affinité avec le principe de la couleur pour en devenir l'excipient ; de-là vient que la plupart de ces principes colorans, tels que celui du tournesol, celui du bois du Brésil, etc. ne sont point fixés par ces mordans ; de-là vient encore que la cochenille ne forme une belle écarlate que lorsqu'elle a l'étain pour mordant. Il faut encore que le mordant ait du rapport avec la nature de l'étoffe, car la même composition qui donne une belle couleur écarlate à la laine, donne une teinte lie de vin à la soie, et ne ternit pas le blanc du coton.

B. Il y a des principes colorans résineux solubles dans l'esprit de vin, telles sont toutes les teintures de la pharmacie. On ne les emploie dans les arts que pour colorer des rubans. Il y a d'autres parties colorantes, combinées avec des fécules, que l'eau ne peut pas dissoudre ; le *rocou*, l'*orseille*, l'*indigo*, le rouge du *saffran* oriental sont de ce genre.

Le rocou est une fécule résineuse qu'on tire
par

par la macération dans l'eau, des sémences d'un arbre d'Amérique nommé *urucu*. Dans cette opération la partie extractive est détruite par la fermentation, et la fécule résineuse se rassemble en une pâte d'un rouge foncé ; la pâte de rocou délayée dans l'eau avec des cendres gravelées, donne une belle couleur orangée.

L'orseille est une pâte qui se prépare en faisant macérer des mousses et des lichens dans de l'urine avec de la chaux : les alkalis en tirent une couleur violette. L'orseille se fabrique en Corse, dans l'Auvergne, à Lyon, etc.

L'*orseille des Canaries* est moins chargée de chaux : celle que je me suis procurée laissoit appercevoir à nud les brins de la plante non décomposés complétement par la fermentation. L'orseille des Canaries ou l'*orseille d'herbe* est fournie par un lichen qu'on appelle *orcella*, *ro-cella*, *lichen fruticulosus*, *solidus*, *aphyllus*, *subramosus*, *tuberculis alternis*. LINNÉ. La parelle ou orseille d'Auvergne est faite avec le *lichen parellus*. LINNÉ.

Les parties colorantes de cette classe sont toutes solubles dans l'alkali ou la chaux : et c'est de ces substances qu'on se sert pour les dissoudre dans l'eau et les précipiter sur les étoffes. La chaux est le véritable dissolvant de l'indigo, mais l'alkali est celui des autres substances de la même

K

classe : ainsi , par exemple , losqu'on veut s'emparer de la partie rouge et résineuse du saffran
bâtard , on commence par le laver à grande eau
pour enlever le principe extractif et jaunâtre qui
y est très-abondant , puis on dissout le principe
résineux par le secours de l'alkali , et on le porte
sur les étoffes en l'y précipitant par le moyen
d'un acide , on fait par ce moyen la *soie pon-
ceau*. On peut aussi combiner ce principe résineux avec du talc , après qu'on l'a extrait par
l'alkali et précipité par un acide , et il en résulte
alors le *rouge végétal* : pour faire cette couleur
on dégage d'abord , par le moyen du lavage , la
couleur jaune du *saffran* ou *carthame* ; on mêle
avec le résidu cinq à six pour cent de son poids
de soude , on verse par-dessus de l'eau froide
et on obtient une liqueur jaunâtre qui , mêlée
avec le jus de citron , dépose une fécule rouge ;
cette poudre , mêlée avec du talc porphyrisé, et
humectée avec du jus de citron , forme une pâte
qu'on met dans des pots et qu'on fait sécher.
Si le rouge est soluble dans l'esprit de vin , il est
végétal ; s'il ne l'est pas il est minéral , et c'est
pour l'ordinaire du *vermillon*.

Pour porter sur les étoffes quelques-unes des
couleurs dont nous venons de parler , on peut
employer les acides comme les alkalis ; ainsi ,
pour faire un bleu fixe , au lieu de dissoudre
l'indigo par la chaux , on le dissout quelquefois

par l'huile de vitriol, on verse cette dissolution dans le bain et on y passe l'étoffe alunée ; c'est ainsi qu'on teint en bleu les flanelles à Montpellier. Cette opération n'est qu'une division extrême de l'indigo par l'acide.

D. Il est des principes colorans fixés sur une résine, mais qui, à l'aide de l'extrait, peuvent être entraînés par l'eau ; et si on fait bouillir des étoffes dans ces dissolutions, la partie résineuse colorée s'applique d'elle-même sur ces étoffes, et y adhère d'une manière assez solide pour que l'eau ne puisse plus l'entraîner.

Pour teindre avec ces ingrédiens, on n'a besoin d'aucune préparation ; il suffit de faire bouillir l'étoffe dans la décoction de cette couleur ; les principales substances de ce genre sont le brou de noix, la racine de noyer, le sumach, le santal, l'écorce d'aune, etc. Toutes ces matières qui n'ont pas besoin de mordant ne donnent qu'une nuance fauve que les Teinturiers appellent *couleur de racine.* On peut encore extraire la couleur de certains végétaux par le moyen de l'huile : c'est ainsi qu'on colore l'huile en rouge en y faisant infuser de l'orcanette ou la racine rouge d'une espèce de buglosse.

Pour appliquer les couleurs convenablement sur une étoffe, il faut préparer l'étoffe et la disposer à recevoir le principe colorant : à cet effet il faut la laver, la blanchir, la dépouiller de

K 2

cette matière gluante qui la garantit de l'action destructive de l'air lorsqu'elle est sur l'animal qui la fournit, et l'imprégner du mordant qui fixe la couleur et lui donne des propriétés particulières.

A. Pour disposer une étoffe à recevoir une couleur, il faut commencer par la blanchir, parce que plus elle sera blanche, plus la couleur qu'on y applique sera naturelle et fidelle : si on n'a pas cette précaution le succès est incertain. Pour blanchir une étoffe on se contente de la bien laver et de la faire bouillir dans une lessive alkaline, on l'expose ensuite à l'air pour la blanchir encore mieux : cette opération tient à l'action de l'oxigène qui se combine avec le principe colorant et le détruit ; c'est porté à la démonstration par les dernières expériences de M. *Berthollet* sur l'acide muriatique oxigéné qui blanchit les toiles et les cotons avec une telle facilité qu'on l'emploie déjà à cet usage dans plusieurs atteliers.

On blanchit le coton dans quelques fabriques par un procédé très-ingénieux : on a une cuve enchassée dans la maçonnerie et à laquelle on assujettit un couvercle de la manière la plus solide ; cette cuve a une forme ovale ; on met, dans le fond, de l'alkali rendu caustique par la chaux, et on introduit les étoffes qu'on veut blanchir dans un panier qui fait qu'elles ne touchent pas aux parois de la chaudière ; une fois que les étoffes sont placées, on assujettit le couvercle qui est percé d'un tuyau assez mince par où une portion de l'eau en vapeurs peut s'échapper ; il s'excite dans l'alkali une chaleur violente très-supérieure à celle de l'eau bouillante ; et cette chaleur aidée , dans cette espèce de marmite de papin , par l'action corrosive de la potasse détruit le principe colorant des cotons et leur donne la plus grande blancheur.

B. Cette espèce de colle qui enduit presque toutes les substances animales , mais sur tout la soie en écru , est insoluble dans l'eau et l'alkool ; elle n'est attaquée que par les alkalis et les savons , et c'est pour les détruire qu'on emploie le décreusage. on peut décreuser une étoffe en la faisant bouillir et même digérer dans une eau alkaline ; mais on a observé que l'alkali pur altéroit la bonté et la qualité de l'étoffe , et on y a substitué les savons : à cet effet on fait tremper l'étoffe dans une dissolution de savon , chaude sans bouillir. En 1761 l'Académie de Lyon proposa un prix sur le moyen de décreuser les soies sans savon ; il fut adjugé à M. *Rigaut* de Saint-Quentin , qui proposa une dissolution de sel de soude.

On s'est convaincu depuis peu que l'eau chauffée au-dessus de l'eau bouillante pouvoit dissoudre ce principe colorant: on pourroit employer à cet usage une chaudière semblable à celle dont je viens de donner la description.

Pour blanchir le coton et le disposer à la teinture, on le décreuse par le moyen d'un savon liquide qu'on fait avec l'huile et la soude.

Par le décreusage on dépouille les étoffes de ce vernis qui ne permettroit pas à la couleur de s'appliquer et d'adhérer d'une manière fixe; et on ouvre les pores de l'étoffe de façon qu'elle peut mieux recevoir les principes colorans qu'on veut déposer sur elle.

Lorsque l'étoffe est ainsi préparée, que les pores sont bien ouverts et que la couleur en est très-blanche; il ne s'agit plus que de l'imprégner du mordant ou de ce principe qui doit être l'excipient de la couleur et qui doit tellement la dénaturer, que l'eau, les savons et tous les réactifs employés dans les *débouillis* ne puissent pas l'en extraire. Il faut donc 1°. que le mordant soit très-blanc par lui-même, afin qu'il n'altère pas la couleur qu'on lui confie; 2°. qu'il ne soit pas susceptible de se corrompre, et à cet effet il faut le chercher parmi les terres et les oxides métalliques; 3°. qu'il soit prodigieusement divisé pour qu'il se niche dans les pores; 4°. qu'il soit insoluble dans l'eau et les autres réactifs; 5°. qu'il ait la plus grande affinité avec la partie colorante et avec l'étoffe.

L'alun et le muriate d'étain sont les deux sels

dont la base réunit le mieux ces propriétés : ce sont aussi les deux qui sont les plus employés. Ainsi, après avoir fait subir aux étoffes les opérations préparatoires, on les trempe dans des dissolutions de ces sels ; et lorsqu'elles en sont imprégnées on les passe dans le bain colorant ; et, par la décomposition qui se fait entre le mordant et le principe qui tient la couleur en dissolution, la couleur se précipite sur la base du mordant et y adhère.

On dispose encore quelques substances végétales à prendre certaines couleurs en les animalisant ; c'est ainsi qu'on emploie les matières des intestins des vaches, de même que le sang de bœuf pour teindre le coton, parce qu'il est de fait que les substances animales prennent mieux la couleur que les végétales.

ARTICLE XII.

Du pollen, ou poussière fécondante des Etamines.

Nous distinguons aujourd'hui dans le végétal les parties sexuelles ; et nous retrouvons presque les mêmes formes dans les organes, les mêmes moyens dans les fonctions et les mêmes caractères dans les humeurs prolifiques, que dans les animaux.

L'humeur prolifique dans la partie mâle est travaillée par l'anthère ; et comme les organes de la plante ne se prêtent pas à une intromission du mâle dans la femelle , parce que les mouvemens ont été refusés aux végétaux, la nature a donné à la semence fécondante le caractère d'une poussière que l'air , l'agitation et autres causes peuvent ébranler , emporter et précipiter sur la femelle ; il y a une élasticité dans l'anthère qui fait qu'elle s'ouvre et qu'elle pousse au dehors les globules. On a même observé qu'en même-temps le pistil s'ouvroit pour recevoir le pollen dans certains végétaux. Les ressources de la nature pour assurer la fécondation sont admirables ; presque toujours le mâle et la femelle reposent dans la même fleur , et les pétales sont toujours disposés de la manière la plus avantageuse pour favoriser l'opération de la reproduction de l'espèce ; quelquefois les mâles et les femelles sont sur le même individu , mais placés sur des fleurs différentes ; d'autres fois ils sont portés l'un et l'autre par des individus isolés et séparés , alors la fécondation se fait par le *pollen* que le vent ou l'air détachent des anthères et transmettent à la femelle.

La poussière fécondante a presque constamment l'odeur de la liqueur spermatique des animaux : l'odeur du choux en floraison , du châ-

taigner et de presque tous les végétaux nous
donne cette analogie à s'y méprendre.

Le *pollen* est généralement de nature résineuse ; il est soluble dans les alkalis et l'alkool ;
il est inflammable comme les résines ; et l'*aura*
qui se forme autour de quelques végétaux dans
le temps de la fécondation peut s'enflammer ,
comme dans la *fraxinelle* , d'après l'observation
de Mlle. *Linné*.

La nature qui a employé des moyens moins
économiques pour féconder les plantes , et qui
confie cette opération presque au hazard , puisqu'elle livre aux vents la poussière fécondante ,
a dû être prodigue dans la formation de cette
humeur , et sur-tout pour les arbres *monoïques*
et *dioïques* où la reproduction est plus hazardée ;
c'est pour cela que les prétendues pluies de soufre ne sont communes que là où le noisettier ,
le coudrier et le pin abondent.

Comme la nature n'a pas pu exposer le pollen
à l'alternative de la température de l'atmosphère,
elle en facilite le développement de la manière
la plus rapide : un beau soleil suffit très-souvent
pour ouvrir les organes cachés de la plante , les
développer et procurer la fécondation. Aussi
l'Auteur des études de la nature a-t il prétendu
que les plantes ne sont colorées que pour réfléchir
plus vivement la lumière, et que presque toutes
les fleurs affectent la forme la plus avantageuse

pour concentrer les rayons solaires sur l'organe
de la génération.

Les parties employées à cette fonction ont été
douées d'une irritabilité étonnante : M. *des Fon-*
taines nous a donné à ce sujet des observations
très - intéressantes ; et les mouvemens inquiets
qu'affectent certaines fleurs pour suivre le cours
du soleil sont décidés par la nature , pour que
le grand œuvre de la génération favorisé par
le soleil s'achève dans le moins de temps possible.

De la Cire.

La cire des abeilles n'est que le pollen peu
altéré : ces insectes ont les *fémurs* garnis de rugo-
rités pour raper le pollen sur l'anthère et l'emporter dans la ruche.

Il paroît exister , dans le tissu même de plusieurs fleurs riches en poussière fécondante , une
matière analogue à la cire qu'on peut extraire
par la décoction aqueuse ; tels sont les chatons
mâles du *betula alnus* , ceux du pin , etc. les
feuilles du romarin , de la sauge officinale ,
les fruits du *mirica cerifera* laissent transuder de
la cire.

Il paroît que la cire et le pollen ont pour
base une huile grasse qui passe à l'état de résine
par sa combinaison avec l'oxigène : si on fait
digérer de l'acide nitrique ou de l'acide muria-

tique oxigéné sur de l'huile fixe , pendant plusieurs mois , elle passe à un état voisin de
la cire.

La cire distillée à plusieurs reprises donne
une huile qui a toutes les propriétés des huiles
volatiles, elle se réduit en eau et en acide carbonique dans sa combustion.

La partie colorante de la cire paroît de la
même nature que celle de la soie ; elle est insoluble dans l'eau et l'alkool. Dans les arts on
blanchit la cire en la divisant prodigieusement ;
et , à cet effet , on la verse fondue sur un cylindre qu'on fait mouvoir à la surface de l'eau ; la
cire qui tombe et s'applique dessus , se réduit
en feuillets minces et rubanés ; on l'expose ensuite
à l'air sur des tables , ayant soin de la remuer
de temps en temps ; par ce moyen on la
blanchit.

Les alkalis dissolvent la cire et la rendent soluble dans l'eau : c'est cette dissolution savonneuse qui forme la *cire punique* : on peut s'en
servir pour en faire la base de quelques couleurs ,
on peut en faire une pâte excellente pour se
laver les mains , on l'applique aussi au pinceau
sur des corps quelconques , mais il seroit très-
avantageux de pouvoir enlever le dissolvant qui
travaille sans cesse et fait qu'on ne peut pas
l'employer à tous les usages auxquels on pourroit la faire servir.

L'ammoniaque la dissout aussi ; et comme il est évaporable ce dissolvant doit être préféré lorsqu'on veut employer la cire comme vernis.

ARTICLE XIII.

Du Miel.

Le miel, ou le nectar des fleurs, est contenu principalement dans la base du pistil ou de la partie femelle ; il sert de nourriture à presque tous les insectes à trompe, qui plongent cette trompe dans le pistil et succent le nectar. Il paroît que ce n'est qu'une dissolution de sucre dans le mucilage ; le sucre se précipite quelquefois en cristaux comme daus les nectaires de la fleur de la balsamine.

Le nectar n'éprouve aucune altération dans le corps de l'abeille, puisqu'en rapprochant le nectar nous faisons du miel ; il retient le fumet et même souvent les qualités vénéneuses de la plante qui le produit.

La secrétion du nectar se fait dans l'époque de la fécondation ; on peut le regarder comme le véhicule et l'excipient de la poussière fécondante qui facilite l'épanouissement des globules remplis de poudre fécondante ; car *Linné* et *Tournefort* ont observé qu'il suffit d'exposer sur l'eau le pollen pour en déterminer le dévelo-

pement. Tout l'intérieur du stile du pistil en est
imprégné ; et si on dessèche par la chaleur l'intérieur des organes femelles le pollen ne féconde
plus.

Le miel suinte de toute la partie femelle,
mais sur-tout de l'ovaire : on peut même observer les pores par où il découle dans les *hia-
cinthes.*

Les fleurs qui ne portent que les parties mâles
ne donnent point de miel en général ; et les
organes qui fournissent le nectar se dessèchent et
se flétrissent du moment que l'acte de la con-
ception est accompli ; on doit donc regarder
le miel comme nécessaire à la fécondation, c'est
l'humeur fournie par la femelle pour recevoir la
poussière fécondante et faciliter l'ouverture et
l'explosion des petits corps qui contiennent le
pollen, car on a observé que ces corps s'ouvrent du moment qu'ils touchent la surface d'un
liquide qui les humecte.

ARTICLE XIV.

De la partie Ligneuse.

Les chimistes se sont constamment occupés
de l'analyse des sucs des végétaux, et ils paroissent avoir complétement négligé la charpente
du végétal qui, sous tous les rapports, mérite

une considération particulière : c'est cette portion ligneuse qui forme la fibre végétale ; et
cette matière , outre qu'elle fait la base du végétal , se développe encore dans des circonstances qui dépendent des fonctions vitales de la
plante ; elle forme le *pappus* ou l'aigrette des
semences , le tissu lanugineux dont quelques
plantes se recouvrent , etc. Le caractère de cette
partie ligneuse est d'être insoluble dans l'eau et
dans presque tous les menstrues ; l'acide sulfurique ne fait que la noircir et se décompose
dessus de même que l'acide nitrique ; mais un
caractère particulier à ce principe, c'est que le
concours de l'air et de l'eau ne l'altèrent que
très-difficilement , et que lorsqu'il est bien dépouillé de tout suc il se refuse à toute fermentation : ce principe seroit indestructible si les
insectes n'avoient la propriété de le dévorer et
de se nourrir de ce tissu. Il paroît que la fibre
végétale est la base des mucilages durcie par
sa combinaison avec plus d'oxigène : plusieurs
raisons nous portent à adopter cette idée, d'a-
bord l'acide nitrique foible mis à digérer sur la
fécule se décompose et fait passer la fécule à
un état voisin de celui de la matière ligneuse.
J'ai observé , en second lieu , que les *fungus*
qui croissent dans les souterrains privés de lumière, et qui se résolvent en une eau très-acide
quand on les met dans un vase , acquéroient

une plus grande quantité de principe ligneux à mesure qu'on les exposoit par degrés et peu-à-peu à la lumière, et qu'en même temps l'acide qui les abreuve se décomposoit et disparoissoit.

Le passage du mucilage à l'état de corps ligneux est très-marqué dans l'accroissement du végétal ; l'enveloppe cellulaire qui est immédiatement recouverte par l'épiderme ne présente que du mucilage et des glandes, peu-à-peu elle durcit, forme une couche de l'enveloppe corticale ou *liber*, et celle-ci finit à son tour par devenir couche ligneuse.

On voit encore ce passage dans certaines plantes qui sont annuelles dans les climats froids et vivaces dans les climats tempérés : dans les premiers, elles sont herbacées, parce que le retour périodique des froids ne leur permet pas de se développer; dans les seconds, elles deviennent arborescentes et le temps durcit le mucilage et en forme des couches ligneuses.

On peut hâter l'endurcissement de la fibre en la faisant frapper plus fortement par l'air et la lumière : M. de *Buffon* a observé que, lorsqu'on dépouille l'arbre de son écorce, la couche qui est frappée par l'air acquiert une dureté considérable ; et les arbres ainsi préparés forment des pièces de charpente plus solides que celles qui n'ont pas subi cette préparation.

C'est peut-être à la grande quantité d'air pur dont la fibre est chargée, qu'elle doit la propriété de ne pas se putréfier, et c'est sur la qualité précieuse de ne pas se corrompre qu'on a fondé l'art de la dépouiller de tous les autres principes fermentescibles du végétal, de l'obtenir dans sa plus grande pureté et de l'employer ensuite pour faire la toile, le papier, etc. Nous reviendrons sur ces objets en parlant des altérations du végétal.

A R T I C L E X V.

De quelques autres principes fixes du Végétal.

L'huile volatile de Raifort avoit présenté à quelques chimistes du soufre en nature qui se déposoit par le repos ; mais M. *Deyeux* nous a appris à extraire ce principe inflammable de la racine de Patience : il suffit de raper la racine, de la faire bouillir, d'enlever et de sécher l'écume ; cette écume donne beaucoup de soufre en nature : et c'est peut-être à ce principe que les plantes doivent leur vertu, puisqu'on les emploie dans les maladies de la peau.

Les végétaux nous présentent aussi dans leur

analyse quelques métaux , tels que le fer , l'or , le manganèse. Le fer forme près d'un douzième du poids des cendres des bois durs tels que le chêne : on peut l'extraire par le barreau aimanté; il ne paroît pas exister parfaitement à nud dans le végétal , cependant on lit , dans les journaux de physique , une observation dans laquelle on assure l'avoir trouvé en grains métalliques dans des fruits. Le fer est ordinairement tenu en dissolution dans les acides de la végétation , d'où on peut le précipiter par les alkalis. On a attribué l'existence de ce métal au *detritus* des outils aratoires et à la faculté qu'a la plante de le pomper avec ses sucs nutritifs : l'abbé *Nollet* et autres physiciens ont adopté des idées si peu philosophiques. Il en est du fer comme des sels , c'est l'ouvrage du végétal ; et les végétaux arrosés d'eau distillée en fournissent comme les autres.

Becher et *Kunckel* avoient reconnu la présence de l'or dans les plantes; M. *Sage* fut invité à répéter les procédés connus pour s'assurer du fait ; il trouva de l'or dans les cendres du sarment et l'annonça au public. Après ce chimiste , presque toutes les personnes qui se sont occupées de cet objet ont trouvé de l'or, mais en bien moins grande quantité que n'en avoit annoncé M. *Sage*. Les analyses les plus exactes n'en ont démontré que deux grains ; tandis

L

que M. *Sage* en avoit annoncé plusieurs onces
par quintal. Le procédé pour extraire l'or des
cendres consiste à faire fondre les cendres avec
le flux noir et le minium ; on coupelle le plomb
qui en provient, pour s'assurer du peu d'or qui
s'est allié à lui dans l'opération.

Schéele a aussi retiré du manganèse, par
l'analyse des cendres : son procédé consiste à
mettre en fusion une partie de cendres avec
trois parties d'alkali fixe et un huitième de nitrate de potasse ; on fait bouillir la matière fondue dans une certaine quantité d'eau ; on filtre
la dissolution et on la sature d'acide sulfurique,
il se précipite du manganèse au bout de quelque temps.

La chaux forme assez constamment les sept
dixièmes du résidu fixe de l'incinération. Cette
terre est ordinairement combinée avec l'acide
carbonique. *Schèele* a demontré qu'elle effleuris-
soit sous cette forme sur les écorces du gayac,
du frêne, etc. ; elle est aussi très-souvent unie
à l'acide de la végétation ; elle paroît formée
par une altération du mucilage plus avancée que
celle qui forme la fécule qui a quelque analogie avec la terre ; nous voyons évidemment le
passage de mucilage à l'état de terre dans les
animaux testacés ; on voit le mucilage se putréfier à la surface avec d'autant plus de promptitude qu'il est plus pur, comme nous pouvons

en juger par la comparaison des *astèries* , our-
sins , *crabes* , *etc.*

Après la chaux l'alumine est la terre la plus
abondante dans le végétal , ensuite la magnè-
sie ; M. *Darcet* a retiré , d'une livre de cendres
de bois de hêtre , une once de sulfate de magnésie en les traitant par l'acide sulfurique ; cette
terre est très-abondante dans les cendres de tamarisc. La terre siliceuse y existe aussi mais moins
abondamment. La moins commune de toutes est
la barite.

ARTICLE XVI.

Des sucs communs qu'on extrait par inci-
sion ou par expression.

Les sucs des végétaux dont nous venons de
parler sont des substances particulières contenues dans le végétal et ayant des caractères
saillans qui les différencient de toute autre humeur. Mais on peut à la fois extraire des végétaux tous les sucs qu'ils contiennent ; et ce
mélange de divers principes peut s'obtenir par
divers moyens : la simple incision suffit quelque
fois , l'expression est également employée.

Les sucs des végétaux varient relativement
à la nature des végétaux : ils sont plus abondans dans les uns que dans les autres : l'âge y

apporte des modifications ; en général les jeunes
arbres ont plus de sève, et cette sève est plus
douce, plus muqueuse, moins chargée d'huile
et de résine. La sève varie selon la saison : au
printems la plante pompe avec avidité les sucs
nutritifs que l'air et la terre lui fournissent ;
ces sucs établissent une plétore dans toutes les
parties, il en résulte un accroissement considérable et quelquefois une extravasation naturelle ; si dans le temps de cette plétore, on
établit des incisions sur quelque partie du végétal, tout le suc qui abonde s'échappe par
l'ouverture, et le suc qui en découle est presque
toujours clair et sans odeur ; mais peu-à-peu la
plante travaille ces sucs et leur imprime des
caractères propres. Dans le printems le suc séveux ne nous présente dans le corps du végétal qu'une légère altération des sucs nutritifs,
mais dans l'été tout est élaboré, tout est digéré et alors la sève a des caractères tous différens de ceux qu'elle avoit au printems ;
si à cette époque on fait des incisions à l'arbre,
on en retire des sucs qui different de ceux qu'on a
pu obtenir au printems ; et c'est aussi pendant
l'été qu'on extrait par incision les sucs qui sont
répandus dans le commerce.

La constitution de l'air influe également sur
la nature des sucs du végétal : un temps plu-
vieux s'oppose au développement du principe

sucré, de même qu'à la formation des résines et
des aromates : un temps sec procure peu de
mucilage et beaucoup de résine et d'arome ;
un temps chaud décompose le mucilage et favorise le développement des résines , de la matière sucrée et de l'arome , tandis qu'un temps
froid ne permet que la formation du *muqueux* ;
et comme le mucilage est le principe de l'accroissement des végétaux , alors tout est employé à l'accroissement de la plante , tandis que
la chaleur et la lumière modifient ce même
muqueux et le font passer à l'état d'huile , de
résine , d'arome , etc. De-là vient peut-être que
les arbres sont d'une plus belle venue dans les
climats froids que dans les pays brûlans , et
que dans ceux-ci les aromates , les huiles et les
résines prédominent : l'esprit , dans le végétal
comme dans l'animal , paroît être l'appanage
des climats du midi , tandis que la force est
l'attribut de ceux du nord.

Des sucs extraits par Incision.

Le suc contenu dans la plante et qui y est
connu sous le nom de sève est répandu dans
le tissu cellulaire , renfermé dans les vaisseaux
ou déposé dans les utricules ; et il y a une
communication établie qui fait qu'en déchirant
quelque partie du végétal , les sucs qui y abondent s'échapent par la déchirure, pas aussi promp-

tement ni aussi complétement que dans les animaux , parce que les humeurs n'y jouissent pas
d'un mouvement aussi rapide et qu'il y a moins
de rapports entre les divers organes dans le végétal que dans l'animal. Le suc est le mélange
confus de tous les principes du végétal : l'huile ,
le mucilage y sont confondus avec les sels , c'est
en un mot l'humeur générale du végétal comme
le sang est celle de l'animal. Nous ne parlerons
ici que de la Manne et de l'Opium.

1°. *Manne.* Plusieurs végétaux nous fournissent de la manne : on en extrait du pin , du
sapin , de l'érable , du chêne , du génevrier,
du figuier , du saule , de l'olivier , etc. : mais
le frêne , le melèze et l'alhagi en fournissent
le plus. L'*obel* , *Rondelet* , etc. ont observé à
Montpellier , sur les oliviers , une espèce de
manne à laquelle ils ont donné le nom d'æleo-
meli ; *Tournefort* en a cueilli sur les mêmes
arbres à Aix et à Toulon.

Le frêne qui donne la manne vient naturellement dans tous les climats tempérés ; mais la
Calabre et la Sicile paroissent former la patrie
la plus naturelle de cet arbre , du moins ce n'est
que dans ces contrées qu'il fournit abondamment le suc qu'on appelle manne dans le
commerce.

La manne découle naturellement de cet arbre
et s'attache à ses parois sous forme de goutte-

lettes blanches et transparentes ; mais on facilite
l'extraction de ce suc par des incisions qu'on
pratique à l'arbre pendant l'été ; la manne découle par ces ouvertures sur le tronc de l'arbre
d'où on la détache avec des morceaux de bois :
on a encore l'attention de placer des pailles ou
de petits bâtons dans ces incisions ; et les stalactites qui pendent à ces petits corps , sont séparés
et connus dans le commerce sous le nom de
manne en larmes ; les plus petits morceaux forment la *manne en sorte* ; et la *manne grasse*
est formée par la qualité la moins belle , la
plus souillée de terre et autres matières étrangères. Le frêne donne quelquefois de la manne
dans nos climats , et j'en ai vu qui avoit été recueil-
lie du côté d'*Aniane*.

Le melèze qui croît abondamment dans le
Dauphiné et aux environs de Briançon , fournit
aussi de la manne. On voit se former pendant
l'été, sur les nervures des feuilles, des grains blancs
et friables , que les paysans détachent les uns
après les autres et mettent dans des pots qu'ils
gardent dans un endroit frais. Cette manne se
colore en jaune et a une odeur très - nauséabonde.

L'*Alhagi* est une espèce de genet qui croît
dans la Perse. Il transude un suc de ses feuilles
sous la forme de gouttes plus ou moins grosses
que la chaleur du soleil épaissit : on peut voir

une relation intéressante de cet arbre dans les voyages de *Tournefort*. Au levant cette *manne alaghine* est connue dans la ville de *Tauris* sous le nom de *téréniabin*.

La manne la plus usitée est celle de la Calabre ; elle a une odeur vireuse et une saveur douceâtre et nauséabonde ; si on l'expose sur les charbons elle se boursouffle , s'enflamme et laisse un charbon volumineux et léger.

L'eau la dissout en totalité à froid ou à chaud ; si on la fait bouillir avec de la chaux , qu'on la clarifie avec un blanc d'œuf et qu'on la rapproche pour en opérer la crystallisation , il se forme des crystaux de sucre.

La manne donne , à la distillation , de l'eau , de l'acide , de l'huile , de l'ammoniaque ; et le charbon fournit de l'alkali.

La manne forme la base de presque toutes les médecines purgatives.

2°. *Opium.* La plante qui fournit l'opium est le pavot , et on la cultive en Perse et dans l'Asie mineure pour en extraire ce médicament précieux. On a soin d'enlever toutes les têtes qui surchargeroient la plante , et on ne laisse que celle qui répond à la tige principale ; au commencement de l'été , lorsque les têtes sont mûres, on fait des incisions tout autour et il en découle des larmes qu'on recueille soigneusement : cet opium est le plus pur et on le garde dans le pays pour les divers usages. Celui qui nous est apporté s'extrait par expression de ces mêmes têtes. On enveloppe le suc qui en provient, après l'avoir desséché, dans des feuilles de pavot, et on en forme des pains circulaires aplatis.

Dans nos laboratoires on le débarrasse de ses impuretés en le faisant dissoudre dans l'eau chaude, on filtre ensuite, et on évapore jusqu'à consistance d'extrait ; c'est là l'*extrait d'opium*.

L'opium contient un arome vireux et narcotique dont il est impossible de le débarrasser, selon M. *Lorry*. Il contient encore un extrait soluble dans l'eau et une résine, de même qu'une huile volatile et concrète et un sel particulier.

Par une longue digestion dans l'eau chaude, l'huile volatile s'atténue, se dégage et emporte avec elle l'arome ; de sorte que par ce moyen on peut séparer l'huile et l'arome, du moins en grande partie. On a observé que l'opium débarrassé de cette huile, d'une portion de son arome et de sa résine, conservoit la vertu calmante sans être narcotique et stupéfiant ; et nous devons à M. *Baumé* un travail intéressant à ce sujet : il fait bouillir quatre livres d'opium coupé à tranches dans douze à quinze pintes d'eau, pendant demi-heure ; on passe la décoction avec expression, on épuise le marc en le faisant bouillir dans de la nouvelle eau ; on mêle toutes

ces liqueurs et on les réduit par évaporation à
six pintes ; on met cette liqueur dans une cucurbite d'étain , on la place sur un bain de sable
et on entretient la digestion pendant six mois
ou pendant trois mois nuit et jour ; on ajoute de
l'eau à mesure qu'elle s'évapore; on gratte de temps
en temps le fond du vaisseau pour dégager la résine
qui s'y attache ; lorsque la digestion est finie ,
on filtre , on sépare soigneusement le résidu et
on évapore l'eau jusqu'à consistance d'extrait.
Si on veut séparer le sel on suspend l'évaporation ; lorsqu'elle est réduite à une pinte , il se
précipite par le refroidissement un sel terreux ,
roux , en feuillets mêlés de crystaux en aiguilles.

Par ce procédé long, mais bien entendu , on
sépare d'abord l'huile qui , après trois à quatre
jours , vient nager à la surface de la liqueur ,
où elle forme une pellicule collante comme la
térébenthine ; cette pellicule se dissipe peu-à-
peu et disparoît au bout d'un mois , il n'en
paroît ensuite que quelques gouttes de temps en
temps ; à mesure que l'huile se dissipe la résine
qui fournit un savon avec elle se précipite.

M. *Baumé* a calculé que ces principes étoient
dans les proportions suivantes : quatre livres
d'opium du commerce donnent une livre une
once de marc , une livre quinze onces extrait ,
douze onces résine , un gros sel , trois onces
sept gros huile ou arome.

M. *Bucquet* a proposé d'extraire le principe calmant, en dissolvant à froid et faisant évaporer ; M. *Josse*, en malaxant dans l'eau froide ; MM. *de Lassone* et *Cornette*, en dissolvant, filtrant plusieurs fois, et évaporant toujours à consistance d'extrait.

Le principe calmant est un médicament bien précieux, puisqu'il ne porte pas avec lui cette ivresse et cette stupeur qui sont les effets trop ordinaires de l'opium du commerce.

Lorsqu'une plante ne donne pas son suc par incision, cela peut provenir, ou de ce qu'il est en trop petite quantité, ou de ce qu'il est sous une forme trop consistante pour couler, ou bien de ce qu'il n'y a pas de communication assez bien établie dans le tissu du végétal pour permettre l'écoulement de tout le suc ; il suffit alors, ou d'une simple expression mécanique, comme pour le suc d'*hypociste* et d'*acacia*, ou d'une extraction aidée par le moyen de l'eau qui ramollit le tissu, dissout et entraîne le suc.

Des sucs extraits par expression.

Les végétaux succulents fournissent leur suc par la simple expression : la manière d'extraire ces sucs est à-peu-près la même pour tous. Lorsqu'on veut extraire le suc d'une plante, on la lave, on la coupe en petits morceaux, on la pile dans un mortier de marbre , on la met dans un sac de toile et on l'exprime par le moyen d'une presse.

Il est des plantes ligneuses , telles que la sauge, le thim, la petite centaurée dont on ne peut extraire le suc qu'en y ajoutant un peu d'eau ; il en est d'autres très-succulentes , telles que la bourrache , la buglosse, les chicorées, dont le suc visqueux et mucilagineux refuse de passer à travers le linge , et il est nécessaire d'y ajouter un peu d'eau en les pilant ; on peut encore laisser macérer les plantes inodores pour préparer l'extraction du suc.

On peut clarifier les sucs , par le simple repos ou par la filtration quand ils sont très-fluides , par le blanc d'œuf ou la lymphe animale qu'on fait bouillir avec eux ; et , lorsque les sucs contiennent des principes qui peuvent s'évaporer , tels que ceux de sauge , de mélisse, de marjolaine, etc. on plonge la fiole qui contient le suc dans l'eau bouillante , après l'avoir bouchée avec un papier percé , et on la retire lorsque le suc est éclairci , on la plonge ensuite dans l'eau froide et on décante.

Le suc d'acacia s'extrait du même arbre qui fournit la gomme arabique : on recueille les fruits de cet arbre avant qu'ils soient mûrs , on les pile , on les exprime , on fait sécher le suc au soleil et on en forme des boules d'un brun noirâtre à l'intérieur, plus rouges à l'extérieur et d'un goût astringent.

On prépare avec les prunelles qui ne sont pas mûres, un suc qu'on distribue sous le nom d'*acacia d'Allemagne*, lequel ne diffère pas beaucoup du suc d'*acacia d'Égypte*.

Le suc d'ypociste est tiré d'une plante parasite qui croît sur le ciste dans l'isle de Crète; on pile le fruit, on en exprime le suc et on l'épaissit au soleil; il devient noir et prend une consistance ferme.

Ces deux derniers sucs sont employés dans la médecine comme astringens.

SECTION IV.

DES PRINCIPES QUI S'ÉCHAPPENT PAR LA TRANSPIRATION DU VÉGÉTAL.

Le végétal doué d'organes digestifs pousse au dehors tous les principes qui ne peuvent point être assimilés; et, lorsque les fonctions du végétal ne sont pas favorisées par les causes qui les facilitent, les sucs nutritifs sont rejetés presque sans altération. Nous nous occuperons des trois principales substances qu'exhale le végétal, qui sont l'air, l'eau et l'arome.

ARTICLE PREMIER.

Du gaz oxigène fourni par les végétaux.

M. *Ingenhousz* a publié, en 1779, des expériences sur les végétaux, dans lesquelles il prétend que les plantes ont la vertu de transpirer de l'air vital quand elles sont frappées par les rayons directs du soleil, et qu'elles transpirent de l'air très-méphitique à l'ombre et pendant la nuit.

M. *Priestley* faisoit connoître les mêmes résultats en même-temps, de même que M. *Sennebier* de Genève, qui n'a publié cependant un ouvrage à ce sujet qu'en 1782, dans lequel il admet, comme un principe général, que les plantes laissent échapper de l'air vital au soleil ; mais il soutient qu'à l'ombre elles ne produisent point d'air méphitique, et croit que, si M. *Ingenhousz* en a obtenu, cela tient à un commencement de putréfaction de la plante.

Le procédé le plus simple pour extraire ce gaz du végétal, consiste à le faire passer sous l'eau dans un bocal plein de ce liquide et renversé dessus ; on voit, dès que le soleil agit sur la plante, se former de petites bulles qui, grossissent peu-à-peu, partent des nervures de la feuille et se détachent pour venir crever à la surface de la liqueur.

Les plantes ne donnent pas toutes le gaz avec la même promptitude ; il en est qui le rendent du moment que le soleil agit sur elles ; telles sont les feuilles de la jacobée , de la lavande et de quelques plantes aromatiques ; dans d'autres plantes l'émission est plus lente , mais aucune ne tarde plus de sept à huit minutes , pourvu que la lumière du soleil soit vive. L'air est fourni presqu'en totalité par la surface inférieure des feuilles des arbres ; il n'en est pas de même des herbes , elles donnent de l'air à-peu-près par toutes leurs surfaces. V. *Sennebier.*

Les feuilles donnent plus d'air quand elles tiennent à la plante que quand elles en sont détachées , et elles en fournissent d'autant plus qu'elles sont plus fraîches et plus saines.

Les jeunes feuilles donnent peu d'air vital ; celles qui sont en plein accroissement en donnent plus , et elles en donnent d'autant plus qu'elles sont plus vertes ; les feuilles qui se gâtent , jaunissent ou rougissent , n'en donnent point.

Les feuilles fraîches coupées en morceaux donnent de l'air. Le gaz oxigène peut s'échapper sans que la plante plonge dans l'eau , c'est ce qui résulte des expériences de M. *Sennebier.*

Il paroît que c'est du parenchyme de la feuille que se dégage l'air : l'épiderme , l'écorce , les pétales blancs ne fournissent point d'air ; et, en général , il n'y a que les parties vertes de la plante qui donnent du gaz oxigène : les fruits verds donnent de l'air , ceux qui sont mûrs n'en donnent point ; il en est de même des graines.

Il est démontré que le soleil n'agit point, dans la production de ce phénomène , comme corps échauffant : c'est par la lumière que se décide l'émission de ce gaz , et j'ai même observé qu'il suffit d'une lumière forte sans émission directe de rayons du soleil pour produire ce phénomène.

Il résulte des expériences de M. *Sennebier*, qu'un acide étendu dans l'eau employée à l'expérience augmente la quantité d'air qui se dégage, lorsque l'acide n'est pas mis en trop grande quantité ; et l'acide est décomposé dans ce cas.

On a observé que les *conferva* donnoient beaucoup d'air vital , de même que cette matière verte qui se forme dans l'eau , et qu'*Ingenhousz* a cru n'être qu'une ruche d'insectes verdâtres.

L'air pur est donc séparé de la plante par l'action de la lumière , et l'excrétion est d'autant plus forte qu'elle est plus vive ; il paroît que la lumière favorise le travail de la digestion dans la plante, et que l'air vital, qui est un des principes de presque tous les sucs nutritifs sur-tout de l'eau, s'exhale lorsqu'il ne trouve pas à se combiner dans le végétal ; de-là vient que les plantes où la végétation est la plus vigoureuse fournissent

le

le plus d'air; de-là vient qu'un peu d'acide délayé dans l'eau favorise l'émission et augmente la quantité de gaz oxigène.

Par cette émission continuelle d'air vital, l'auteur de la nature répare sans cesse la déperdition qui s'en fait par la respiration, la combustion, l'altération des corps, ce qui comprend toutes les fermentations et putréfactions, etc. et de cette manière l'équilibre entre les principes constituans de l'atmosphère est toujours maintenu.

A R T I C L E I I.

De l'eau fournie par les végétaux.

La plante verse également par ses pores, sous forme de vapeurs, une quantité considérable d'eau : on peut même regarder cette excrétion comme la plus abondante : *Hales* a calculé que la transpiration d'une plante adulte, telle que *l'helianthus annuus*, étoit, en été, dix-sept fois plus considérable que celle de l'homme.

Guettard a observé que cette excrétion étoit toujours proportionnée à l'intensité de la lumière et non à celle de la chaleur ; elle est presque nulle pendant la nuit. Le même physicien a observé que la transpiration aqueuse se faisoit surtout par la partie supérieure de la feuille. L'eau

M

qui s'exhale des végétaux n'est point pure ; elle
sert de véhicule à l'arome, et entraîne même
avec elle un peu de principe extractif, c'est
ce qui fait qu'elle se corrompt avec tant de
facilité.

L'effet immédiat de l'évaporation aqueuse,
c'est d'entretenir un degré de fraîcheur dans la
plante qui fait qu'elle ne prend pas la température de l'atmosphère.

ARTICLE III.

De l'Arome ou Esprit Recteur.

Chaque plante à une odeur qui la caractérise ; c'est ce principe odorant que *Boerhaave*
appelloit *esprit recteur* et que nous connoîtrons
sous celui d'*arome*.

L'arome paroît de la nature des gaz par sa
finesse, son invisibilité, etc ; la moindre chaleur le fait échapper de la plante, et la fraîcheur
le condense et le rend plus sensible ; c'est ce
qui fait que l'arome est infiniment mieux senti
le soir et le matin.

Ce principe est si délié que l'émission continuelle qui s'en fait d'un bois ou d'une fleur
n'en diminue pas le poids sensiblement, même
après un tems considérable.

L'arome est quelquefois fixé sur un extrait;

quelquefois sur une huile, et cette dernière combinaison est la plus ordinaire. Il paroît même constituer le caractère volatil des huiles volatiles.

La nature de l'arome paroît prodigieusement varier, du moins à en juger par l'organe de l'odorat qui en distingue de bien des espèces : il en est même qui portent une impression vénéneuse sur l'économie animale ; *Ingenhousz* cite l'exemple d'une fille morte à Londre par l'odeur des lys, en 1719 ; le fameux *Triller* rapporte l'exemple d'une jeune personne morte par l'odeur des violettes, et l'observation d'une autre qu'on sauva en enlevant les fleurs. *Martinus Cromerus* donne encore l'exemple d'une Evêque de Breslau, mort de cette manière.

Le mancéniller qui croit dans les Indes occidentales exhale des vapeurs très-dangereuses ; l'humeur qui découle de cet arbre est si malfaisante que s'il en dégoutte sur la main elle y fait l'effet d'un vésicatoire.

La plante Américaine *lobelia longi-flora* excite une oppression suffoquante de poitrine quand on respire dans son voisinage, d'après *Jacquin* (*hortus vindebonensis*) ; le *rhus toxico-dendron* a une exhalaison si dangereuse qu'*Ingenhousz* rapporte le retour d'une maladie périodique, qui attaquoit la famille du curé de Crossen en Allemagne, à une tone ombragée par cet arbre sous laquelle on alloit se reposer.

tout le monde connoît les effets du musc et du saffran oriental sur quelques personnes ; et l'exhalaison du noyer est réputée très-mauvaise.

Nous pourrions ajouter ici la propriété malfaisante de ces cannes ou roseaux , dont on se sert ici pour couvrir les toits et le fumier , etc : M. *Poitevin* a vu un homme très-malade pour avoir manié de ces cannes : les parties de la génération s'enflèrent prodigieusement ; un chien qui avoit dormi dessus eût le même sort et fut affecté dans les mêmes parties.

La manière d'extraire l'arome varie relativement à sa volatilité et à ses affinités : il est, en général, soluble dans l'eau , l'alkool et les huiles , etc ; et on emploie l'une ou l'autre de ces liqueurs pour le retirer des plantes qui le fournissent.

Lorsqu'on emploie l'eau ou l'alkool , on distille à une chaleur douce , et les dissolvans de l'arome l'entraînent avec eux. On peut se contenter d'une simple infusion , ce qui évite la perte d'une portion d'arome.

L'eau chargée d'arome est connue sous le nom d'*eau distillée* de telle ou telle substance. L'eau distillée des plantes inodores ou herbacées ne paroît avoir aucune vertu ; et les Apoticaires ont depuis long-temps décidé la question , puisqu'ils lui substituent l'eau de fontaine. L'esprit de vin combiné avec le même principe est connu sous le nom d'*esprit* de telle ou telle substance, ou *quinteſſence* de tel corps.

Lorsque l'arome est très-fugace, tel que celui du lys, celui du jasmin, celui de la tubé-reuse, etc. on met les fleurs dans une cucurbite d'étain avec du coton imbibé d'huile de *ben* : on dispose le coton et les fleurs couche par couche, on ferme la cucurbite et on l'expose à une chaleur douce ; par ce moyen l'arome se fixe à l'huile d'une manière durable.

Tels sont les trois moyens usités pour s'emparer du principe odorant.

L'art de les porter à volonté sur diverses substances constitue l'Art du Parfumeur.

Les parfums sont ou secs ou liquides : parmi les premiers on peut placer les sachets qui ne sont que des mélanges de plantes aromatiques ou aromes en nature, les poudres aromatisées par quelques gouttes de dissolution d'arome, les pastilles qui ont pour base le sucre, etc.

Les parfums liquides ne sont presque toujours que les aromes dissous dans l'eau ou l'alkool. Les diverses liqueurs ne sont que ces mêmes dissolutions tempérées et adoucies par le sucre.

Par exemple, pour faire l'eau divine, on prend l'écorce de quatre citrons, on la met dans un alambic de verre, on verse dessus deux livres bon esprit de vin et deux onces eau de fleurs d'orange et on distille au bain de sable ; d'un autre côté, on dissout une livre et demie de sucre dans une livre et demie d'eau : on mêle les deux liqueurs, elles se troublent, on laisse reposer et il en résulte une liqueur agréable.

Pour faire la crême de rose, je prends parties égales d'eau rose, d'esprit de vin à la rose et de sirop de sucre, je mêle ces trois substances et je colore le mêlange avec l'infusion de cochenille.

Mais il faut convenir que dans tous les parfums un peu compliqués, le nez est le meilleur chimiste qu'on puisse consulter ; et un bon odorat est aussi essentiel à un parfumeur qu'une bonne tête à un géomètre.

SECTION V.

DES ALTÉRATIONS QU'ÉPROUVENT LES VÉGÉTAUX MORTS.

Les mêmes principes qui entretiennent la vie dans le végétal et l'animal deviennent, desqu'ils sont morts, les premiers agens de leurs destruction ; c'est ainsi que la nature paroît avoir confié aux mêmes agens la composition, l'entretien et la décomposition de ces mêmes êtres. L'air et l'eau sont les deux principes qui entretiennent la vie dans les corps vivans ; mais du moment qu'ils sont morts ils en hâtent l'altération et la dissolution. La chaleur même , qui aidoit et fomentoit les fonctions de la vie , concourt à faciliter la décomposition ; c'est ainsi que les glaces de la Sibérie conservent les corps pendant plusieurs mois , et que dans nos montagnes on les garde long-temps sur la neige lorsqu'elle intercepte le transport pour aller les inhumer.

Nous examinerons l'action de ces trois agens , chaleur , air et eau ; et nous tâcherons de faire connoître le pouvoir et l'effet de chacun en particulier avant de nous occuper de leur action combinée.

CHAPITRE PREMIER.

DE L'ACTION DE LA CHALEUR SUR LE VÉGÉTAL.

La distillation des plantes à feu nud n'est que l'art de les décomposer par le moyen de la simple chaleur : ce procédé a été long-temps la seule voie d'analyse ; les premiers chimistes de l'Académie de Paris l'adoptèrent pour analyser près de 1400 plantes ; et ce ne fut qu'au commencement de ce siècle qu'on discontinua un travail qui parut ne point avancer la science puisque le chou et la ciguë donnoient les mêmes principes.

Il est clair qu'une analyse à la cornue ne doit point faire connoître les principes du végétal ; car , outre que la chaleur les dénature en devenant principe constituant des principes qu'on extrait , ces principes se mêlent eux-mêmes et nous ne savons jamais dans quel ordre et quel état ils étoient dans la plante vivante ; en outre l'action de la chaleur fait réagir l'un sur l'autre les principes contenus dans le végétal et tout se confond ; de là vient que tous les végétaux fournissent à-peu-près les mêmes principes , savoir, de l'eau , de l'huile plus ou moins épaisse , une liqueur acide , un sel concret et un charbon ou *caput mortuum* plus ou moins abondant.

Hales s'étoit apperçu que la distillation des végétaux donnoit beaucoup d'air , il avoit même un appareil pour le recueillir et le mesurer ; mais de nos jours les moyens pour ramasser les gaz se sont simplifiés , et l'appareil hydropneumatique nous a prouvé que ces substances aëriformes étoient un mélange d'acide carbonique, de gaz hydrogène et quelquefois d'un peu de nitrogène.

L'ordre selon lequel s'offrent les divers produits , et les caractères qu'ils nous présentent nous permettent les observations suivantes.

1°. L'eau qui passe la première est ordinainairement pure et inodore ; mais , lorsqu'on distille des plantes odorantes , les premières gouttes sont imprégnées de l'arome qu'elles contiennent. Ces premières portions d'eau ne sont produites que par l'eau surabondante qui imprégne le tissu du végétal. Lorsque l'eau de composition , ou celle qui étoit en combinaison dans le végétal, commence à monter , elle entraîne avec elle un peu d'huile qui la colore et quelques portions d'un acide foible fourni par le mucilage et autres principes avec lesquels il étoit à l'état savonneux. Le phlegme contient aussi très-souvent un peu d'ammoniaque , et cet alkali paroît formé dans l'opération elle-même , car il est très-peu de plantes qui le contiennent dans leur état naturel.

2°. Au phlegme succède un principe huileux peu coloré dans le principe ; mais , à mesure que la distillation avance , l'huile qui monte est plus épaisse et plus colorée ; elles sont toutes caractérisées par une odeur de brûlé et un goût âcre qui proviennent de l'impression du feu lui-même ; ces huiles sont presque toutes résineuses et l'acide nitrique les enflamme aisément ; on peut par des distillations répétées les rendre plus fluides et plus volatiles.

3°. A proportion que l'huile distille , il se sublime quelquefois du carbonate d'ammoniaque qui s'attache aux parois des vaisseaux ; il

est ordinairement sali par de l'huile qui le colore. Ce sel ne paroît pas exister dans le végétal : *Rouelle* le jeune a démontré que les plantes
qui en fournissent le plus , telles que les cru-
cifères , n'en contenoient pas dans leur état naturel ; il se forme donc , lors de la distillation ,
par la volatilisation et la réunion des principes
qui le composent.

4°. Tous les végétaux fournissent , à la distillation , une très-grande quantité de gaz ; et
leur nature influe sur celle des substances gazeuses qu'ils fournissent : ceux qui sont fournis
de résine donnent beaucoup de gaz hydrogène
tandis que ceux qui abondent en mucilage produisent de l'acide carbonique.

Le mêlange de ce gaz fait un corps plus pesant que l'air inflammable ordinaire , de-là le
peu de succès de cet air pour des ballons aëros-
tatiques.

L'art de charbonner le bois est une opération presque semblable à la distillation dont
nous venons de parler. Il consiste à former des
pyramides de bois en cônes tronqués par leur
sommet ; on recouvre le tout d'une couche de
terre bien battue , en ménageant une ouverture supérieure et une inférieure ; on y met le
feu ; et lorsque toute la masse est bien embrasée
on l'éteint en bouchant les ouvertures qui établissent des courans d'air ; par ce moyen on

fait dissiper l'eau, l'huile et tous les principes du végétal à l'exception de la fibre. Le bois dans cette opération perd les trois quarts de son poids et un quart de son volume ; il absorbe, suivant MM. *Fontana* et *Morozzo*, de l'air et de l'eau en se réfroidissant. Je me suis convaincu, par des expériences en grand, que le charbon de pierre desouffré acqueroit 25 liv. d'eau par quintal en se réfroidissant, celui de bois ne m'a paru en absorber que 15 à 20. Le *sutur-brand* des Islandois n'est que du bois réduit à l'é-tat de charbon par la lave qui l'a enveloppé. V. *détroil* (*lettres sur l'Iflande.*)

Le charbon, résidu de toutes les distillations, est une substance qui mérite d'autant plus d'attention qu'il entre dans la composition de plu-sieurs corps et joue le plus grand rôle dans leurs phénomènes.

Le charbon n'est qu'une légère altération de la fibre végétale, et il conserve presque tou-jours la forme du végétal qui le produit ; on y reconnoît non=seulement la texture primitive, mais il sert encore à distinguer l'état et la nature des végétaux qui l'ont fourni. Il est quelquefois dur, sonore et cassant ; d'autrefois léger, spongieux et friable ; et quelques substances le fournissent en poudre subtile et sans consistance, tel est celui des huiles et des résines.

Le charbon bien fait n'a ni odeur, ni saveur;

c'est une des substances les plus indécomposables qu'on connoisse.

Lorsqu'il est sec il ne s'altère point par la distillation dans les vaisseaux clos ; mais lorsqu'il est humide, il donne alors du gaz hydrogène et de l'acide carbonique, ce qui annonce la décompostition de l'eau et la combinaison de l'un de ses principes avec le charbon, tandis que l'autre se dissipe en nature ; en humectant et distillant successivement un charbon, on peut le détruire et l'anéantir de cette manière.

Le charbon se combine avec l'oxigène et forme l'acide carbonique ; mais cette combinaison n'a lieu que lorsque leur action est aidée par le moyen de la chaleur ; le charbon qui brûle dans un réchaud nous présente ce résultat, et dans cette opération nous y voyons deux effets bien immédiats ; 1°. dégagement de chaleur fournie par le passage du gaz oxigène à l'état concret ; 2°. production d'acide carbonique. C'est la formation de cet acide gazeux qui fait qu'il est dangereux d'allumer du charbon dans des endroits où le courant n'est pas assez rapide pour emporter l'acide carbonique à mesure qu'il se développe.

Le charbon bien fait bouilli dans l'eau ne s'altère pas sensiblement ; il donne, à la longue, une légère teinte rouge à ce liquide ; ce qui provient de la division et dissolution du résidu charbonneux des huiles du végétal mêlé avec le résidu charbonneux de la fibre.

Si l'on fait digérer de l'acide sulfurique sur le charbon, il s'y décompose et donne de l'acide carbonique, de l'acide sulfureux et du soufre.

L'acide nitrique s'y décompose bien plus rapidement lorsqu'il est concentré ; car, si on le verse sur du charbon bien sec et pilé, il l'enflamme ; on peut faciliter cette inflammation en faisant chauffer le charbon ou l'acide ; si on recueille ce qui s'élève dans cette opération on obtient de l'acide carbonique, du gaz nitreux et de l'acide nitrique. M. *Proust* a observé que si on verse l'acide sur le milieu du charbon il ne s'enflamme point ; mais que si on laissoit couler l'acide sur le bord du creuset il s'enflammoit de suite. On peut même l'enflammer en le projetant sur de l'acide nitrique légérement chauffé.

Si on fait digérer de l'acide nitrique affoibli sur du charbon, il le dissout, se colore en rouge, devient pâteux et prend une saveur amère, désagréable.

Le charbon mêlé avec les sels sulfuriques et nitriques les décompose ; combiné avec les oxides, il rvivifie les métaux : tous ces effets dépendent de la grande affinité qu'il a avec l'oxigène contenu dans ces corps. On l'emploie pour faciliter la décomposition du salpêtre dans quelques

cas, comme dans la composition de la poudre
à canon, du flux noir, etc.

Rouelle a reconnu que l'alkali fixe dissolvoit
une bonne quantité de charbon par la fusion;
le même Chimiste a découvert que le sulfure
d'alkali le dissout aussi par la voie sèche et par la
voie humide.

Le charbon peut aussi se combiner avec les
métaux; il se combine avec le fer dans la fonte,
et il s'y mêle encore dans la cémentation lorsqu'on forme l'acier. Lorsqu'il est combiné avec
le fer en petite quantité il constitue le plomba-
gine. Il est encore susceptible de se combiner
avec l'étain par la cémentation, et il donne à
ce métal du brillant et de la dureté, d'après mes
propres expériences.

CHAPITRE II.

DE L'ACTION DE L'EAU SEULE APPLIQUÉE AUX VÉGÉTAUX.

Nous pouvons considérer l'action de l'eau sur
le végétal sous deux points de vue différens:
ou bien le Chimiste lui-même applique ce fluide
à la plante pour extraire et séparer du tissu
ligneux les sucs qu'elle contient; ou bien la
plante elle-même noyée dans ce fluide est livrée
dès ce moment à sa seule action, et elle s'y

altère, se dénature et se décompose peu-à-peu
et d'une manière particulière. Dans ces deux cas
les produits de l'opération sont très-différens :
dans le premier, le tissu ligneux reste intact ,
et les sucs qui en sont séparés sont dissous sans
altération dans le fluide ; dans le second , sur-
tout lorsque les végétaux fermentent en masse ,
les sucs sont dénaturés en partie ; mais les huiles ,
les résines restent confondues avec le tissu ligneux , et il en résulte une masse où le végétal
désorganisé présente dans un état de mélange
et de confusion les divers principes qui le
constituent.

Le Chimiste applique l'eau au végétal pour
extraire ses sucs de deux manières , ce qui constitue l'*infusion* et la *décoction*.

L'infusion se fait en versant sur le végétal une
quantité d'eau chaude suffisante pour dissoudre
tous les principes. La température de l'eau doit
varier selon la nature de la plante qu'on traite ;
si le tissu en est délicat ou que l'arome en soit
très-fugace , il faut employer de l'eau peu chaude ;
on peut l'employer bouillante dans le cas où le
tissu du végétal est dur et solide , et sur-tout
lorsque la plante n'a pas d'odeur.

La décoction , qui consiste à faire bouillir
l'eau sur le végétal , ne doit être employée que
lorsqu'il est question des plantes dures et inodores : cette méthode a été rejetée par beaucoup

de Chimistes, parce qu'ils prétendent qu'en tour-
mentant la plante de cette manière, on mêle
aux sucs une portion considérable de la matière
fibreuse. La décoction est généralement bannie
pour les plantes odorantes, elle dissipe l'huile
volatile et l'arome. La décoction, usitée dans nos
cuisines, pour disposer les légumes à notre nourriture, a l'inconvénient d'enlever tout le principe nutritif et de ne laisser que le parenchyme
fibreux ; de-là vient l'avantage de la *marmite
américaine*, où le légume est cuit par la simple
vapeur, et où par conséquent le principe nutritif
reste dans le végétal ; cette marmite a encore
l'avantage de ne pas altérer la couleur du végétal,
de pouvoir cuire avec une eau quelconque, puisque la seule vapeur est mise à profit.

Mais l'infusion, la décoction et la clarification
des sucs ne sont pas au choix du Chimiste,
lorsqu'il est question d'un médicament, car ces
méthodes apportent des variétés étonnantes dans
la vertu des remèdes : c'est ainsi, par exemple,
que le suc épaissi de la ciguë n'a de bonnes
propriétés, selon *Stork*, qu'autant qu'il a été
évaporé sans être clarifié.

En traitant les baies de genièvre par infusion
et évaporant au bain-marie en consistance de
miel, on obtient un extrait d'une couleur sucrée
aromatique : la décoction des mêmes baies
donne un extrait moins odorant et moins résineux,

neux , parce que la résine séparée de l'huile se précipite.

On prépare de cette manière l'extrait des raisins qu'on appelle chez nous *Résiné*, et presque toutes les confitures.

On prépare en grand dans le commerce des extraits à l'aide de l'eau : nous nous bornerons à parler de deux , du suc de Réglisse et du Cachou. Le premier nous fournit un exemple pour la décoction , le second pour l'infusion.

L'extrait de réglisse se prépare en Espagne par la décoction de la racine de l'arbrisseau qui porte ce nom. Cette plante croît abondamment près de nos étangs ; et nous pourrions , à peu de frais , nous emparer de cette industrie : je me suis convaincu qu'une livre de cette racine fournissoit deux à trois onces d'extrait de bonne qualité. Les Apothicaires le préparent ensuite de diverses manières pour l'approprier aux divers usages et le rendre d'un usage plus commode et plus agréable.

Le cachou s'extrait, dans les Indes orientales , de l'infusion des semences d'une espèce de palmier : lorsque la semence est encore verte on la coupe , on la fait infuser dans l'eau chaude et on évapore en consistance d'extrait , on fait ensuite des pains qu'on achève de sécher au soleil. M. *de Jussieu* a communiqué à l'Académie, en 1720 , des remarques par lesquelles il conste

N

que les différences qu'on trouve dans le cachou proviennent des divers degrés de maturité des semences et de la plus ou moins grande promptitude avec laquelle on fait sécher cet extrait.

Le cachou du commerce est ordinairement impur ; mais on peut le débarrasser de ses impuretés en le dissolvant, filtrant et évaporant à plusieurs reprises.

Le cachou a un goût amer et astringent ; il se dissout à merveille dans la bouche, et on s'en sert en guise de bonbon pour remettre les estomacs débiles.

On le combine avec trois parties de sucre, et suffisante quantité de gomme adragant pour en former des bonbons.

Lorsque les végétaux sont amoncelés sous l'eau, leur tissu se relâche, tous les principes solubles sont entraînés, et il ne reste que le tissu même désorganisé et imprégné de l'huile végétale, altérée et durcie par la réaction des autres principes : on observe très-bien ce passage dans les marais, où les plantes qui y croissent en nombre périssent, se décomposent et forment la vase ; ces couches de végétaux décomposés, retirées des eaux et desséchées, peuvent être employées à la combustion ; l'odeur en est infecte ; mais, dans les atteliers et lorsque les cheminées tirent bien, on peut se servir de ce combustible.

On a regardé les végétaux comme donnant

lieu à la formation du charbon de pierre : mais l'enfouissement de quelques forêts ne suffit point pour former les montagnes de charbon qui sont cachées dans les entrailles de la terre , il faut une cause plus grande et plus proportionnée à la grandeur de l'effet , et nous ne la trouvons que dans cette quantité prodigieuse de végétaux qui croissent dans l'étendue des mers ; laquelle quantité s'accroît encore par l'immensité de ceux qui y sont entraînés par les fleuves ; ces végétaux livrés aux courans sont brassés, entassés, amoncelés par les vagues , recouverts par des couches de terre argileuse ou calcaire et se décomposent. Il est plus facile de concevoir ces amas de végétaux formant des couches de charbon , que de soutenir que les débris de coquilles forment la majeure partie du globe.

Les preuves directes qu'on peut donner de la vérité de cette théorie sont , 1°. la présence du tissu des végétaux dans les mines de charbon : on a trouvé dans celles d'Alais le bambou et le bananier. Il est commun de trouver des végétaux terrestres confondus avec des plantes marines.

2°. On trouve encore des empreintes de coquilles et de poisson , et souvent même des coquilles en nature , dans les couches de charbon qu'on exploite ; le charbon d'Orsan et celui du Saint-Esprit en contiennent prodigieusement.

3°. On voit évidemment , par la nature des

montagnes qui renferment le charbon , que sa
formation est sous-marine ; car elles sont toutes
ou de schiste , ou de grès, ou de pierre à chaux :
le schiste secondaire est une espèce de charbon
où le principe terreux l'emporte sur le bitumineux ; quelquefois même ce schiste est combustible , tel est celui de Saint-Georges près de
Milhaud ; dans le schiste le tissu du végétal et
l'empreinte des poissons y sont très-bien conser-
vés. L'origine du schiste est donc sousmarine,
et par conséquent celle du charbon distribué par
couches dans son épaisseur.

Le grès est un sable amoncelé , porté dans la
mer par les fleuves et poussé sur les bords par
les vagues ; les couches de bitume qu'on y trouve
ne peuvent donc appartenir qu'à la mer.

La pierre calcaire contient rarement des couches de charbon, elle n'en est qu'imprégnée,
comme à *Saint - Ambroix* , à *Servas*, etc. où
le bitume forme comme un ciment avec la
pierre calcaire.

Du charbon de pierre.

Le charbon de pierre se trouve ordinairement
par couches dans l'intérieur de la terre , presque toujours encaissé dans des montagnes de
schiste ou de grès.

La propriété du charbon est de s'enflammer et de donner beaucoup de fumée en brûlant.

La base de tout charbon est le schiste secondaire, et la qualité du charbon dépend presque toujours de la quantité plus ou moins considérable de schiste. Lorsque le schiste domine, le charbon est pesant, et il laisse après sa combustion un résidu terreux, très-abondant. Cette espèce de charbon est veinée, dans son intérieur, de couches ou plutôt de rognons de schiste presque pur, qu'on appelle *fiches.*

Comme la formation de la pyrite provient de la décomposition des substances animales et végétales, de même que celles des charbons, tous les charbons de pierre sont plus ou moins pyriteux; et on peut regarder un charbon de pierre comme un mélange de pyrite, de schiste et de bitume. La différence dans les charbons provient de la différence dans les proportions de ces principes.

Lorsque la pyrite est très-abondante, alors on apperçoit dans le charbon des veines de ce minérai jaunes, qui se décomposent du moment qu'elles ont le contact de l'air, et forment une efflorescence de sulfate de magnésie, de fer, d'alumine, etc. Lorsqu'on enflamme du charbon pyriteux, il donne une odeur de soufre insupportable; mais lorsque la combustion est insensible, il en résulte souvent une inflammation par la décomposition de la pyrite , et c'est ce qui occasionne l'incendie de quelques veines de charbon : à Saint-Etienne en Forez , à Cramsac dans le Rouergue , à Roque-Cremade dans le diocèse de Beziers , il y a des veines de charbon incendiées ; et il n'est pas rare de voir le feu dévorer des tas considérables de charbon pyriteux lorsque la décomposition en est favorisée par le concours de l'air et de l'eau. Si l'inflammation s'excite dans des masses plus considérables de bitume , alors les effets en sont plus imposans , et c'est à une semblable cause que nous devons rapporter l'origine et l'effet des volcans.

Lorsque le principe schisteux domine dans les charbons , ils sont alors de mauvaise qualité , parce que le résidu terreux en est considérable.

Le charbon de qualité supérieure est celui dans lequel le principe bitumineux est le plus abondant et exempt de toute impureté. Le charbon se boursoufle quand il brûle, et les fragmens épars se collent entr'eux : c'est sur-tout cette qualité , qu'on a employée à cette opération , appelée *désoufrage* ou *épurement du charbon* : cette opération est analogue à celle par laquelle on charbonne le bois ; dans le désoufrage on en fait des pyramides qu'on allume au centre , et, lorsque la chaleur a fortement pénétré toute la masse et que la flamme s'échappe par les côtés,

alors on les recouvre avec de la terre mouillée ;
la combustion est suffoquée , le bitume se dissipe en fumée , et il ne reste plus qu'un charbon
léger spongieux qui attire l'air et l'humidité , et
qui présente dans sa combustion les mêmes phénomènes que le charbon de bois ; il ne donne
ni flamme ni fumée quand il est bien fait ,
mais il produit une chaleur plus forte que celle
d'une masse égale de charbon brut ; cette opération avoit reçu le nom de *désoufrage*, dans l'idée
où l'on étoit que par ce moyen on dépouilloit
le charbon de son soufre ; mais il a été prouvé
que tous les charbons susceptibles d'être désou-
frés ne contenoient presque pas de soufre.

On a cru pendant long-temps que l'odeur du
charbon étoit peu saine ; mais il est prouvé de
nos jours qu'elle n'est point malfaisante : M.
Venel a fait de nombreuses expériences à ce
sujet , et il s'est convaincu que l'homme et les
animaux n'étoient pas incommodés par cette
odeur : M. *Hoffmann* rapporte que les maladies
de poitrine sont inconnues dans les villages d'Allemagne où on ne connoît que ce combustible.
Je crois que la bonne qualité de charbon ne donne
point de vapeur dangereuse ; mais lorsque ce
combustible est pyriteux alors l'odeur ne peut
qu'en être mauvaise.

L'usage du charbon est généralement appliqué
aux arts , et la nature paroît avoir caché et ré-

servé ces magasins de combustible pour nous
donner le temps de réparer nos forêts épuisées ;
ces mines sont très-abondantes et très-nombreu-
ses dans le Royaume , notre Province en contient beaucoup ; et nous en avons plus de vingt
en pleine exploitation : en Angleterre on a même
appliqué l'emploi du charbon aux usages domestiques ; et cette partie de la minéralogie est
très-cultivée dans ce Royaume. Les particuliers
y ont fait dans ce genre les entreprises les plus
considérables : le Duc de *Bridgwater* a fait
construire à Bridgwater un canal de deux mille
cinq cens toises pour l'exploitation des mines
de charbon dans la province de Lancastre ; il a
coûté cinq millions , il est creusé en partie sous
une montagne , et passe successivement dessous
et dessus les rivières et les grandes routes. Dans
notre Province nous ne manquons que de che-
mins pour le transport du charbon , et le Languedoc n'a pas osé encore entreprendre ce qu'un
particulier a exécuté en Angleterre.

En Ecosse Milord *Dondonald* a établi des
fourneaux dans lesquels on dégage le bitume du
charbon , et on reçoit et condense les vapeurs
dans des chambres sur lesquelles il fait passer
une rivière pour les rafraîchir ; ces vapeurs con-
densées fournissent à la marine angloise tout le
goudron dont on a besoin. *Becher* , dans son
ouvrage intitulé *la folle sagesse* et *la sage folie*,

imprimé à Francfort en 1683 , dit être parvenu à approprier aux usages ordinaires les mauvaises tourbes de Hollande et les mauvais charbons de l'Angleterre : il ajouté en avoir retiré un goudron supérieur à celui de Suède , par un procédé semblable à celui des Suédois ; il dit l'avoir fait connoître en Angleterre et l'avoir fait voir au Roi.

M. *Faujas* a exécuté à Paris le procédé du Seigneur Ecossois : le tout consiste à enflammer le charbon , à l'étouffer à propos pour que la vapeur aille dans les chambres dans lesquelles on met de l'eau pour la condenser. Ce goudron a paru meilleur que celui du bois.

Le charbon fournit encore, à la distillation , de l'ammoniaque qui se dissout dans l'eau , tandis que l'huile surnage.

Lorsque le charbon est dépouillé par la combustion de tout le principe huileux et autres ; le résidu terreux contient des sulfates d'alumine, de fer , de magnésie , de chaux , etc. ces sels sont tous formés lorsque la combustion a été lente ; mais lorsqu'elle est rapide le soufre se dissipe et il ne reste que les terres alumineuses, magnésiennes , siliceuses , calcaires , etc. l'alumine domine ordinairement.

Le *naphte* , le *pétrole* , la *poix minérale* et l'*asphalte* ne sont que de légères modifications de l'huile bitumineuse si abondante dans le char-

bon de pierre. Cette huile , que la simple chaleur de la décomposition des pyrites suffit pour
la dégager du charbon et la faire couler , reçoit
encore des modifications par l'impression de l'air
extérieur.

Le pétrole ou l'huile de pétrole est la première altération : on trouve cette huile près des
volcans , dans les endroits où existent des mines
de charbon , etc. On connoît plusieurs sources
de pétrole : nous en avons une à *Gabian* , diocèse de *Beziers* ; cette huile est portée au dehors
par l'eau qui s'échappe au bas d'une montagne
dont le sommet est volcanisé.

L'odeur du pétrole est désagréable , la couleur en est rougeâtre ; on peut blanchir cette
huile en la distillant sur l'argile de Murviel.

Le naphte n'est qu'une variété de pétrole.

Près Derbens sur la mer Caspienne , il y a
des sources de naphte que *Kempfer* visita , il y
a près d'un siècle , et dont il nous donna la
description.

Il y a un endroit connu sous le nom de *feu
perpétuel* , où le feu brûle sans relâche : les
Indiens n'attribuent point l'origine de ce feu
inestinguible au naphte ; mais ils soutiennent que
Dieu y a jeté le Diable pour en délivrer les hommes ; ils y vont en pélerinage pour prier Dieu
de ne pas laisser échapper cet ennemi du genre
humain.

La terre imprégnée de naphte est calcaire, elle fait effervescence avec les acides, elle s'enflamme par le contact d'un corps embrasé quelconque. Ce feu perpétuel est d'un usage excellent aux habitans de *Baku* : on enlève la superficie d'un petit circuit de ce terrain brûlant, on y entasse les pierres à chaux, on couvre ces pierres avec la terre qu'on vient d'en enlever et dans deux ou trois jours la chaux est faite.

Les habitans du village de *Frogann* se rendent là pour y cuire leurs alimens.

Les Indiens accourent de toutes parts pour venir adorer l'Eternel en ce lieu ; on y a bâti plusieurs Temples, il en existe encore un ; on a pratiqué près de l'Autel un tuyau de deux à trois pieds de long, par où sort une flamme bleue mêlée de rouge ; les Indiens se prosternent devant ce tuyau et prennent les attitudes les plus grotesques et les plus gênantes.

M. *Gmelin* observe qu'on distingue dans ce pays deux espèces de naphte ; l'un transparent et jaune qu'on trouve dans un puits : ce puits est recouvert en pierres enduites d'un ciment de terre grasse, dans lequel on a gravé le nom du *Kan*, et il n'y a que le préposé par le Kan qui puisse lever le scellé.

La poix minérale est encore une modification du pétrole : on en trouve, en Auvergne

dans un endroit qu'on appelle *puits de la Pège* ;
près d'Alais, dans une étendue de plusieurs lieues
qui comprennent Servas, Saint-Ambroix, etc.
La pierre calcaire est imprégnée d'un bitume
analogue, la chaleur de l'été le ramollit, il découle des roches où il forme des stalactites d'un
noir magnifique ; il forme des boules dans les
champs et arrête le soc des charrues ; les paysans
s'en servent pour marquer les troupeaux. Cette
pierre exhale une odeur exécrable par le frottement, le palais Episcopal d'Alais en avoit été
pavé sous M. *Davéjan* et on a été forcé d'enlever cette pierre.

On prétend que la poix minérale a servi autrefois à cimenter les murs de Babilone.

L'asphalte ou bitume de judée est noir, brillant, pesant et très-cassant.

Il acquiert de l'odeur par le frottement.

Il surnage les eaux du lac Asphaltite ou Mer
morte.

L'Asphalte du commerce se tire des mines
d'Annemore, et notamment de la principauté
de Neufchatel. M. *Pallas* a trouvé des sources
d'Asphalte sur les bords de la Sock en Russie.

Le plus grand nombre des naturalistes le
regardent comme le succin dénaturé par le feu.

L'Asphalte se liquéfie sur le feu, se boursouffle et donne une flamme et une fumée âcre
et désagréable.

Par la distillation on en retire une huile analogue au pétrole. Les Indiens et les Arabes l'emploient comme le goudron , il entre dans les vernis de la Chine.

Le *succin , ambre jaune , karabé , electrum* des anciens , est en morceaux jaunes ou bruns , transparens ou opaques , susceptibles du poli , s'électrisant par le frottement , etc.

Il est friable et cassant.

Il n'est pas de substances sur lesquelles l'imagination des poëtes se soit autant exercée que sur celle-ci : *Sophocle* avoit dit qu'il étoit formé dans l'Inde par les larmes des sœurs de *Méléagre* changées en oiseaux et pleurant leur frère ; mais une des plus intéressantes origines qu'on lui ait donnée est celle qui a été fournie par la fable de *Phaéton* , brûlant le ciel et la terre , et précipité par la foudre dans les flots de *l'Eridan* ; ses sœurs le pleurèrent et les larmes précieuses de la douleur tombèrent dans les flots sans s'y méler , se consolidèrent sans perdre leur transparence et devinrent l'ambre jaune si précieux aux anciens. V. *Bailly.*

Le succin est de tous les bitumes celui qui est le plus dépouillé de portion charbonneuse.

On le trouve souvent dispersé sur des lits de terre pyriteuse et recouverts d'une couche de bois chargé de matière bitumineuse noirâtre.

Il nage dans la mer Baltique , sur la côte de la Prusse ducale ; on en trouve près de Sisteron en Provence.

On s'est borné , pendant long-tems , à former avec le karabé des compositions pour la médécine et les arts ; nous devons à *Neumann*, à *Bourdelin* et à *Pott* une analyse assez exacte de ce bitume.

Les deux principes constituans que nous présente l'analyse du succin , sont le sel de succin ou *acide succinique* et l'huile bitumineuse.

Pour extraire l'acide succinique , on prend du karabé qu'on réduit en petits fragmens et qu'on met dans une cornue , on dispose l'appareil sur le sable et on procède à la distillation : Lorsqu'on a soin de ménager le feu , les divers produits qu'on en retire sont 1°. un phlegme insipide , 2°. un phlegme tenant en dissolution. une petite portion d'acide , 3°. du sel acide concret qui s'attache au col de la cornue , 4°. une huile brune et épaisse qui a l'odeur acide.

Le sel concret retient toujours une portion acide à la première distillation. M. *Scheffer* propose , dans ses leçons de Chimie , de le distiller avec du sable , *Bergmann* avec de l'argile blanche ; *Pott* conseille de le dissoudre dans l'eau et de filtrer à travers le coton blanc, on rapproche la dissolution qui s'est dépouillée de l'huile qu'elle a laissée sur le coton ; *Spiel-mann*, d'après *Pott*, propose de le distiller avec l'acide muriatique, il se sublime alors blanc et pur ; *Bourdelin* a appris à le débarrasser de son huile en le faisant détonner avec le nitre.

Ce sel est préparé en grand à Konigsberg où on distille les rognures du karabé qu'on y travaille.

L'acide succinique a un gout piquant, il rougit la teinture de tournesol ; 24 parties d'eau froide et 2 d'eau bouillante en dissolvent une de cet acide. Si on fait évaporer une dissolution saturée de ce sel, il cristallise en prismes triangulaires dont les pointes sont tronquées.

M. de *Morveau* observe que ses affinités sont la baryte, la chaux, les alkalis, la magnésie, etc.

L'huile de succin a une odeur agréable ; on la dépouille de sa couleur en la distillant sur de l'argile blanche, *Rouelle* la distilloit avec l'eau ; mêlée avec l'ammoniaque elle forme un savon liquide connu sous le nom *d'eau de Luce*.

Pour faire l'eau de Luce je fais dissoudre la cire punique dans l'alkool avec un peu d'huile de succin et verse dessus l'alkali volatil.

L'alkool attaque le succin, il se colore en

jaune ; *Hoffman* prépare cette teinture en mêlant l'esprit du vin à l'alkali.

L'usage du succin dans la médecine consiste à le brûler et à en recevoir la vapeur sur les parties malades ; ces vapeurs sont fortifiantes et résolutives ; l'huile du succin à les mêmes usages ; on fait avec l'esprit de succin et l'opium un sirop de karabé que l'on emploie avec avantage comme calmant et anodin. Les plus beaux morceaux de succin sont employés à faire des bijoux ; *Vallerius* dit même qu'on peut employer les morceaux les plus transparens pour faire des miroirs , des prismes , etc. On assure que le Roi de Prusse à un miroir ardent de succin , d'un pied de diâmetre ; et qu'il y a dans le cabinet du duc de Florence une colonne de succin de dix pieds de haut , et un lustre très-beau.

Des Volcans.

L'embrasement de ces amas énormes de bitume déposés dans les entrailles de la terre produit les volcans. Ce sont sur-tout les couches de charbon pyriteux qui leur donnent naissance : la décomposition de l'eau sur les pyrites détermine de la chaleur et la production d'une
grande

grande quantité de gaz hydrogène , qui fait effort contre les enveloppes qui le resserrent et finit par les briser et les rompre : c'est sur-tout cet effet qui produit les tremblemens de terre ; mais lorsque le concours de l'air facilite la combustion du bitume et l'embrasement du gaz hydrogène , la flamme se manifeste par les cheminées ou soupiraux , et c'est-là ce qui occasionne le feu des volcans.

Il est nombre de volcans encore en activité sur notre globe , indépendamment de ceux d'Italie qui sont les plus connus ; l'abbé *Chappe* en a décrit trois brûlans dans la Sibèrie ; Jean *Anderson* et *Détroil* ont fait connoître ceux d'Islande ; l'Asie et l'Afrique nous en présentent plusieurs , et nous retrouvons des débris de ces feux ou des restes de volcans sur toutes les parties du globe. Les naturalistes nous apprennent que toutes les isles du midi ont été volcanisées ; et on en voit se former journellement par l'action de ces feux souterrains. Les traces du feu existent même au milieu de nous : la seule province de Languedoc contient plus de volcans éteints qu'il n'y en avoit de connus , il y a vingt ans , dans toute l'Europe ; la couleur noire de ces pierres , leur tissu spongieux , les autres produits du feu , l'identité de ces substances avec celles que les volcans brûlans

(212)

rejettent aujourd'hui , déposent en faveur d'une même origine (1).

_____

(1) On a annoncé et décrit un volcan brûlant dans le Languedoc , sur lequel il est nécessaire de détromper : ce prétendu volcan est connu sous le nom de *phosphore de Vénéjan*.

Vénéjan est un village situé , à un quart de lieue du grand chemin , entre le Saint-Esprit et Bagnols : depuis un temps immémorial , au retour du printemps , on appercevoit , du grand chemin , un feu qui augmentoit pendant l'été , s'éteignoit peu-à-peu en automne et n'étoit visible que la nuit ; plusieurs fois on s'étoit porté en droite ligne du grand chemin à Vénéjan pour vérifier le phénomène sur les lieux ; mais la nécessité de plonger dans un bassin pour y parvenir faisoit perdre le feu de vue , et arrivés à Vénéjan on ne trouvoit plus rien qui ressemblât au feu d'un volcan. M. *de Genssane* décrit ce phénomène et le compare aux jets d'une *forte aurore boréale* , il dit même que le pays est volcanique. (*Hist. nat. du Languedoc*, *Diocèse d'Uzès.*) Enfin , il y a quatre ou cinq ans que ces feux se multiplièrent dans l'été , et au lieu d'un il en parut trois ; des Physiciens de Bagnols firent le projet d'examiner ce phénomène de plus près, et ils se transportèrent à une campagne située entre le chemin royal et Vénéjan , armés de torches, de porte-voix et de tout ce qui leur parut nécessaire pour faire l'observation. A minuit , quatre ou cinq d'entr'eux furent députés et dirigés vers le feu ; et ceux qui restèrent les remettoient toujours sur la voie par le moyen de leurs porte voix ; enfin parvenus au village , ils trouvèrent trois grouppes de femmes filant de la soie au milieu des rues à la lueur d'un feu de chenevottes ; tous les phénomènes volcariques disparurent, et l'explication des observations faites à ce sujet devint simple : au printems le feu étoit foible , parce qu'il étoit alimenté avec du bois qui donnoit de la chaleur et de la lumière ; pendant l'été on brûloit des chenevottes attendu qu'il ne falloit que de la lumière ; alors s'étoient établis trois feux , parce que l'approche de la foire du St. Esprit , où se vendent les soies , leur faisoit une nécessité de presser leur

Lorsque la décomposition des pyrites est avancée , et que les vapeurs et les gaz ne peu-vent plus être contenus dans les entrailles de la terre , on ressent des tremblemens de terre ; les mofétes se multiplient à la surface du sol ; on entend des bruits profonds et effrayans ; les ri-viéres et les sources sont englouties en Islande , il se dégage alors par le cratère une fumée mê-lée d'éclairs et d'étincelles ; et les naturalistes ont observé que , lorsque la fumée du Vésuve prend la forme d'un pin , l'éruption ne tarde pas à se manifester.

A ces préludes , qui annoncent une grande agitation intérieure et des obstacles qui s'op-posent à la sortie des matières , succède une éruption de pierres et autres produits que la lave pousse devant elle , et enfin paroit un fleuve de lave qui coule et se répand sur le flanc de la montagne : alors le calme est rétabli dans l'intérieur de la terre et l'éruption continue sans secousses. Les efforts violens font quelquefois entr'ouvrir la montagne par les flancs , et c'est ce qui a successivement formé les monticules dont les montagnes volcaniques sont hérissées :

travail. Les paysans renvoyèrent ces observateurs , qui s'étoient annoncés avec fracas , avec une salve de cailloux que des Don-quichotes de l'histoire naturelle auroient pris certainement pour une éruption volcanique.

Montenuovo, qui a 180 pieds de haut sur trois mille de large., s'est formé en une nuit.

Cette crise est quelquefois suivie d'une éruption de cendres qui obscurcissent l'air , ces cendres sont le dernier résultat de l'altération des charbons. , et les matières qui sont vomies les premières sont celles que l'activité de la chaleur a tourmentées et a demi-vitrifiées. En 1767, les cendres du Vésuve furent envoyées à vingt lieues en pleine mer , les rues de Naples en furent couvertes ; ce que dit *Dion* de l'éruption du Vésuve sous *Titus* où les cendres furent portées en Afrique , Egypte et Sirie , tient du fabuleux ; M. de *Saussure* dit que le sol de Rome est de ce caractère et que les fameuses catacombes sont toutes dans les cendres volcaniques.

Mais il faut convenir que la force avec laquelle tous ces produits sont lancés, est étonnante : en 1769 , une pierre de douze pieds de hauteur et quatre de circonférence fut jetée à un quart de mille du cratère ; en 1771, *Hamilton* a vu des pierres d'une grosseur énorme employer onze secondes à tomber.

L'éruption du volcan est souvent aqueuse : l'eau qui s'engouffre et favorise la décomposition de la pyrite est quelquefois rejetée avec effort ; on trouve du sel marin avec les matières vomies , on y trouve aussi du sel ammoniac ; en 1630 , un torrent d'eau bouillante mêlé avec la lave détruisit *Portici* et *Torre del-gréco*. *Hamilton* a vu rejeter de l'eau bouillante ; les sources d'eau bouillante dans l'Islande, décrites par M. *Détroil* , et toutes les sources d'eau chaude qui abondent à la surface du globe ne doivent leur chaleur qu'à la décomposition des pyrites.

Les éruptions sont quelquefois boueuses et ce sont celles-ci qui forment le tuffa et la pozzolane ; celle qui a comblé *Herculanum* est de ce genre. *Hamilton* y a trouvé une tête antique dont l'empreinte étoit assez bien conservée pour servir de moule ; *Herculanum* , dans la moindre profondeur, est à 70 pieds sous la surface du terrain , souvent à 120.

La *pozzolane* varie par la couleur : elle est ordinairement rougeâtre , quelquefois grise , blanche ou verte ; souvent ce n'est que de la pierre ponce broyée , d'autrefois de l'argile calcinée. Cent parties de pozzolane rousse ont fourni à *Bergmann*.

Silice.	55.
Alumine.	20.
Chaux.	5.
Fer.	20.

La lave une fois rejetée roule à grands flots

sur le flanc de la montagne , et se porte à une
certaine distance ; c'est ce qui forme les courans de lave , les chaussées volcaniques , etc.
Dans le trajet la surface de la lave se refroidit
et forme une croûte solide sous laquelle roule
la lave liquide ; après l'éruption cette croûte
persiste quelquefois et forme des galeries cre-
vassées que MM. *Hamilton* et *Ferber* ont visi-
tées ; c'est dans ces crevasses que se subliment
le sel ammoniac , le sel marin , etc. On peut
détourner une lave en lui préparant des fossés ;
on le fit , en 1669 , pour sauver Catane , et
le chevalier *Hamilton* l'a proposé au Roi de
Naples pour sauver *Portici*.

Les courans de lave restent quelquefois plusieurs années à se refroidir ; le chevalier *Hamilton* a observé , en 1769 , que la lave qui
avoit coulé en 1766 , fumoit encore en quelques endroits.

Lorsque le courant de lave est arrêté par
l'eau , le refroidissement est plus prompt et la
masse de lave prend un retrait qui la divise en
colonnes qu'on appelle *basaltes* : la fameuse
chaussée des géans en Irlande est ce que nous connoissons de plus étonnant en ce genre; elle présente trente mille colonnes de front, et a deux lieues
de long sur le rivage de la mer.; ces colonnes
ont de 15 à 16 pouces de diamêtre , sur 25 à
30 pieds de longueur.

Les Basaltes sont divisés en Colonnes de
4, 5, 6, 7 côtés. D'une seule colonne de
basalte l'Empereur *Vespasien* fit faire une statue
entière avec seize enfans qu'il dédia au Nil,
dans le temple de la paix.

Le basalte a donné à *Bergmann* par quintal

Silice.	56.
Alumine.	15.
Chaux.	4.
Fer.	25.

La lave est quelquefois boursoufflée et po-
reuse, la plus légère est appellée *pierre
ponce.*

Toutes les matières vomies par les volcans ne
sont point altérées par le feu; ils lancent des
matières vierges telles que du quartz, des cristaux d'amethiste, de l'agathe, du gypse, de
l'amianthe, du Feldspath, du mica, des coquilles, du Schorl, etc.

Le feu des volcans suffit rarement pour vi-
trifier les matières qu'il rejette; nous ne connoissons que le verre jaunâtre capillaire et flexible
vomi par les volcans de l'Isle de Bourbon, le
14 mai 1766, (M. *Commerson*); et la pierre
de gallinace rejetée par l'hècla. M. *Egolfrjouson*
employé à l'observatoire de Copenhague s'est
établi en Islande où il se sert d'un miroir de

télescope qu'il a fait avec l'agathe noire d'Islande.

La main lente du temps dénature les laves à la longue, et leurs débris sont très-propres à la végétation : la Sicile si fertile a été toute volcanisée ; j'ai observé plusieurs vieux volcans aujourd'hui cultivés, et la ligne qui sépare les autres terres de la terre volcanique est le terme de la végétation ; le dessus des ruines de *Pompeia* est très-cultivé ; M. *Hamilton* considère les feux souterrains comme une grande charrue dont la nature se sert pour retirer la terre vierge des entrailles de la terre et en réparer la surface épuisée.

La décomposition de la lave est très-lente : on trouve quelquefois des couches de terre végétale et de lave pure apposées les unes sur les autres, ce qui dénote des éruptions faites à de longues distances les unes des autres, parce qu'il faut à peu-près deux mille ans avant que la lave reçoive la charrue : on a tiré de ce phénomène un argument pour prouver l'ancienneté du globe ; mais le silence que les Auteurs les plus anciens gardent sur les volcans du Royaume, dont nous trouvons des traces si fréquentes, prouve que ces volcans étoient alors éteints depuis un temps immémorial, ce qui en fait remonter l'existence à des temps bien reculés. D'ailleurs, plusieurs milliers d'années d'observations suivies et transmises n'ont pas apporté des changemens bien notables au Vésuve et à l'Etna ; cependant ces montagnes énormes sont toutes volcanisées , conséquemment formées par des couches apposées les unes sur les autres. Le prodige devient plus fort si nous observons que toute la campagne des environs, à des distances très-grandes , a été tirée du sein de la terre.

Hauteur du Vésuve sur le niveau de la
    mer. . . . . . . 3,659 pieds.
Circonférence. . . 30,000.
Hauteur de l'Etna. . 10,036.
Circonférence. . . 180,000.

Les divers produits volcaniques nous présentent divers usages auxquels on peut les employer.

1°. La pozzolane est admirable pour bâtir dans l'eau ; mêlée avec la chaux elle fait une prise prompte, et l'eau ne peut pas la délayer ; elle y durcit de plus en plus.

J'ai prouvé que les ochres calcinées procuroient le même avantage ; à cet effet on en fait des boules dont on remplit des fours de poterie et on les cuit à l'ordinaire. Les expériences faites à Sette par MM. les Commissaires de la Province, prouvent qu'on peut les substituer avec le plus grand avantage à celles d'Italie. (V. mon Mémoire imprimé chez Didot).

2°. La lave est encore susceptible de se vitri-
fier, et dans cet état on peut la souffler en bouteilles opaques d'une grande légéreté ; c'est ce
que j'ai fait exécuter à Erépian et à Alais. La
lave très-dure mêlée à parties égales avec la cendre et la soude, a produit du verre excellent de
couleur verte ; les bouteilles qu'on a fabriquées
sont deux fois plus légères que les bouteilles
ordinaires et infiniment plus solides ; c'est ce qui
résulte de mes expériences et de celles que M.
Joly de Fleury ordonna sous son ministère.

3°. La pierre ponce a aussi ses usages ; elle
est employée sur-tout à polir presque tous les
corps un peu durs ; on l'emploie en masse ou en
poudre, selon l'usage ; quelquefois même, après
l'avoir porphyrisée, on la délaie dans l'eau pour
qu'elle soit plus douce.

CHAPITRE III.

DE LA DÉCOMPOSITION DU VÉGÉTAL DANS L'INTÉRIEUR DE LA TERRE.

Les plantes herbacées ensevelies sous des couches de terre, s'y décomposent lentement ;
mais les eaux qui s'infiltrent et les pénétrent en
relâchent le tissu. Les sels en sont extraits, et
il en résulte des couches noirâtres, dans lesquelles on peut encore reconnoître le tissu du

végétal : ce sont ces couches qu'on apperçoit quelquefois dans les scissures pratiquées à la terre. Mais cette altération est infiniment plus sensible et plus facile à observer dans le bois lui-même que dans les plantes herbacées : le corps ligneux d'un arbre enfoui sous la terre se colore en noir, devient plus friable et casse net; la cassure est luisante, et la masse totale paroît ne plus faire qu'un seul corps susceptible du plus beau poli : c'est ce bois ainsi dénaturé qu'on appelle *jay* ou *jayet*. On a retiré, aux environs de Montpellier, près de Saint-Jean-de-Cucule, plusieurs charrettées de troncs d'arbres, très-conservés pour la forme, et qui étoient parfaitement convertis en jayet : j'ai trouvé moi-même une pèle de bois convertie en jayet; on a trouvé, dans des fouilles faites à Nismes, des morceaux de bois totalement passés à l'état de jayet ; du côté de Vachery, dans le Gévaudan, il existe du jayet où le tissu du noyer est très-reconnoissable : on distingue le tissu du hêtre dans le jayet de *Bosrup en Scanie ;* on a trouvé dans la *Guelbre* une forêt de pins ensevelie sous le sable ; et à *Beichlitz* on exploite, selon M. *Jars,* deux couches de charbon, l'une bitumineuse et l'autre de bois fossile : je conserve, dans le cabinet de minéralogie de la Province, plusieurs morceaux de bois, dont l'extérieur est à l'état de jayet, tandis que l'intérieur est encore à l'état ligneux ; et l'on observe les nuances et le passage de l'un et de l'autre.

Le jayet est susceptible de prendre le poli le plus parfait : on en fait des bijoux, tels que des boutons, des tabatières, des colliers et autres ornemens ; on le travaille dans le Languedoc, du côté de Ste. Colombe, à trois lieues de Castelnaudary ; on l'use et on lui donne ses facettes par le moyen des meules sur lesquelles on le façonne.

Le jayet se ramollit au feu et brûle en répandant une odeur fétide ; il fournit de l'huile plus ou moins noire, qu'on décolore par des distillations répétées sur la terre de Murviel.

CHAPITRE IV.

DE L'ACTION DE L'AIR ET DE LA CHALEUR SUR LE VÉGÉTAL.

Lorsqu'on applique la chaleur sur un végétal exposé à l'air, il en résulte des phénomènes qui tiennent à la combinaison de l'air pur avec les principes inflammables de la plante, ce qui forme la combustion.

Pour déterminer la combustion, on applique un corps chaud au bois sec qu'on veut allumer ; on volatilise par ce moyen les principes dans l'ordre que nous avons indiqué à l'article pré-

cédent ; il en résulte de la fumée qui est le mélange de l'eau, de l'huile, des sels volatils et de tous
les produits gazeux qui résultent de la combinaison de l'air vital avec les divers principes du végétal ; la chaleur s'accroît alors par la combinaison
même de l'air, puisqu'il passe à l'état concret.
Et, lorsque cette chaleur est portée à un certain
point, le végétal s'enflamme et la combustion
persiste jusqu'à ce que tous les principes inflammables soient détruits par la combustion.

Dans cette opération, il y a absorption d'air
vital et produit de chaleur et de lumière : la
combustion doit être d'autant plus vive, que le
principe inflammable est plus abondant, que
le principe aqueux est moindre, que le bois est
plus résineux, que l'air est plus pur et plus
condensé.

Le dégagement de chaleur et de lumière est
d'autant plus considérable, que la combinaison
de l'air vital est plus forte dans un temps
donné.

Les résidus de la combustion sont les substances qui se sont volatilisées et les substances
fixes : les unes forment la suie, les autres les
cendres.

La suie provient en partie des substances mal
brûlées, à moitié décomposées et qui ont échappé
à l'action de l'air vital : de-là vient que
la suie peut s'enflammer de nouveau, et de-là

vient encore que, lorsque la combustion est très-
rapide et très-forte , il n'y a pas de fumée sensible , parce qu'alors tout ce qui est inflammable
est détruit , comme dans les lampes à cylindre,
les feux violens , etc.

L'analyse de la suie nous présente de l'huile
qu'on peut extraire par la distillation , de la
résine que l'alkool peut en tirer , et qui provient
ou de l'altération imparfaite de la résine du
végétal ou de la combinaison de l'air vital avec
l'huile volatile ; elle donne encore un acide
qui se forme souvent par la décomposition du
mucus , et c'est cet acide très-utile dans les arts
pour lequel l'Académie de Stockolm a fait connoître un fourneau propre à le recueillir. La suie
présente encore des sels volatils , tels que du
carbonate d'ammoniaque et autres. Une légère
portion de la fibre se volatilise même par la
force du feu , et nous la retrouvons dans la
suie.

Le principe fixe , résidu de la combustion ,
forme les cendres ; elles contiènnent des sels,
des terres et des métaux dont nous avons déjà
parlé ; les sels sont des alkalis fixes , des sulfates,
des nitrates , des muriates , etc. Les métaux sont
le fer , l'or , le manganèse , etc. Les terres
sont l'alumine , la chaux , la silice , la magnésie.

CHAPITRE V.

DE L'ACTION DE L'AIR ET DE L'EAU DÉTERMINANT UN COMMENCEMENT DE FERMENTATION QUI PROCURE LA SÉPARATION DES SUCS DU VÉGÉTAL, D'AVEC LA PARTIE LIGNEUSE.

Lorsqu'on facilite la décomposition du végétal par le concours combiné et appliqué alternativement de l'air et de l'eau, on désorganise le végétal, on rompt toute liaison entre les divers principes, et l'eau entraîne les sucs et met à nud le squelette fibreux, assez cohérent et assez abondant dans quelques végétaux pour qu'on puisse l'extraire de cette manière : c'est ainsi qu'on prépare le chanvre. M. l'Abbé *Rozier* attribue l'effet du rouissage à la fermentation de la partie mucilagineuse ; M. *Prozet* a prouvé que le chanvre contenoit une partie extractive et une résineuse, et que le rouissage détruisant la première, la seconde se détachoit presque mécaniquement : on a observé que l'addition d'un peu d'alkali favorisoit cette opération.

L'eau courante est préférable à l'eau stagnante, parce que l'eau stagnante entretient et développe une fermentation plus forte qui attaque le tissu ligneux : on a observé que le chanvre préparé dans l'eau courante est plus blanc et plus fort que celui préparé dans l'eau stagnante ; l'eau stagnante a encore l'inconvénient d'exhaler une mauvaise odeur , nuisible à l'économie animale ; l'addition de l'alkali la corrige et la prévient.

Dans le diocèse de Lodève on prépare , par un procédé très-simple , les jeunes pousses du genêt d'Espagne : on le sème sur les hauteurs, on le laisse pendant trois ans, et au bout de ce temps on coupe les rejetons ou jeunes pousses dont on forme des paquets ; ces paquets forment des *fardeaux* qu'on vend douze à quinze sous : la première opération qu'on fait sur ces jeunes tiges consiste à les écraser sous une massue ; le lendemain on les met dans l'eau au courant de la rivière où on les assujettit avec des pierres ; le soir on les retire , on les met en tas sur le bord de la rivière , et on les place sur un lit de paille ou de fougère , on les recouvre avec pareille matière et on charge ce tas avec des pierres , c'est ce qu'on appelle *mettre à couvert* ; tous les soirs on les arrose en jetant de l'eau sur le tas ; au bout de huit jours on découvre le tas et on trouve que l'écorce se détache facilement de dessus le bois ; on prend chaque paquet l'un après l'autre , et on les bat et froisse fortement avec une pierre platte , jusqu'à ce que l'épiderme des sommités se soit bien détaché et que toute la tige soit devenue blanche ; alors

alors on met à sécher, on enlève ensuite cette écorce qu'on sépare du corps ligneux, et c'est cette écorce qu'on carde et qu'on file pour en former des toiles d'un très-bon usage. Les paysans ne connoissent pas d'autre linge pour les draps, sacs, chemises, etc. et chaque paysan ne prépare que sa provision ; il ne s'en vend point à l'étranger.

Les genêts ont encore l'avantage de fournir une nourriture toujours verte aux bestiaux pendant l'hiver, en même-temps qu'ils soutiennent les terres qui s'éboulent et gagnent les bas fonds.

On peut traiter par un procédé semblable l'écorce du mûrier : *Olivier de Serres* a fait connoître un très-bon procédé à ce sujet.

C'est le squelette uniquement formé par la fibre végétale et dépouillé de toute substance étrangère, qu'on emploie à former les toiles ; c'est le principe le plus incorruptible de la végétation ; et, lorsque cette fibre réduite en toile ne peut plus être employée à ces usages, on lui fait subir d'autres opérations pour la diviser prodigieusement et la convertir en papier ; ces opérations sont les suivantes : on choisit, on nettoie les chiffons et on les fait pourrir dans l'eau ; après cela on les déchire par des pilons à crochet mus par l'eau ; les seconds pilons sous lesquels on les fait passer ne sont armés que de clous ronds ; les troisièmes sont uniquement

P

de bois : on convertit par ce moyen les chiffons
en une pâte qu'on atténue encore en la faisant
bouillir ; on met cette pâte dans des moules ,
on la dessèche et on fait le papier de trace :
pour faire le papier à écrire on le colle et souvent on le lisse.

CHAPITRE VI.

DE L'ACTION DE L'AIR , DE LA CHALEUR ET DE L'EAU SUR LE VÉGÉTAL.

Lorsque les divers sucs du végétal se trouvent délayés dans l'eau , et que l'action de ce
fluide est favorisée par l'action combinée de
l'air et de la chaleur , il en résulte une décomposition de ces divers sucs. Le gaz oxigène doit
être regardé comme le premier agent de la fermentation , il est fourni par l'atmosphère ou par
l'eau qui se décompose.

C'est d'après l'observation de ces faits que
Bécher s'est cru autorisé à regarder la fermentation comme une combustion : *nam combus-*
tio , seu calcinatio per fortem ignem , licet pu-
trefactionis species eidemque analogua sit... fer-
mentatio ergo definitur quod sit corporis densioris
rarefactio particularumque aërearum interpositio
ex quo concluditur debere in aëre fieri nec ni-
mium frigido , nec nimium calido ne partes

(229)

raribiles expellantur , in aperto tamen vase vel tantùm vacuo ut partes rarefieri queant ; nam stricta closura et vasis impletio , fermentationem totaliter impedit. BECHER , *phys. subt.* S. 1. 15. *V. Cap.* 11 , *p.* 313.

Les conditions nécessaires pour que la fermentation s'établisse sont , 1°. le contact de l'air pur , 2°. un certain degré de chaleur , 3°. une quantité d'eau plus ou moins considérable , ce qui produit une différence dans les effets.

Les phénomènes qui accompagnent essentiellement la fermentation , sont 1°. la production de la chaleur ; 2°. l'absorption du gaz oxigène.

On peut faciliter la fermentation , 1°. en augmentant le volume de la masse fermentescible , 2°. en se servant d'un levain approprié.

1°. En augmentant la masse fermentescible, on multiplie les principes sur lesquels l'air doit agir ; on facilite , par conséquent , l'action de cet élément ; on produit donc plus de chaleur par la fixation d'une plus grande quantité d'air ; la fermentation est donc favorisée par les deux causes qui l'entretiennent éminemment , chaleur et air.

2°. On peut distinguer deux espèces de levain , 1°. Les corps éminemment putrescibles dont l'addition hâte la fermentation , 2°. ceux déjà pourvus d'oxigène et qui conséquemment fournissent une plus grande quantité de ce principe de la fermentation ; c'est ainsi que les habitans des bords du Rhin , jettent des viandes dans la vendange pour hâter la fermentation spiritueuse (*LINNÉ amœnit. Acad. dissert. de genesi calculi.*) C'est ainsi que les Chinois, pour développer la fermentation dans une espèce de bierre qu'ils font avec une décoction d'orge et d'avoine, y jettent des excrémens ; c'est ainsi que les acides , les sels neutres , la craie , les huiles rances , les oxides métalliques , etc. hâtent la fermentation.

Les produits de la fermentation en ont fait établir différentes espèces ; mais cette variété d'effets tient à la variété des principes constituans du végétal : lorsque le principe sucré y domine , le résultat de la fermentation est une liqueur spiritueuse ; lorsqu'au contraire le mucilage est plus abondant , alors le produit est acide ; si le gluten est un des principes du végétal , il y aura production d'ammoniaque dans la fermentation ; de sorte que la même masse fermentescible peut éprouver différentes altérations qui dépendent toujours de la nature et de la proportion respectives des principes constituans , de leur dégré d'*altérabilité*, etc. Ainsi un liquide sucré , après avoir éprouvé la fermentation spiritueuse , peut subir la fermentation acide par la décomposition du muqueux qui avoit resisté à la première fermentation ; mais, dans tous les cas, le concours de l'air, de l'eau et de la chaleur, est nécessaire pour déveloper la fermentation. Nous nous bornerons donc à examiner l'action de ces trois agens, 1°. sur les sucs extraits du végétal et delayés dans l'eau, ce qui forme les *fermentations spiritueuse* et *acide*, 2°. sur le végétal lui-même, ce qui nous fera connoître la formation du terreau, de la terre végétale, des ochres, etc.

ARTICLE PREMIER.

De la fermentation spiritueuse et de ses produits.

On appelle *fermentation spiritueuse* celle dont le produit ou le résultat est un esprit ardent ou de l'alkool.

On peut poser comme un principe fondamental qu'il n'y a que les corps sucrés qui subissent cette fermentation : le sucre pur delayé dans l'eau forme le *taffia* par la fermentation, et nous retrouvons ce principe dans l'analyse de tous les corps qui en sont susceptibles.

Pour développer cette fermentation dans les corps sucrés, il faut 1°. l'accès de l'air, 2°. une chaleur de 10 à 15 degrés, 3°. la division et l'expression du suc contenu dans les fruits ou la plante, 4°. une masse et un volume un peu considérables.

Nous ferons l'application de ces principes à la fermentation des raisins : lorsqu'ils sont mûrs ou que le principe sucré y est développé, alors on les exprime, on en extrait le jus qu'on fait couler dans des cuves plus ou moins grandes, et là la fermentation s'annonce et s'établit de la manière suivante ; 1°. au bout de quelques jours, souvent après quelques heures, selon la chaleur de l'atmosphère, la nature des raisins, la quantité du liquide et la température du lieu où se fait l'opération, il se produit un mouvement dans la liqueur qui va toujours en augmentant, le volume de la liqueur s'accroit et s'élève, alors elle devient trouble et huileuse, il se dégage de l'acide carbonique qui remplit tout le vide de la cuve et la chaleur va jusqu'au 18 degré : au bout de quelques jours ces mouvemens tumultueux s'appaisent, la masse s'affaisse, la liqueur s'éclaircit et on observe qu'elle est moins sucrée, qu'elle a plus d'odeur et qu'elle s'est colorée en rouge par la réaction de l'esprit ardent sur la partie colorante de la pellicule du raisin.

Les causes d'une mauvaise fermentation sont les suivantes, 1°. si la chaleur est foible, la fermentation languit, les matières sucrées et huileuses ne sont pas suffisamment travaillées et le vin est gras et doux.

2°. Si le corps sucré n'est pas assez abondant, ce qui arrive lorsque l'année est pluvieuse, alors le vin est foible et le mucilage qui prédomine le fait tourner à l'aigre par sa décomposition.

3°. Si le suc est trop délayé, on y jette du mout rapproché et bouillant.

4°. Si le corps sucré n'est pas assez abondant on peut y ajouter du sucre, et par ce moyen on le corrige. *Macquer* a prouvé qu'on pouvoit faire de l'excellent vin avec le verjus et le sucre, et M. *de Bullion* fait du vin, *à Bellejames*, avec le verjus de ses treilles et la cassonade.

On a beaucoup disputé pour savoir s'il convenoit d'égraper le raisin ou non, il me paroît que cela tient à la nature des raisins : lorsqu'ils sont très-chargés de matière sucrée et mucilagineuse, la grappe en affoiblit la fadeur par le principe amer qu'elle donne ; lorsqu'au contraire le suc n'est pas trop doux, alors la grappe le rend plus sec, très-rude.

Pour décuver le vin on prend ordinairement l'époque à laquelle tous les phénomènes de la fermentation se sont appaisés ; lorsque la masse s'est affaissée, que la couleur est bien dévelop-

,pée , que la liqueur s'est éclaircie et que la chaleur a disparu , alors on le met en tonneaux ;
l'à il subit encore une seconde fermentation insensible , le vin se clarifie , les principes se
combinent mieux et le goût et l'odeur s'y développent de plus en plus.

Si on arrête ou suffoque cette fermentation,
alors les principes gazeux sont retenus , et c'est
ce qui fait le *mousseux* de quelques vins. *Becher*
avoit des idées très saines sur les effets de ces
deux fermentations.

Distinguitur autem inter fermentationem
apertam et clausam , in aperta potus fermen-
tatus sanior est sed débilior , in clausa non ita
sanus sed fortior : causa est quod evaporantia
rarefacta corpuscula imprimis magna adhuc
silyestrium spirituum copia , de quibus antea
égimus , retineatur et in ipsum potum se pre-
cipitet unde valdè eum fortem reddit. BECHER
phys. subt. lib. 1. 5. *V. cap.* 11 , *p.* 313.

Il paroît , d'après les expériences intéressantes
de M. le Marquis de *Bullion* , que la fermentation vineuse n'auroit pas lieu sans la présence
du tartre.

En faisant évaporer le mout de raisin on obtient un sel qui a les apparences du tartre et
forme du sel de seignette avec l'alkali de la soude :
on obtient encore une grande quantité de sucre ;
pour cela on extrait d'abord le tartre , on fait

ensuite évaporer le mout jusqu'à consistance de sirop épais , on laisse pendant six mois le sirop à la cave , au bout de ce temps on trouve le sucre cristallisé confusément , on lave le sucre avec l'esprit de vin , on enlève la partie colo‐rante et il devient très-beau.

Le vin privé de tartre ne fermente plus , et la fermentation est en raison de l'abondance du tartre , la crême de tartre produit le même effet.

Il paroît que ces sels n'agissent que comme des levains qui facilitent la décomposition du principe sucré.

Le suc des raisins n'est pas le seul susceptible de la fermentation spiritueuse.

Les pommes contiennent un suc qui fermente facilement et produit le *cidre* : on emploie or‐dinairement à cet effet les pommes sauvages ; on les écrase , on en exprime le suc qu'on fait fermenter et qui présente les mêmes phénomènes que le suc de raisin.

Lorsqu'on veut avoir un cidre fin , on décante la liqueur de dessus la lie lorsque la fermenta‐tion tumultueuse est finie et qu'elle commence à devenir claire. Quelquefois pour le rendre plus doux , on y met une certaine quantité de suc de pommes récemment exprimé , ce qui produit dans le cidre une seconde fermentation moins vive que la première. Le cidre qu'on laisse reposer sur la lie acquiert de la force. Le cidre fournit les mêmes produits que le vin; mais l'eau-de-vie qui en provient a un goût désagréable, parce que le mucilage très-abondant dans le cidre s'altère par le feu de la distillation ; mais, si on distille avec précaution, l'eau-de-vie est excellente d'après les expériences de M. *Darcet*.

Le suc des poires acerbes fournit par la fermentation une espèce de cidre qu'on appelle *poiré*.

Les cerises fournissent un assez bon vin, dont on retire une eau-de-vie nommée par les Allemands *Kirchenwaffer*.

Dans le Canada la fermentation du suc sucré de l'érable fournit une liqueur assez bonne ; et les Américains, en faisant fermenter les gros sirops du sucre avec deux parties d'eau, forment une liqueur qui fournit l'eau-de-vie appelée *taffia* ou *rhum* par les Anglois.

On prépare encore avec quelques graminées, telles que le bled, l'avoine et l'orge, mais surtout avec ce dernier, une boisson qu'on nomme *bière*. 1°. On fait germer le grain, et à cet effet, on le trempe dans l'eau et on le met en tas, par ce moyen on détruit le principe glutineux, 2°. on le torréfie pour arrêter les progrès de la fermentation et le rendre propre à la mouture, 3°. on le crible pour en séparer les germes appelés *tourraillons*, 4°. on le mout en une farine nommée *malt*, 5°. on délaye la farine avec de l'eau chaude dans la *cuve matière*, le mucilage et le principe sucré s'y dissolvent ; on nomme cette eau *premier métier* : on la décante, on la fait chauffer et on la renverse sur le malt, elle forme le *second métier*, 6°. on fait bouillir cette eau avec une certaine quantité de houblon qui lui communique un principe extracto-résineux, 7°. on y joint une levûre acide, et on la fait couler dans une cuve où se développe la fermentation spiritueuse ; quand la fermentation est appaisée on l'agite et on la met en tonneaux, elle jette par le bomdon une écume qui s'aigrit et forme la levûre qui sert pour des fermentations ultérieures.

Le produit de toutes ces substances est une liqueur plus ou moins colorée, susceptible de donner de l'esprit ardent à la distillation, d'une odeur aromatique et vineuse, d'une saveur piquante et chaude qui ranime le jeu des fibres.

Le vin est une boisson excellente, mais il devient l'excipient de certains médicamens ; tel est le vin émétique qui se prépare en faisant digérer dans deux livres de bon vin blanc quatre onces de saffran des métaux ; 2°. le vin calibé fait par la digestion d'une once de limaille d'acier avec deux livres de vin blanc ; 3°. Les vins dans lesquels on fait infuser des plantes, telles que l'absinthe , l'oseille, et le *laudanum liquide* de *Sydenham* qui se fait en faisant digérer , pen-dant plusieurs jours , deux onces d'opium coupé par tranche , une once de saffran , un gros de cannelle et de cloux de girofle concassés, dans une livre de vin d'Espagne.

Nous allons examiner les principes constituans de ces liqueurs spiritueuses , en prenant pour exemple celle des raisins : du moment que le vin est dans la cuve , il se fait une espèce d'analyse qui est annoncée par la séparation de quelques principes constituans , tels que le tartre qui se dépose sur les parois et la lie qui se précipite dans le fond ; il ne reste que l'esprit ardent et la partie colorante délayés dans un volume de liquide plus ou moins considérable.

1°. Le principe colorant est de nature rési-neuse , il est contenu dans la pellicule du raisin ; et la liqueur ne se colore que lorsque le vin est déjà formé , parce qu'alors seulement il y a un principe qui peut le dissoudre ; de-là vient qu'on fait du vin blanc avec des raisins rouges lorsqu'on se contente d'exprimer le raisin pour en avoir le jus et qu'on rejette la pellicule.

Si on fait évaporer le vin, le principe colorant reste dans le résidu et on peut l'en extraire par l'esprit de vin.

Les vins vieux perdent leur couleur , elle se précipite en une pellicule qui se dépose sur les parois des bouteilles ou se précipite dans le fond. Si on expose du vin à la chaleur du soleil pendant l'été, la partie colorante se détache en une peau qui gagne le fond ; lorsque le vase est ouvert la décoloration est plus prompte, et elle se fait en trois ou quatre jours pendant l'été. Le vin ainsi décoloré n'a pas perdu sensiblement de ses forces.

2°. On décompose ordinairement le vin par la distillation, et le premier produit de l'opération est connu sous le nom d'*eau-de-vie*.

On fabrique des eaux-de-vie depuis le treizième siècle, et c'est dans le Languedoc que ce commerce a pris naissance : *Arnauld de Villeneuve* paroît être l'auteur de cette découverte. Les alambics, dans lesquels on a distillé les vins pendant long-temps, étoient des espèces de chaudrons surmontés d'un long col cylindrique, très-étroit, coëffé par une demi-sphère creuse dans laquelle les vapeurs vont se condenser ; à ce petit chapiteau est adapté un tuyau peu large qui porte la liqueur dans le serpentin. On a ajouté successivement quelques degrés de perfection à cet appareil distillatoire : la colonne a été considérablement baissée ; et les chaudières, généralement adoptées pour la distillation des vins dans le Languedoc, sont à-peu près de la forme suivante : ce sont des espèces de chaudrons à cul plat, dont les côtés sont élevés perpendiculairement au fond jusqu'à la hauteur de vingt-un pouces ; à cette hauteur on pratique un étranglement qui en réduit l'ouverture à douze; cette ouverture est terminée par un col de quelques pouces de long , qui reçoit la base d'un petit couvercle appelé *chapeau* et qui imite grossièrement la forme d'un cône renversé ; c'est de l'angle de la base supérieure du chapiteau que part un petit bec destiné à recevoir les vapeurs d'eau-de-vie et à les transmettre dans le serpentin auquel il est adapté ; ce serpentin présente six ou sept circonvolutions et est placé dans un tonneau qu'on a soin de remplir d'eau pour faciliter la condensation des vapeurs.

Les chaudières sont pour l'ordinaire enchassées dans la maçonnerie jusqu'à leur étranglement; le fond seul est exposé à l'action immédiate du feu. Un cendrier trop étroit , un foyer assez large et une cheminée placée vis-à-vis la porte du foyer constituent les fourneaux dans lesquels sont enchassées ces chaudières.

On charge les chaudières de cinq à six quintaux de vin , la distillation s'en fait dans huit à neuf heures , et on brûle de soixante à soixante-quinze livres de charbon de pierre à chaque *chauffe* ou distillation.

Il n'est personne qui ne sente l'imperfection de cette forme de chaudière : les vices majeurs sont les suivans.

1°. La forme de la chaudière établit une co-

lonne de vin assez haute et peu large qui , n'étant
frappée par le feu qu'à sa base , est brûlée en
cette partie avant que le dessus soit chaud.

2°. L'étranglement pratiqué à la partie supérieure rend la distillation plus difficile et plus
longue : en effet cet étranglement , continuellement frappé par l'air , condense les vapeurs
qui retombent sans cesse ; il s'oppose en outre
au libre passage des vapeurs et fait une espèce
d'Eolipile , comme l'a observé M. *Baumé* ; de
sorte que les vapeurs comprimées à ce goulot
réagissent avec effort , pressent sur le vin et s'op-
posent à une ascension ultérieure.

3°. Le chapiteau n'est pas construit d'une
manière plus avantageuse : la calotte se met à
la température des vapeurs, et celles ci ne pouvant
pas se condenser font effort et suspendent ou re-
tardent la distillation.

4°. Au vice dans la forme de l'appareil , se
joint la méthode la plus vicieuse d'administrer le
feu : par-tout on a un cendrier fort étroit , un
foyer très-large et une porte qui ferme mal ; le
courant d'air s'établit entre le combustible et le
cul de la chaudière , et la flamme se précipite
dans la cheminée sans avoir été mise à profit ;
il faut donc un feu violent pour chauffer médio-
crement une chaudière , d'après ces vices de
construction.

On a successivement apporté quelques degrés

de perfection dans la construction des chaudières ; l'art d'administrer le feu a même été porté
à un haut degré de perfection dans les établis-
semens de M. *de Joubert ;* mais j'ai cru pouvoir
ajouter encore à ce qui étoit connu, et voici d'où
je suis parti.

Tout l'art de la distillation se réduit aux
deux principes suivans , 1°. dégager et élever
les vapeurs de la manière la plus économi-
que ; 2°. en opérer la condensation la plus
prompte.

Pour remplir la première de ces conditions,
il faut que la chaudière présente au feu le
plus de surface possible , et que la chaleur lui
soit appliquée également par-tout.

Pour remplir la seconde condition , il ne faut
pas que l'ascension des vapeurs soit gênée, il faut
qu'elles aillent frapper contre des corps froids
qui les condensent rapidement.

Les chaudières que j'ai fait construire d'après
ces principes, sont donc plus larges que hautes ;
le fonds est bombé en dedans afin que le feu
soit presque à une égale distance de tous les
points de la surface du cul de la chaudière ; les
côtés sont élevés perpendiculairement de façon
que la chaudière présente une portion de cylindre , et cette chaudière est recouverte d'un vaste
chapiteau entouré de son réfrigérant ; ce chapiteau a une rainure de deux pouces de saillie

sur

sur le bord inférieur et intérieur ; les parois ont
une inclinaison de soixante-quinze degrés , parce
que je me suis convaincu qu'à ce degré une
goutte d'eau-de-vie coule sans retomber dans la
chaudière ; le bec du chapiteau en a toute la hauteur et toute la largeur , il va insensiblement en
diminuant pour s'emboîter dans le serpentin ; le
réfrigérant accompagne le bec et porte à son
extrêmité un robinet qui laisse couler l'eau qui y
tombe sans cesse par le haut.

Lorsque l'eau du réfrigérant commence à être
tiède , alors on ouvre le robinet pour qu'elle
s'échappe à proportion qu'il en est fourni de la
fraîche par le haut : on entretient par ce moyen
l'eau à une température égale , et les vapeurs
qui vont frapper contre les parois du chapiteau
s'y condensent de suite, en même-temps que
celles qui montent n'éprouvent aucun obstacle ,
puisqu'elles ne rencontrent aucun étranglement.
D'après cette construction on peut presque se
passer de serpentin , puisque l'eau qu'il contient
ne s'échauffe pas sensiblement.

Ces procédés sont très-économiques et très-
avantageux , car la qualité des eaux-de-vie en
est meilleure et la quantité plus considérable.

On soutient la distillation du vin jusqu'à ce
que le produit de la distillation ne soit plus
inflammable. Cette eau-de-vie est mise dans des

Q

tonneaux, où elle se colore par l'extraction du principe résineux contenu dans le bois.

Le vin de nos climats fournit un cinquième ou un quart d'eau-de-vie à l'épreuve du commerce.

La distillation de l'eau-de-vie à une chaleur plus douce donne une liqueur plus volatile, qu'on appelle *esprit de vin*, *alkool*. Pour faire l'esprit de vin commun on prend de l'eau-de-vie et on retire la moitié par la distillation au bain-marie : on peut purifier et rectifier cet esprit de vin en le distillant encore et ne prenant que les premières portions qui passent.

L'alkool est une substance très-inflammable, très-volatile ; il paroît formé par l'union intime de beaucoup d'hydrogène et de carbonne, d'après l'analyse de M. *Lavoisier* : ce même Chimiste a obtenu dix-huit onces d'eau en brûlant une livre d'alkool. Si on fait digérer de l'alkool bien déphlegmé sur de la potasse calcinée, et qu'ensuite on distille cela, on a de l'alkool très-suave et un extrait savonneux qui donne de l'alkool, de l'ammoniaque et une huile empyreumatique ; dans cette expérience la formation de l'alkali volatil ne paroît provenir que de la combinaison de l'hydrogène de l'alkool avec le nitrogène de la potasse. On a divers moyens dans les arts pour juger du degré de concentration de l'esprit de vin.

On met de la poudre à tirer dans une cuiller et on l'humecte avec de l'esprit de vin qu'on enflamme : si la poudre prend feu on juge que l'esprit est bon, il est mauvais dans le cas contraire. Mais cette méthode est fautive, car l'effet dépend de la proportion dans laquelle on emploie l'esprit de vin ; une petite quantité enflamme toujours la poudre, et une forte dose ne produit jamais cet effet, parce que l'eau qui reste imbibe la poudre et la garantit de la combustion.

L'aréomètre de M. *Baumé* est infidèle ; attendu qu'il ne tient pas compte de la température de l'atmosphère, ce qui en changeant le volume de l'esprit de vin fait cependant varier l'effet de l'aréomètre.

Celui de M. *Borie* est plus rigoureux, le thermomètre y est adapté ; et on l'emploie aujourd'hui dans le commerce.

L'alkool est le dissolvant des résines et de la plupart des aromates, conséquemment il fait la base de l'art du Vernisseur et du Parfumeur.

L'esprit de vin combiné avec l'oxigène forme une liqueur presque insoluble dans l'eau, qu'on appelle *Éther*.

On est parvenu à former de l'éther, presque avec tous les acides connus.

Le plus ancien de tous est l'*éther vitriolique*, *éther sulfurique*. Pour le faire on met dans une

cornue une certaine quantité d'alkool sur laquelle
on verse peu-à-peu poids égal d'acide sulfurique
concentré , on remue et on agite le mélange
pour que la cornue ne casse point par la chaleur qui en résulte , on place la cornue sur un
bain de sable chauffé , on adapte un récipient,
et on porte le mélange à l'ébullition : il passe
d'abord de l'alkool , bientôt après on voit se
former des stries au col de la cornue et sur les
parois du récipient qui annoncent le passage de
l'éther; l'odeur en est agréable. A l'éther suc-
cèdent des vapeurs d'acide sulfureux ; on retire
le récipient du moment qu'elles paroissent : si
on continue la distillation on obtient de l'*éther*
sulfureux, de l'huile qu'on appelle *huile éthérée*,
huile douce de vin ; et ce qui reste dans la
cornue est un mélange d'acide non-décomposé,
de soufre et d'une matière analogue aux bitumes.

On voit que dans cette opération l'acide sulfurique s'est décomposé et que l'oxigène en se
combinant avec l'hydrogène et le carbone de
l'alkool a formé trois états que nous retrouvons
dans la distillation de quelques bitumes ; 1°.
l'huile très-volatile ou *éther* ; 2°. l'huile éthérée;
3°. le bitume.

Si on fait digérer de l'acide sulfurique sur
l'éther , il se convertit tout peu-à-peu en huile
éthérée.

Lorsque l'éther est mêlé de vapeurs sulfureuses on le rectifie à une chaleur douce en versant quelques gouttes d'alkali pour s'emparer de l'acide : on peut faire l'éther sulfurique très-économiquement en se servant d'une chaudière de plomb surmontée d'un chapiteau de cuivre bien étamé, je le prépare par ce moyen à quintaux et sans peine.

M. *Cadet* a proposé de verser sur le résidu de la cornue un tiers de bon alkool et de distiller à l'ordinaire.

L'éther est très-léger, très-volatil, d'une odeur suave ; il est si évaporable que si on trempe un linge fin dans cette liqueur, qu'on en entoure la boule d'un thermomètre et qu'on l'agite dans l'air, le thermomètre marque O.

L'éther brûle facilement et donne une flamme bleue ; il se dissout très-peu dans l'eau.

L'éther est un excellent anti-spasmodique ; il calme les coliques comme par enchantement de même que les douleurs extérieures. Le célèbre *Bucquet* s'étoit tellement accoutumé à cette boisson qu'il en prenoit deux pintes par jour ; c'est un exemple rare de ce que peut l'habitude sur notre individu.

Le mélange de deux onces d'esprit de vin, de deux onces d'éther et de douze gouttes d'huile éthérée, forme la *liqueur anodine* D'*HOFFMANN*.

Pour obtenir l'éther nitrique , MM. *Navier*, *Woulf* , *Laplanche* , *Bogues* , etc. ont donné divers procédés plus ou moins faciles à imiter : quant à moi je prends parties égales d'alkool et d'acide nitrique du commerce, marquant 30 à 35 degrés , je mets le tout dans une cornue tubulée que j'adapte à un fourneau et dispose deux récipients à la suite l'un de l'autre ; le premier récipient plonge dans un baquet plein d'eau ; le second est entouré d'un linge mouillé ; et , de sa tubulure , part un siphon qui plonge dans l'eau : lorsque la chaleur a pénétré le mélange il se dégage beaucoup de vapeurs qui se condensent en stries sur les parois des vases , dont on rafraîchit l'extérieur sans relâche ; l'éther que j'obtiens est pur et très-abondant.

Quand on a la précaution de le bien distiller, il devient presque semblable au sulfurique : MM. *de Lassonne* et *Cornette* ont observé qu'il étoit plus calmant.

La distillation de l'acide muriatique avec l'alkool ne fait qu'un mêlange de ces deux liqueurs , qu'on appelle *acide marin dulcifié*.

Avant qu'on connût la théorie des éthers et le procédé simple de combiner l'oxigène en excès avec l'acide muriatique , on étoit parvenu à se procurer de l'éther muriatique ; mais on s'est toujours servi des substances dans lesquelles l'acide muriatique étoit oxigéné ; c'est ainsi que

M. le Baron *de Bornes* a proposé le muriate de zinc concentré , mêlé et distillé avec l'alkool , et que M. le Marquis *de Courtanvaux* distille le mélange d'une pinte d'alkool avec deux livres et demie de *muriate d'étain fumant.*

De nos jours la théorie de la formation de l'éther , a fait connoître des procédés plus simples.

M. *Pelletier* introduit dans une grande cornue tubulée un mélange de huit onces de manganèse et d'une livre et demie de muriate de soude ; on ajoute ensuite douze onces d'acide sulfurique et huit onces d'alkool , on procède à la distillation et on obtient une liqueur très-éthérée pesant dix onces , dont on retire quatre onces de bon éther , par la distillation et rectification.

L'acide muriatique très-concentré et l'alkool , distillés sur le manganèse avec l'appareil de *Woulf*, donnent plus d'éther ; il suffit même de faire passer l'acide muriatique oxigéné à travers du bon alkool pour le convertir en éther.

Cet éther muriatique a la plus grande analogie avec le sulfurique : il en diffère par deux caractères , 1°. il exhale en brûlant une odeur aussi piquante que l'acide sulfureux ; 2°. il a une saveur styptique , semblable à celle de l'alun.

Il est clair , d'après ces expériences , que

l'éther n'est que la combinaison de l'alkool avec l'oxigène des acides employés : j'ai même obtenu une liqueur éthérée, en distillant à plusieurs reprises du bon alkool sur de l'oxide rouge de mercure.

L'idée de *Macquer*, qui regardoit l'éther comme de l'esprit de vin déphlegmé, étoit bien peu fondée, car la distillation de l'esprit de vin sur l'alkali très-rapproché et très-avide d'eau ne donne jamais que de l'esprit de vin plus ou moins déphlegmé.

Du tartre.

Le tartre se dépose sur les parois des tonneaux pendant la fermentation ; il y forme une couche plus ou moins épaisse qu'on racle et qu'on détache ; c'est ce qu'on appelle *tartre crud*, et qu'on vend dans le Languedoc à raison de 12 à 15 liv. le quintal.

Tous les vins ne fournissent pas la même quantité de tartre : *Neumann* a remarqué que les vins de Hongrie n'en laissoient qu'une couche mince, que les vins de France en fournissoient plus, et que ceux du Rhin donnoient le plus pur et en grande quantité.

On distingue le tartre d'après sa couleur, en rouge ou blanc ; le premier provient du vin rouge.

Le tartre le plus pur présente des crystaux mal formés : la forme est celle que nous assignons au *tartrite acidule de potasse , crême de tartre ;* c'est cette qualité qu'on appelle *tartre grenu* dans nos raffineries de Montpellier.

La saveur du tartre est acide et vineuse. Une once d'eau, à la température de dix degrés audessus de ʊ , n'en dissout que quatre grains ; l'eau bouillante en dissout plus, mais il se précipite et crystallise par refroidissement.

On purifie le tartre d'un principe extractif surabondant , par des procédés qu'on pratique à Montpellier et à Venise.

Le procédé usité à Montpellier est le suivant : on dissout le tartre dans l'eau et on le fait crystalliser par refroidissement ; on fait bouillir les crystaux dans une autre chaudière et on y ajoute par quintal cinq à six livres de terre argileuse et blanche de Murviel; on fait bouillir cette terre et on obtient par évaporation un sel très-blanc, connu sous le nom de *crême de tartre , tartrite acidule de potasse.*

M. *Desmaretz* nous a appris (*Journal de Phys.* 1771) que le procédé usité à Venise consiste , 1°. à dessécher le tartre dans des chaudières de fer; 2°. à le piler et à le dissoudre dans l'eau chaude : par le refroidissement on obtient des crystaux plus purs ; 3°. à redissoudre ces crystaux dans l'eau et à clarifier la dissolution par les blancs d'œuf et la cendre.

Le procédé de Montpellier est préférable à celui de Venise ; l'addition des cendres introduit un sel étranger qui altère la pureté de ce produit.

Le tartrite acidule de potasse crystallise en prismes tétraèdres coupés de biais.

Ce sel est employé dans les teintures comme mordant ; mais sa grande consommation se fait dans le nord , où on le fait servir sur les tables comme assaisonnement.

Il paroît que le tartre existe dans le mout et conséquemment dans le raisin ; c'est ce que nous prouvent les expériences de *Rouelle* et de M. le Marquis *de Bullion.*

Ce sel existe dans beaucoup d'autres végétaux : il est bien prouvé que le tamarisc et le sumach le contiennent ; il en est de même de l'épine vinette , de la mélisse , du chardon-béni , de la racine d'arrête-bœuf , de la germandrée d'eau , de la sauge.

On peut décomposer le tartrite acidule de potasse , par le moyen du feu , à la distillation , et alors on obtient l'acide et l'alkali séparément : on peut encore opérer cette décomposition par le secours de l'acide sulfurique.

Le célèbre *Schéele* a fait connoître un procédé

plus rigoureux pour obtenir l'acide de la crême de tartre.

On fait dissoudre deux livres de crystaux dans l'eau , on y jette peu-à-peu de la craie jusqu'à saturation complète , il se fait un précipité qui est un vrai *tartrite de chaux* , qui n'a pas de saveur et craque sous la dent : on met ce tartrite dans une cucurbite , on verse dessus neuf onces d'acide sulfurique et cinq onces d'eau ; on fait digérer pendant douze heures , en observant de remuer de temps en temps , alors l'acide tartareux reste libre , on le débarrasse par l'eau froide du sulfate de chaux qu'on a formé dans cette opération.

En rapprochant cet acide on le fait crystalliser; ces crystaux exposés au feu noircissent et laissent un charbon spongieux.

Ces crystaux, traités à la cornue , donnent du phlegme acide et de l'huile.

Cet acide a une saveur très-piquante.

Il se combine avec les alkalis , avec la chaux, la baryte , l'alumine , la magnésie, etc.

La combinaison de la potasse avec cet acide forme la crême de tartre où l'acide est en excès, et qui est susceptible de contracter des combinaisons et de former des sels à trois corps ; tel est le *sel de seignette* ou *tartrite de soude* , qui crystallise en prismes tétraèdres rhomboïdaux.

Le tartrite acidule de potasse est très-peu soluble dans l'eau: l'eau bouillante n'en dissout que la vingt-huitième partie : on a proposé l'addition du borax pour en faciliter la dissolution , de même que le sucre , qui est moins efficace que le borax , et on fait avec ce dernier une limonnade très-agréable et purgative.

ARTICLE II.

De la fermentation Acide.

Le *muqueux* forme sur-tout le principe de la fermentation acide , sans lui il n'en existe point : et, lorsqu'il a été détruit dans les vins vieux et généreux , ils ne sont plus susceptibles de s'altérer sans l'addition d'une matière gommeuse , c'est ce qui résulte de mes expériences. Il n'est donc pas vrai de dire que toutes les substances qui ont subi la fermentation spiritueuse peuvent passer à l'état de vinaigre , puisque cette métamorphose tient à la présence du principe muqueux qui peut ne pas y exister.

Il y a donc trois causes nécessaires pour que la fermentation acide ait lieu dans les liqueurs spiritueuses.

1°. L'existence d'une matière muqueuse ou

du mucilage , 2°. Une chaleur de 18 à 25 degrés , 3°. la présence du gaz oxigène.

Le procédé indiqué par *Boerhaave* pour faire du vinaigre est encore le plus usité : il consiste à disposer deux tonneaux dans un attelier chaud; on établit deux claies d'osier à une certaine distance des fonds , on y étend dessus des rafles et des branches de vigne , on remplit de vin un des tonneaux et on ne remplit l'autre qu'à moitié : la fermentation commence dans ce dernier ; et, lorsqu'elle est bien établie , on la modère en remplissant le tonneau avec le vin du second ; la fermentation se développe alors dans ce second , on la tempère en le remplissant de la même manière , on continue à vider et à remplir les deux tonneaux jusqu'à ce que le vinaigre soit bien formé , ce qui arrive après douze à quinze jours.

Lorsque la fermentation se développe , la liqueur s'échauffe et se trouble , elle offre une grande quantité de filamens , elle exhale une odeur vive , et il s'absorbe beaucoup d'air d'après l'observation de M. l'abbé *Rozier*.

Il se forme beaucoup de lie qui se dépose lorsque le vinaigre s'éclaircit , cette lie est très-analogue à la matière fibreuse.

On purifie le vinaigre par la distillation : les premières portions qui passent sont foibles , mais bientôt après l'acide acéteux monte , et il est d'autant plus fort qu'il passe plus tard , c'est ce qu'on appelle *vinaigre distillé* , il est alors débarrassé de son principe colorant et de cette lie qui y est toujours plus ou moins abondante.

On concentre encore le vinaigre en l'exposant à la gelée , l'eau surabondante se gèle et l'acide est plus condensé.

La présence de l'esprit de vin , du mucilage et de l'air est nécessaire pour former le vinaigre ; *Schéele* en a fait en décomposant l'acide nitrique sur le sucre et le mucilage. J'ai communiqué à l'Académie de Paris (vol. 1786 ,) une observation assez curieuse sur la formation du vinaigre : de l'eau distillée imprégnée du gaz vineux donne du vinaigre au bout de quelques mois , il se forme un dépôt flocconeux d'une matière analogue à la fibre végétale : lorsque l'eau contient du sulfate de chaux , alors il se développe une odeur hépathique exécrable , il se forme un dépôt de soufre et tout cela n'est dû qu'à la décomposition de l'acide sulfurique.

Comme, dans les expériences ci-dessus , j'ai mis l'eau sur le chapeau de la vendange pour l'imprégner d'acide carbonique , l'alkool qui s'évapore et l'acide entraînent du muqueux ; et c'est à cette substance qu'on doit rapporter les effets que j'ai observés.

L'acide acéteux est susceptible de se combiner avec une plus forte dose d'oxigène, et forme alors ce qu'on appelle *vinaigre radical*, *acide acétique*.

Pour former l'acide acétique on fait dissoudre des oxides métalliques dans l'acide acéteux, on distille le sel qui en résulte et on obtient l'acide oxigéné : il a une odeur très-vive, il est même caustique et son action sur les corps est très-différente de celle de l'acide acéteux.

Cet acide acétique a l'avantage de former de l'éther avec l'alkool : il suffit pour cela de distiller parties égales d'acide et d'alkool, on repasse le produit de la distillation sur le résidu de la cornue, où on ajoute un peu d'eau de *rabel* ; et le tout se convertit en éther.

La combinaison de l'acide acéteux avec la potasse, forme l'Acétite de potasse.

Pour faire ce sel on sature de la potasse pure avec du vinaigre distillé, on filtre la liqueur, on l'évapore à un feu très-doux dans un vaisseau de verre, on soutient l'évaporation jusqu'à ce que le tout soit desséché. L'acétite de potasse a une saveur piquante et acide, il se décompose à la distillation et donne un phlegme acide, une huile empyreumatique, de l'ammoniaque et une grande quantité d'un gaz très-odorant formé d'acide carbonique et d'hydrogène ; le charbon contient beaucoup d'alkali fixe à nud , ce sel se résout en liqueur à l'air; il est très-soluble dans l'eau.

L'acide sulfurique versé dessus s'y décompose et il passe de l'acide sulfureux et de l'acide acétique.

L'acide acéteux se combine aussi avec la soude, et cette combinaison a été appellée improprement *terre foliée cristallisable*. Cet acétite de soude cristallise en prismes striés , il n'attire pas l'humidité de l'air ; ces sels distillés laissent un résidu qui forme un pyrophore excellent et très-actif.

L'acide acéteux se combine aussi avec l'ammoniaque : l'acétite d'ammoniaque qui en provient s'appelle *esprit de mendererus*. On ne peut évaporer ce sel qu'en en perdant la plus grande partie à cause de sa volatilité ; mais , par une évaporation longue , on obtient des crystaux en aiguilles , dont la saveur est chaude et piquante et qui attirent l'humidité. La chaux , les alkalis fixes , le feu et les acides décomposent ce sel.

Le sulfate de potasse arrosé d'acide acétique forme le sel de vinaigre.

ARTICLE

ARTICLE III.

De la fermentation Putride.

Pour que les végétaux subissent les deux fermentations dont nous venons de parler, il faut que les sucs du végétal soient extraits et présentent un gros volume ; il faut une chaleur assez forte et des circonstances que l'art seul peut rassembler, car un raisin abandonné sur la souche ne produit ni esprit ardent ni vinaigre, mais il se pourrit. C'est de ce nouveau genre d'altération que nous allons nous occuper en ce moment.

Cette fermentation est la fin la plus naturelle de tout végétal ; c'est même le seul but que se propose la nature, puisque, par ce seul moyen, elle répare la surface épuisée du globe. Les deux autres fermentations sont des phénomènes préparés par l'art et qui n'entrent pour rien dans le plan de la nature.

La vie du plus grand nombre de végétaux n'a que quelques mois de durée ; mais les graînes qu'ils déposent en assurent la reproduction. Il est d'autres végétaux plus robustes qui supportent le froid de l'hiver, et qui ne se dépouillent à cette époque que de leurs feuilles. Les végétaux annuels et la dépouille des plantes vivaces s'al-

R

tèrent par l'action combinée des causes que
nous avons rapportées ; et il en résulte, selon
le degré de décomposition, du terreau, de la
terre végétale ou de l'ochre.

Les conditions de la fermentation putride
sont les suivantes ; 1°. il est nécessaire que l'eau
en imprégne le tissu. Les végétaux desséchés se
conservent sans se pourrir, et si on en humecte
le tissu on favorise prodigieusement leur altération ; c'est ainsi que les plantes entassées s'é-
chauffent, noircissent et s'enflamment si on n'a
pas eu l'attention de les dessécher convenablement ; les incendies de ce genre ne sont pas
rares, et la théorie en est aisée à saisir : les
cordes mouillées, le foin humide et entassé,
en un mot toutes les substances végétales se pourrissent d'autant plus facilement que le tissu en
est plus imprégné d'eau.

2°. Le contact de l'air est la seconde cause
nécessaire à la putréfaction du végétal : il est
rapporté dans les *éphémerides des curieux de
la nature*, année 1787, que l'on conserva
pendant quarante ans des cerises en maturité en
les enfermant dans un vase bien lutté et mis au
fond d'un puits.

3°. Il faut encore un certain degré de chaleur : celui du cinq au dix est suffisant pour faciliter la décomposition : une chaleur trop forte
dissipe l'humidité, dessèche le végétal et pré-

vient la putréfaction ; une trop foible la suspend.

4°. Il faut encore, pour que cette décomposition s'éffectue convenablement, que les végétaux soient entassés, que les sucs soient abondans : alors une plus grande quantité d'air se porte sur le végétal, puisque les sucs et les surfaces sont plus considérables, et il s'excite conséquemment un plus grand degré de chaleur qui hâte la décomposition.

Lorsque les végétaux sont entassés, et que le tissu en est ramolli par l'humidité qui l'imprégne et les sucs qui y sont contenus, les phénomènes de la décomposition sont marqués par les caractères suivans : la couleur du végétal s'altère, le vert des feuilles jaunit, le tissu se relâche, la cohésion diminue, la couleur devient noire ou brunâtre, la masse s'élève et se boursouffle sensiblément, la chaleur devient plus intense, une chaleur douce se répand dans le voisinage, et la vapeur qui se dégage entraîne déjà une odeur qui quelquefois n'est point désagréable ; il s'exhale en même temps des bulles qui viennent crever à la surface du liquide lorsque les végétaux sont réduits en bouillie ; ce gaz est un mélange des gaz nitrogène, hydrogène et acide carbonique : il se dégage encore, à cette époque, un gaz ammoniacal qui se forme dans ces circonstances ; et à mesure que ces phénomènes diminuent cette odeur forte et désagréable est remplacée par une odeur fade et douceâtre , la masse se dessèche ; et l'intérieur présente encore le tissu même du végétal , lorsque la tige en est solide et que le fibre en est le principe dominant ; c'est alors ce qui constitue le *terreau*. De-là vient que les plantes herbacées , dont le tissu est lâche et où les sucs abondent , ne peuvent pas former du terreau par leurs décompositions , mais qu'elles se réduisent en une masse brune et peu liée , où l'on ne retrouve ni fibre ni tissu , c'est sur-tout ce qui constitue la *terre végétale*.

La terre végétale forme ordinairement la première couche de notre globe : et lorsque nous la retrouvons dans la profondeur , c'est qu'elle a été enfouie par quelque révolution.

Lorsque les végétaux sont convertis en terre végétale par cette fermentation tumultueuse , cette terre retient encore des débris du végétal mêlés et confondus avec les autres produits solides , terreux et métalliques ; et , à la distillation , elle fournit de l'huile , du gaz nitrogène et souvent de l'hydrogène. On peut donc la regarder comme un composé mi-parti de brut et d'organique qui participe de l'inertie de l'un et de l'activité de l'autre , et qui subit dans

cet état une fermentation insensible qui la dénature encore et la dépouille de tout ce qu'elle
contient d'organique. Ces débris de végétaux
encore contenus dans la terre végétale servent
d'aliment aux autres végétaux qu'on confie à
cette terre. Insensiblement le progrès de la fermentation et la suction opérée par les végétaux qui y croissent appauvrissent la terre végétale, la dépouillent de tout ce qu'elle contient d'organique, et il ne reste que le débris
terreux et métallique qui forme la terre limoneuse et l'ochre lorsque le principe ferrugineux
y est très-abondant.

Cette terre limoneuse est un mélange de
toutes les terres primitives et de quelques métaux, qui sont l'ouvrage de l'organisation du
végétal aussi bien que les huiles, les sels et les
autres produits qu'on y rencontre ; et on peut
considérer le résidu de la décomposition végétale, comme le grand agent et le moyen dont
la nature se sert pour réparer les pertes continuelles qui se font dans le règne minéral.
Dans ce mélange de tous les principes sont les
matériaux de toutes les compositions ; et ces
matériaux sont d'autant plus disposés à l'union
qu'ils sont plus divisés et plus libres de toute
combinaison : c'est dans ces terres que nous
trouvons les diamans, les cristaux de quartz,

ceux de spath, de gypse , etc. C'est dans cette matrice que se forment les mines de fer limo-neuses ou en grains ; et il paroît que la nature a réservé la dépouille brute des végétaux pour reproduire ou réparer les corps terreux et mé-talliques de ce globe, tandis qu'elle fait servir leur dépouille organique à la nourriture et à l'accroissement des végétaux qui leur succè-dent.

CINQUIÈME PARTIE.

DES SUBSTANCES ANIMALES.

INTRODUCTION.

L'ABUS qu'on a fait, au commencement de ce siècle, des applications de la chimie à la médecine a fait méconnoître et rejeter peu de temps après tous les rapports de cette science à l'art de guérir. Il eût été sans doute plus prudent et plus utile de rectifier ces fausses applications; mais la chimie n'étoit peut-être pas encore assez avancée pour pouvoir s'appliquer avec avantage aux phénomènes des corps vivans, et nous voyons aujourd'hui que, quoiqu'on ait enrichi la phisiologie du corps humain de plusieurs faits intéressans, il s'en faut de beaucoup qu'ils soient assez nombreux pour nous présenter un ensemble de doctrine satisfaisant.

Ce peu de succès de la chimie dans la science qui a l'étude de l'homme pour objet, provient de la nature même du sujet : quelques chimistes, regardant le corps humain comme un corps mort et passif, ont supposé dans les humeurs les mêmes altérations et les mêmes change-

mens qu'elles éprouvent hors du corps ; d'autres , d'après une connoissance très-superficielle
de la constitution de ces humeurs , ont prétendu expliquer tous les phénomènes de l'économie animale ; tous ont méconnu ce principe
de vie qui agit sans cesse sur les solides et les
fluides , modifie sans relâche l'impression des
agens externes , empêche les dégénérations dépendantes de la constitution elle-même , et
nous présente des phénomènes que la chimie
n'a pu ni connoître ni prédire d'après les
loix invariables qu'elle observe dans les corps
morts.

Dans le règne minéral aucun corps n'est régi
par une force interne , ils sont tous soumis à
l'action directe des corps étrangers dont aucun
principe de vie ne modifie l'influence ; et l'air,
l'eau , le feu produisent sur eux des effets nécessaires , constans et calculables ; de-là vient
que nous pouvons déterminer , varier et modifier à volonté l'action de ces divers agens. Il
n'en est pas de même des corps vivans : ils recon-
noissent tous l'influence des corps étrangers ;
mais leur action est modifiée par le principe
vital qui les régit , et l'effet varie selon la disposition de ce même principe. Le chimiste ne peut
donc pas prononcer *à priori* , et d'une manière
générale sur ces effets ; il doit puiser ses résultats dans l'étude du corps vivant plutôt que

dans ses opérations de laboratoire ; il ne doit
s'aider de ses analyses que pour connoître la
nature des principes constituans. Mais leur jeu,
leur action, leurs effets ne peuvent être connus
que par une étude sérieuse des fonctions du
corps vivant. La chimie peut tout dans les phénomènes du règne minéral : tous dépendent de
la loi invariable des affinités, mais elle est su-
bordonnée aux loix de l'économie des corps
vivans dans le règne des êtres organisés, et ses
résultats ne sont vrais que lorsqu'ils sont con-
firmés par l'observation.

Plus les fonctions d'un individu sont indé-
pendantes de l'organisation, moins la chimie
a d'empire sur elles, parce que les effets se modifient de mille manières : c'est ce qui fait que
l'application des principes chimiques aux phénomènes du corps humain est très-difficile, attendu que non-seulement l'organisation est très-
compliquée, mais que les effets en sont continuellement modifiés par l'influence si énergi-
que du moral.

Il n'est cependant pas de fonction dans l'é-
conomie animale, sur laquelle la chimie ne puisse
répandre quelque jour : si nous les considérons
dans l'état sain, nous verrons que chaque organe opère des changemens dans les humeurs
qui lui sont fournies ; et la chimie peut ignorer,
à la vérité, de quelle manière s'exécutent ces

changemens , mais elle seule est en état de les reconnoître , de les constater et de marquer la différence qui existe entre l'humeur primitive et l'humeur qui à été travaillée par un organe. En outre les fonctions des divers organes sont entretenues par l'action des agens externes, et cette action est du ressort de la chimie : nous connoissons aujourd'hui , par exemple , quelle est la nature de l'air qui sert à la respiration , quel est son effet dans le poumon et son influence sur l'économie animale , nous pouvons donc déterminer déjà si un air est bon ou mauvais , corriger celui qui est vicié , etc. Nous avons encore quelques idées exactes sur le principe nutritif des diverses substances , et la chimie peut disposer convenablement tel ou tel aliment et l'adapter aux circonstances. L'analyse des eaux est assez parfaite pour que nous puissions distinguer la bonne eau d'avec la mauvaise, et approprier à nos usages l'eau la moins pure et la plus mal-saine. Ainsi , tandis que le principe de vie préside à toutes les opérations intérieures et régit le corps humain par un méchanisme que nous ne connoissons que très-imparfaitement , nous voyons que toutes les fonctions reçoivent une impression plus ou moins directe des agens externes, que tous les matériaux employés au soutien de cette même machine viennent du dehors , que le principe de vie qui assemble et dispose ces matériaux d'après des loix qui nous sont inconnues , ne peut ni les rejeter ni les choisir , et que les fonctions seroient bientôt altérées si la chimie fondée sur l'observation n'avoit soin d'écarter ce qui est nuisible et de rapprocher ce qui est avantageux. Ainsi la chimie ne peut rien dans l'arrangement de ces matériaux , mais elle peut tout sur leur choix et leur préparation.,

Lorsque l'organisation se dérange , ce défaut d'ordre ne provient que des causes externes ou internes : dans le premier cas , l'analyse de l'air, de l'eau, des alimens peut donner des notions exactes et suffisantes pour rétablir les fonctions ; dans le second , l'examen chimique des humeurs peut fournir des connoissances assez précises pour conduire le médecin , et lui indiquer le remède le plus convenable. Quelquefois les humeurs se décomposent dans le corps animal. comme *in vitro* : nous voyons paroître tous les phénomènes d'une dégénération et d'une désunion complette des humeurs qui composent le sang , dans le scorbut , la cachexie , les fièvres malignes , ect. ; il paroît qu'alors le principe de vie abandonne les rènes des fonctions et que les humeurs et les solides sont livrés à l'action destructive des agens externes , et subissent la décomposition qui leur est ordinaire lorsqu'ils sont séparés du corps.

Une fois que le principe de l'animalité est éteint, alors les mêmes principes qui en entre-tenoient les fonctions, et dont l'effet étoit mo-difié par le principe de vie, agissent sur le corps mort par toute leur énergie et le décomposent. La chimie a trouvé le moyen d'extraire de ces cadavres plusieurs principes utiles aux arts et à la pharmacie.

La chimie est donc applicable à l'économie animale dans l'état de santé et dans l'état de maladie.

La chimie a marqué elle-même des limites entre les substances végétales et les subtances animales : celles-ci fournissent de l'ammoniaque par la putréfaction, tandis que la fermentation dés premières développe de l'esprit ardent ; les unes laissent pour résidu un charbon qui brûle facilement, les autres se réduisent en un charbon dont la combustion est presque impossible ; les matières animales contiennent beaucoup de gaz nitrogène qu'on peut en dégager par le moyen de l'acide nitrique, etc. On peut consulter avec le plus grand intérêt les Mémoires de MM. *Berthollet* et *de Fourcroy*, sur les substances animales.

CHAPITRE PREMIER.

De la Digestion.

L'humeur connue sous le nom de *suc gastri-que*, se sépare dans des glandes placées entre les membranes qui composent les parois de l'estomac, et est ensuite versée dans l'intérieur de ce viscère.

Pour obtenir ce suc gastrique dans toute sa pureté, on fait jeûner pendant deux jours les animaux qui doivent le fournir, et on l'extrait ensuite de leur estomac : *Spallanzani* a retiré, de cette manière, trente-sept onces de suc gastrique des deux premiers estomacs d'un mouton. Le même Naturaliste fait avaler aux animaux, dont il veut se procurer le suc gastrique, des tubes de métal, minces, percés de plusieurs trous, dans lesquels on met de petites éponges sèches et très-propres ; il en a fait prendre jusqu'à huit à la fois à des corneilles, qui les ont vomis au bout de trois heures et demie ; le suc qu'il en a retiré étoit de couleur jaune, transparent, salé, amer et laissant peu de sédiment quand l'oiseau étoit à jeun. On peut encore se procurer le suc gastrique par le vomissement excité à jeun par l'irritation : M. *Scopoli* a observé qu'on ne rendoit de cette manière que la partie la

plus fluide ; la plus épaisse ne peut sortir qu'à
l'aide d'un émétique. M. *Gosse* , accoutumé
depuis long-temps à avaler de l'air qui lui servoit
d'émétique , a mis cette habitude à profit pour
faire quelques expériences sur le suc gastrique :
il suspend sa respiration , reçoit de l'air dans
la bouche et le pousse vers le pharinx avec la
langue ; cet air raréfié dans l'estomac y excite
un mouvement convulsif qui le nettoie de tous les
sucs qui y sont contenus. *Spallanzani* a observé
que les aigles rendoient spontanément , le matin à jeun , une quantité considérable de suc
gastrique.

Nous devons à *Réaumur* et à l'Abbé *Spallanzani ;* des expériences très-intéressantes sur la
vertu et les effets du suc gastrique dans la digestion : ils ont fait avaler à des animaux des tubes
de métal , percés de plusieurs trous et remplis
d'alimens pour en examiner les effets ; le Naturaliste de Pavie a employé des bourses de filet ,
des sacs de toile et de drap ; il a avalé lui-même
de petites bourses remplies de chair cuite ou
crue , de pain mâché ou non mâché , etc. et
de petits cylindres de bois de cinq lignes de long
sur trois de diamètre , percés de trous et recouverts de toile.

M. *Gosse* , profitant de la facilité qu'il avoit
de vomir par le moyen de l'air , a pris toutes
sortes d'alimens , et en a examiné l'altération en

les rendant à des temps plus ou moins éloignés du moment de la déglutition.

Il suit de ces diverses expériences, 1°. que le suc gastrique réduit les alimens en *chime*, même hors du corps et *in vitro*, qu'il agit de même dans l'estomac après la mort, ce qui prouve que son effet est chimique et presque indépendant de la vitalité ; 2°. que le suc gastrique opère la digestion des alimens enfermés dans les tubes de métal, et conséquemment à l'abri de la trituration ; 3°. que quoique la trituration soit nulle dans les estomacs membraneux, elle aide puissamment l'action des sucs digestifs dans les animaux dont l'estomac est musculeux, tels que les canards, les oies, les pigeons, etc. Quelques-uns de ces animaux, élevés avec assez de soin pour qu'ils ne puissent pas avaler des pierres, en ont brisé néanmoins des tubes et des sphères de métal, émoussé des lancettes et arrondi des éclats de verre qu'on avoit introduits dans leur estomac. M. *Spallanzani* s'est assuré que de la viande, enfermée dans des sphères assez fortes pour résister, a été complétement digérée ; 4°. que le suc gastrique agit par sa vertu dissolvante, et non comme *ferment*, attendu que dans la digestion ordinaire et naturelle il n'y a ni dégagement d'air, ni gonflement, ni chaleur, ni, en un

mot, aucun phénomène qui annonce une fermentation.

M. *Scopoli* observe très-bien qu'il n'y a rien
de positif et de constant sur la nature du suc
gastrique : il est quelquefois acide, quelquefois
fade. M. *Brugnatelli* a trouvé, dans le suc gastrique des oiseaux carnivores et de quelques
autres, un acide libre, une résine et une matière animale unie à une petite quantité de
sel commun. Le suc gastrique des animaux ru-
minans contient de l'ammoniaque, une substance extractive animale et du sel commun. De
nos jours on a découvert des sels phosphoriques
dans le suc gastrique.

Il paroît, d'après les observations de MM.
Spallanzani et *Gosse*, que la nature du suc
gastrique varie selon celle des alimens : ce suc
est constamment acide quand on se nourrit de
végétaux : l'Abbé *Spallanzani* assure, contre
MM. *Brugnatelli* et *Carminati*, que les oiseaux
de proie ne lui ont jamais donné du suc acide ;
il en dit autant des serpens, des grenouilles, des
poissons, etc.

Pour se convaincre qu'il y a une bien grande
différence entre les sucs gastriques des divers
animaux, il suffit d'observer, que celui du
milan, du faucon, etc. ne dissout pas le pain
et digère la viande ; que celui du coq-dinde,

du

du canard, etc. n'a pas d'action sur la viande
et réduit en pulpe le grain le plus dur.

MM. *Jurine*, *Toggia* et *Carminati* ont fait
les applications les plus heureuses de l'usage du
suc gastrique au traitement des plaies.

CHAPITRE II.

Du Lait.

De toutes les humeurs animales le lait est,
sans contredit, la moins animalisée : il paroît
participer de la nature du chyle, il conserve les
qualités et le caractère des alimens; et nous devons par cette raison le placer à la tête des humeurs du corps animal.

Le lait se sépare dans des organes qu'on appelle *mamelles* : et, quoique la classe d'animaux
à mamelles nous présente la plus grande analogie
dans la construcion intérieure de ces organes,
le lait varie dans les diverses espèces : dans la
femme il est plus sucré ; dans la vache, plus
doux; ceux de chèvre et d'ânesse sont légèrement astringens, et c'est à raison de cette propriété qu'on les ordonne dans les maladies de
foiblesse et d'épuisement.

Le lait est la première nourriture des jeunes
animaux ; leur estomac foible et débile est incapable de digérer et de s'assimiler les alimens

que la terre leur fournit ; et la nature leur a destiné une nourriture plus animalisée , et conséquemment plus analogue , en attendant que les
forces leur permettent de s'essayer sur des matières plus grossières.

Hunter a observé que tous les animaux qui
dégorgent pour nourrir leurs petits, ont des glandes dans l'estomac, lesquelles se forment pendant
l'incubation et s'oblitèrent peu-à-peu.

Le lait est en général d'un blanc mat et d'une
saveur sucrée.

En suivant les diverses altérations qu'il éprouve,
quand on l'abandonne à lui-même ou qu'on le
décompose par les agens chimiques, nous par-
viendrons à en connoître parfaitement la
nature.

Le lait exposé à l'air se décompose en un
temps plus ou moins long , selon le degré de
chaleur de l'atmosphère. Mais , si la température est chaude et que le lait soit en grande
masse , il peut passer à la fermentation spiritueuse : *Marc Paul* , Venitien , qui écrivoit
dans le treizième siècle , dit que les Tartares
buvoient du lait de cavale , si bien préparé ,
qu'on le prendroit pour du vin blanc. *Claude
Strahelenberg* rapporte que les Tartares tirent
du lait un esprit vineux qu'ils appellent *arki*
(*description de l'Empire de Russie*). *Jean-George
Gmelin* dit (dans son voyage de Sibérie)

qu'on laisse aigrir le lait et que puis on le distille.

M. *Nicolas-Oseretskowsky* de St. Pétersbourg a prouvé, 1°. que le lait écrémé ne peut produire de l'esprit ardent ni seul ni avec un ferment ; 2°. que le lait agité dans un vase clos fournit de l'esprit ardent ; 3°. que le lait fermenté perd par la chaleur le principe spiritueux et passe au vinaigre. *V. Journal de Phyſ.* 1779.

Le lait s'aigrit en été ; et, en trois ou quatre jours, l'acide a acquis toute sa force : si on filtre alors le petit lait et qu'on l'évapore à moitié, il se dépose du fromage ; si on filtre encore une fois et qu'on y ajoute un peu d'acide tartareux, on voit, une heure après, se former une quantité de petits crystaux de tartre, qui, selon *Schéele*, ne peut venir que de la petite quantité de muriate de potasse que le lait tient toujours.

Pour séparer les divers principes contenus dans le petit lait aigri, on peut se servir du procédé suivant, qui nous a été fourni par le cél. *Schéele.*

Évaporez le petit lait acide jusqu'au huitième, tout le fromage se sépare et on filtre : versez de l'eau de chaux sur le résidu, elle précipite une terre et la chaux se combine avec l'acide : on déplace la chaux par l'acide oxalique, il se

forme un oxalàte de chaux insoluble qui se précipite ; alors l'acide du petit lait est à nud. On
fait évaporer la liqueur jusqu'à consistance de
miel , on verse dessus ce suc épaissi de l'alkool
bien pur ; le sucre de lait et tous les autres principes y sont insolubles , à l'exception de l'acide ;
on filtre et on sépare , par la distillation , l'acide
du petit lait de son dissolvant. C'est cet acide
qui est connu sous le nom d'*Acide Lactique.*

L'acide lactique a les caractères suivans.

1°. Saturé avec la potasse , il donne un sel
déliquescent soluble dans l'alkool.

2°. Avec la soude , un sel incrystallisable ,
soluble dans l'alkool.

3°. Avec l'ammoniaque , un sel déliquescent
et qui laisse aller à la distillation la majeure
partie de son alkali avant que la chaleur ait
détruit l'acide.

4°. La barite , la chaux, l'alumine forment
avec lui des sels déliquescens.

5°. La magnésie donne de petits crystaux qui
se résolvent en liqueur.

6°. Le bismuth , le cobalt , l'antimoine, l'é-
tain , le mercure , l'argent , l'or , ne sont atta-
qués ni à chaud ni à froid.

7°. Il dissout le fer et le zinc et il se produit
du gaz hydrogène : la dissolution de fer est
brune et ne donne point de crystaux ; celle de
zinc crystallise.

8°. Il prend avec le cuivre une couleur bleue qui passe au verd, puis au brun obscur sans crystalliser.

9°. Tenu en digestion sur le plomb pendant quelques jours, il le dissout ; la dissolution ne donne pas de crystaux ; il se forme un léger sédiment blanc que *Schéele* a regardé comme du sulfate de plomb.

Le petit lait non aigri tient en dissolution une substance saline connue sous le nom de *sucre de lait*. MM. *Vulgamoz* et *Lichstentein* nous ont décrit le procédé usité pour retirer cette substance saline : on écrême le lait, on en sépare le *serum* par la présure, on le rapproche jusqu'à consistance de miel, on le met dans des moules et on le fait sécher au soleil, c'est ce qu'on appelle *sucre de lait en tablettes :* on fait dissoudre ces tablettes dans l'eau, on les clarifie avec le blanc d'œuf, on évapore en consistance de sirop et on laisse crystalliser la liqueur au frais ; il s'y forme des crystaux blancs en *parallélipipèdes rhomboïdaux.*

Le sucre de lait a une saveur légèrement sucrée, fade et comme terreuse ; il se dissout dans trois ou quatre pintes d'eau chaude. M. *Rouelle* a retiré vingt-quatre à trente grains de cendres d'une livre de ce sel brûlé : trois quarts

ont été du muriate de potasse et le reste du carbonate de potasse.

Le sucre de lait se comporte comme le sucre
à la distillation et sur le feu. Ce sel traité avec
l'acide nitrique , m'a fourni trois gros d'acide
oxalique , au mois de Juillet 1787 (*Mémoire
présenté à la Société Royale des Sciences de
Montpellier*). *Schéele* a observé le même fait
à-peu-près dans le même-temps : je l'ai obtenu
en cristaux superbes; et *Schéele,* sous forme d'une
poudre blanche grenue.

Si on mêle dans trois pintes de lait six cuille-
rées de bon alkool , et qu'on expose à la chaleur ce mélange dans des vases clos , avec l'attention de donner , de temps en temps , un peu
d'issue au gaz de la fermentation , on trouve ,
un mois après , que le petit lait s'est changé
en bon acide acéteux , selon *Schéele.*

Si on remplit une bouteille de lait frais , qu'on
la renverse sur une masse de lait et qu'on lui
fasse subir une chaleur qui surpasse les chaleurs
d'été , au bout de vingt-quatre heures le lait se
caille , le gaz qui se développe déplace le lait
et la fermentation vineuse s'établit en règle. V.
Schéele.

Pour décomposer le lait et en séparer les
divers principes qui le constituent , on emploie
ordinairement la présure ou le lait aigri dans
l'estomac des veaux : pour cet effet , on chauffe

le lait et on y ajoute douze à quinze grains de présure par pinte. On peut employer aussi le *gallium* , les fleurs de chardon et d'artichaux, la membrane interne de l'estomac des oiseaux séchée et mise en poudre , etc. : le petit lait obtenu de cette manière est trouble , et pour le clarifier on le fait bouillir avec un blanc d'œuf, on filtre et on obtient ce qu'on appelle *petit lait clarifié.*

J'ai vu sur la montagne du Larzac , que pour hâter la séparation des principes du lait , la laitière y plonge ses bras jusqu'au coude et les change de place de temps en temps; la chaleur, peut-être même les principes qui se dégagent du corps , favorisent la séparation des principes.

La masse solide qui se sépare du petit lait, contient deux autres principes intéressans , c'est le fromage et le beurre.

Si on met un acide végétal ou minéral dans du lait , il y a , comme tout le monde sait , une coagulation ; la seule différence est que l'acide minéral donne moins de fromage que le végétal: et peut-être les diverses substances employées pour cailler le lait , n'ont-elles cette vertu qu'en raison de l'acide qu'elles contiennent. *Olaus Borrichius* a retiré un acide du caille-lait, à une chaleur incapable de le décomposer. Le *coagulum* qui se fait dans tous ces cas contient une substance , de la nature du *gluten*, qui forme le fromage ; et une seconde, de la nature des huiles, qui forme le beurre. Lorsqu'on prépare du fromage pour la table on n'en sépare pas le beurre , parce qu'il est plus doux et plus agréable.

Les alkalis caustiques dissolvent le fromage à l'aide de la chaleur ; ce n'est cependant pas un alkali qui le tient en dissolution dans le lait.

Si à une-partie de fromage nouvellement précipité et non séché , on ajoute huit parties d'eau qu'on aura légèrement acidulées par un acide minéral , et qu'on fasse bouillir ce mélange , le fromage sera dissout , tandis qu'il n'est pas sensiblement attaqué par les acides végétaux ; et c'est la raison pour laquelle les acides végétaux peuvent extraire , de la même quantité de lait , beaucoup plus de fromage que les minéraux.

Si on mêle le lait avec dix parties d'eau , on n'obtient point de fromage.

La cause pour laquelle les sels , les gommes, le sucre , etc. coagulent le lait, peut bien se déduire de l'affinité plus grande qu'a l'eau avec les sels qu'avec le fromage.

La terre du fromage est un phosphate de chaux , d'après *Schéele*.

Rien ne ressemble plus au fromage que le blanc d'œuf cuit : le blanc d'œuf se dissout dans l'acide délayé, il se dissout dans l'alkali caustique et l'eau de chaux, et est alors précipité par les acides.

Schéele croit que la coagulation du blanc d'œuf, de la lymphe et du fromage n'est due qu'à la combinaison du calorique, et le prouve par l'expérience suivante : mêlez une partie de blanc d'œuf avec quatre parties d'eau, versez un peu d'alkali pur, ajoutez autant d'acide muriatique qu'il en faut pour la saturation, le blanc d'œuf est coagulé : dans cette expérience il y a échange de principes, la chaleur de l'alkali se combine avec le blanc d'œuf, et l'alkali avec l'acide muriatique.

L'ammoniaque dissout plus efficacement le fromage que les alkalis fixes : si on la verse, à la dose de quelques gouttes, dans du lait coagulé par un acide, elle fait bientôt disparoître le *coagulum*.

Les acides concentrés le dissolvent aussi; le nitrique en dégage le gaz nitrogène.

Le fromage desséché et mis dans des lieux favorables, pour y subir un commencement de fermentation putride, prend de la consistance, du goût, de la couleur ; et c'est cet aliment qu'on sert sur nos tables sous le nom de *fromage*.

A *Roquefort*, où j'ai suivi les manipulations de l'excellent fromage qu'on y fabrique, on a la précaution de bien presser le caillé pour en extraire le petit lait, de le sécher le plus exactement possible ; après cela on le porte dans des caves où la température est à deux ou trois degrés au-dessus de O ; on développe la fermentation par une petite quantité de sel, on suspend la putréfaction en ratissant la surface de temps en temps ; et la fermentation, maîtrisée par l'art et rallentie par la fraîcheur même des caves, produit un effet lent sur tout le fromage et y développe successivement des couleurs rouges et bleues, dont j'ai donné l'*éthiologie* dans un Mémoire, sur la fabrication des fromages de Roquefort, présenté à la Société Royale d'Agriculture, et imprimé dans le quatrième volume des Annales Chimiques.

Le beurre est le troisième principe contenu dans le lait ; on le sépare du *serum* et de la matière caseuse par un mouvement rapide. Ce qu'on appelle la *crême* est un mélange de fromage et de beurre qui surnage le lait ; cette substance est susceptible de mousser par une grande agitation ; et dans ce dernier état on l'appelle *crême fouettée*.

Le beurre a une consistance molle, il est d'un jaune plus ou moins doré, d'une saveur douce et agréable, il se fond aisément et devient solide par le seul refroidissement.

Le beurre s'altère aisément et rancit comme

les huiles ; l'acide qui s'y développe peut être enlevé par l'eau et l'esprit de vin qui le dissolvent; l'alkali fixe dissout le beurre et forme avec lui un savon peu connu.

Le beurre distillé fournit une huile concrète , colorée , un acide d'une odeur forte et piquante. cette huile , distillée à plusieurs reprises , s'atténue et imite les huiles volatiles.

Le lait est donc un mélange d'huile , de lymphe , de sérosité et de sel : ce mélange est foiblement lié , et l'union se rompt bien facilement entre ces principes. On dit que le lait tourne lorsque la désunion des principes se fait par le simple repos ; lorsque c'est au contraire par le moyen des réactifs , on l'appelle *lait caillé*.

CHAPITRE III.

Du Sang.

Le sang est cette humeur , de couleur rouge , qui circule dans le corps humain par le moyen des artères et des veines , et entretient la vie en fournissant à tous les organes les sucs particuliers dont ils ont besoin ; c'est cette humeur qui reçoit le produit de la digestion de l'estomac, le travaille et l'animalise ; c'est cette humeur qu'on regarde avec raison comme la source et le foyer de la vie. La différence des tempé-ramens et des passions lui a été attribuée, par tous les philosophes qui en ont parlé : les mé-decins ont eu beau changer de systême, l'o-pinion du peuple a été moins versatile et il a continué à attribuer toutes les nuances des tem-péramens à des modifications du sang. C'est en-core aux altérations de cette humeur que les médecins ont rapporté, pendant long-temps, la cause de presque toutes les maladies. Le chi-miste doit donc s'en occuper spécialement.

Le sang varie dans le même individu, non-seulement par rapport aux positions où il se trouve, mais même dans l'état sain et dans le même instant : celui qui coule dans les veines n'est point de la même intensité de couleur ni de la même consistance que celui des artères; celui qui parcourt les organes de la poitrine dif-fère de celui qui languit dans les viscères du bas ventre.

Le sang diffère encore 1°. suivant l'âge : dans l'enfance il est plus pâle et moins con-sistant; 2°. suivant le tempérament : les gens san-guins ont le sang d'un rouge vermeil, les phleg-matiques l'ont plus pâle, les colériques plus jaune.

La température du sang n'est pas la même dans les diverses espèces d'animaux : les uns l'ont plus chaud, d'autres plus froid que le mi-

lieu dans lequel ils vivent ; les animaux à poumons ont le sang plus rouge et plus chaud que
ceux qui en sont dépourvus ; et la couleur et
la chaleur sont en proportion de l'importance
et de l'étendue de cet organe , comme l'ont observé MM. de *Buffon* et *Broussonnet*.

Le sang se putréfie à une chaleur douce :
si on le distille au bain-marie , il donne un
phlegme d'une odeur fade qui passe facilement
à la putréfaction. Le sang desséché par une
chaleur convenable fait effervescence avec les
acides ; si on l'expose à l'air , il en attire l'humidité; et il s'y forme , au bout de quelques
mois , une efflorescence saline que *Rouelle*
a reconnue pour être de la soude ; si on soutient la distillation , il passe de l'acide , de
l'huile, du carbonate d'ammoniaque, etc. ; il reste
dans la cornue un charbon spongieux , très difficile à être incinéré , dans lequel on trouve du
sel marin , du carbonate de soude , du fer et du
phosphate de chaux.

L'alkool et les acides coagulent le sang ; les
alkalis le rendent plus fluide.

Mais si on observe du sang tiré sur une pa-
lette , on y apperçoit les phénomènes suivans :
il se divise d'abord en deux substances bien dis-
tinctes , l'une liquide légèrement ve dâtre qu'on
appelle *lymphe* , l'autre rougeâtre et solide
qu'on appelle *partie fibreuse du sang*. C'est

cette séparation du sang en deux principes qui a fait croire à l'existence des polypes, parce qu'on a trouvé ces concrétions dans les gros vaisseaux après la mort : nous examinerons séparément ces deux substances.

Le *serum* a une couleur d'un jaune tirant sur le vert : la saveur en est légèrement salée, il contient un alkali tout développé, verdit le sirop de violettes et durcit à une chaleur modérée, ce qui est le caractère de la lymphe. Le *serum* distillé au bain-marie, donne un phlegme doux et fade, qui n'est ni acide ni alkalin, susceptible de se pourrir très-aisément : lorsque ce phlegme a passé, le résidu est transparent comme de la corne, il ne peut plus se dissoudre dans l'eau, et il donne, à la cornue, un phlegme alkalin, du carbonate d'ammoniaque et une huile fétide et noirâtre plus ou moins épaisse ; le charbon qui reste dans la cornue est fort volumineux et très-difficile à être incinéré ; la cendre fournit du muriate de soude et du phosphate de chaux.

Le *serum* se pourrit aisément ; et il fournit alors beaucoup de carbonate d'ammoniaque.

Le *serum* versé dans l'eau bouillante s'y coagule, mais il contient une partie qui se dissout dans l'eau, lui donne une couleur laiteuse et a toute les propriétés du lait, selon *Bucquet*.

Les alkalis rendent le *serum* plus fluide, les acides le coagulent ; et en filtrant et évaporant ce qui a passé, on obtient le sel neutre formé par l'acide employé et la soude : il paroît donc que la lymphe n'est maintenue à l'état liquide et coulant que par l'alkali qui y domine.

Le *serum* épaissi donne de la mofette par l'acide nitrique, à l'aide d'une légère chaleur ; si on augmente le feu, il se dégage du gaz nitreux ; le résidu donne de l'acide oxalique, et on retire une portion d'acide malique.

Le *serum* se coagule par l'alkool : mais le *coagulum* est soluble dans l'eau, et en cela il diffère beaucoup de celui formé par les acides ; cette différence tient à ce que, l'alkool se porte sur l'eau qui le délaye, et l'acide sur l'alkali qui le dissout.

Le caillot du sang contient encore beaucoup de lymphe, mais on peut l'en dégager par des lotions : l'eau entraîne, en même temps, la partie colorante qui contient beaucoup de fer, et le caillot bien lavé forme une partie fibreuse, blanche, sans odeur, qui distillée au bain-marie donne un phlegme insipide qui se pourrit aisément ; le résidu se dessèche fortement, même à une chaleur douce ; lorsqu'on l'expose brusquement à un feu vif, il se retire comme le parchemin, mais distillé à la cornue il fournit du phlegme alkalin, du carbonate d'ammoniaque,

de l'huile , etc. ; le charbon , moins volumineux et plus léger que celui de la lymphe , incinéré fournit du phosphate de chaux.

La partie fibreuse se pourrit assez vite et
donne beaucoup d'ammoniaque.

Les alkalis ne la dissolvent point , les acides
s'y combinent : le nitrique en dégage beaucoup
de nitrogène , et il la dissout ensuite avec effervescence et dégagement de gaz nitreux ; le
résidu fournit de l'acide oxalique , et un peu
d'acide malique.

Cette substance fibreuse est de la nature de
la fibre musculaire , c'est ce qui a fait appeller
le sang, par *Bordeu* , de la chair coulante. Et ,
long-temps avant ce célèbre médecin , Paul
Zacchia avoit dit , *caro nihil aliud est quam
sanguis concretus* (*quest. légales, pag.* 239).
Cette matière fibreuse est plus animalisée que
la lymphe ; et elle paroît préparée , par l'acte
même de la circulation , pour concourir à l'accroissement des parties du corps humain.

Le sang contient beaucoup de fer : les expériences de *Menghini* , de *Bucquet* , de *Lorry*,
prouvent que ce métal peut passer dans le sang
par les premières voies , puisque les malades
mis à l'usage des martiaux le rendent par les
urines. Lorsqu'on a lavé le caillot , si on brûle
la partie qui s'est saisie du principe colorant
et qu'on lessive le charbon , le résidu de cette
lessive

lessive le charbon , le résidu de cette lessive est dans l'état de *saffran de mars* d'une belle couleur , il est ordinairement attirable à l'aimant.

On a attribué au fer la couleur du sang , et il est très-vrai que la couleur en paroit toute formée , et qu'il n'existe plus vestige de ce métal dans le caillot lavé et décoloré ; mais comme d'un autre côté , il est prouvé que le sang ne se colore point sans le concours de l'air , et que le seul oxigène est absorbé dans la respiration, il paroît que la couleur est due au fer calciné par l'air pur et réduit à l'état d'oxide rouge.

D'après cette manière de concevoir ce phénomène , nous voyons pourquoi les substances animales sont si avantageuses pour aider et faciliter la teinture en rouge , et pourquoi ces mêmes substances prennent plus aisément les couleurs.

CHAPITRE IV.

De la Graisse.

La graisse est un suc inflammable , épaissi, contenu dans les cellules du tissu cellulaire : la couleur en est ordinairement blanche et quelquefois jaune ; la saveur fade , la consistance plus ou moins forte dans les diverses espèces d'animaux : dans les cétacées et les poissons, elle est presque fluide ; dans les animaux carnassiers, la graisse est plus fluide que dans les frugivores selon M. de *Fourcroy* ; dans le même animal, elle est plus solide aux environs des reins et sous la peau que dans le voisinage des viscères mobiles ; à mesure qne l'animal vieillit la graisse jaunit et devient plus solide. Voyez M. de *Fourcroy*.

Pour avoir la graisse bien pure, on la coupe en morceaux, on en sépare les membranes et petits vaisseaux qui s'y trouvent, on la lave dans l'eau, on la fait fondre avec un peu d'eau, et on la tient fondue jusqu'à ce que toute l'eau soit évaporée : l'eau qui la surnage bouillonne ; et lorsque le bouillonnement cesse, c'est une preuve que toute l'eau est dissipée.

La graisse a la plus grande analogie avec les huiles : comme elles, elle est immiscible à l'eau, forme des savons avec les alkalis, et brûle à l'air libre par le contact d'un corps embrasé et d'une chaleur suffisante.

Neumann a traité les graisses d'oie, de porc, de mouton et de bœuf, dans une cornue de verre à un feu gradué ; il en a retiré du phlegme, de l'huile empyreumatique et brunâtre et un charbon brillant ; il conclut de ses analyses qu'il y a peu de différence dans les graisses : que celle du bœuf paroît seulement tenir un peu plus de matière terreuse. Cette analyse très-imparfaite ne nous éclaire point sur la nature des graisses, et nous devons à MM. *Segner* et *Crell* des expériences bien plus intéressantes : nous en rapporterons les principales.

1°. Le suif de bœuf, distillé au bain de sable dans une cornue de verre, donne de l'huile et du phlegme ; il forme des savons avec la potasse ; le phlegme rougeâtre a un goût acide, fait effervescence avec l'alkali, sans rougir le sirop de violettes qui se colore en brun par ce mélange.

2°. La moëlle de bœuf donne les mêmes produits excepté qu'il passe d'abord une matière qui a la consistance du beurre ; ce phlegme n'a pas d'odeur à froid, l'alkali fixe y occasionne une foible effervescence.

M. *Crell* nous a fait connoître le moyen de retirer du suif un acide particulier qu'on connoît, en ce moment, sous le nom *d'acide séba-cique.*

Il imagina d'abord de concentrer cet acide, en faisant passer le phlegme seul à la distillation : cela ne réussit pas, la liqueur du récipient étoit aussi acide que celle de la cornue. Il satura alors tout l'acide avec de la potasse, fit évaporer et obtint un sel brunâtre qu'il fit fondre dans un creuset pour brûler l'huile qui le souilloit ; ce sel dissous et évaporé donna

alors un sel feuilleté , il versa quatre onces d'a-
cide sulfurique sur dix onces de ce sel et distilla
à un feu très-doux ; l'acide sébacique passa sous
la forme d'une vapeur grisâtre , il en trouva
demi-once fumant et très-âcre. *Crell* observe
que , pour le succès de l'opération , il faut tenir
le sel long-temps en fusion , sans cela l'acide
est mêlé avec de l'huile, qui en affoiblit la
vertu.

En distillant ce suif dans un alambic de cuivre , M. *Crell* a obtenu l'acide pur ; mais le feu
nécessaire pour cela altère le chaudron , fait
couler l'étamage , et l'acide lui-même se charge
de cuivre.

On savoit , depuis long-temps , que les alkalis
formoient une espèce de savon avec les graisses :
M. *Crell* , en traitant ce savon avec une dissolution d'alun , en a séparé l'huile et a obtenu
le sébate de potasse par l'évaporation ; l'acide
sulfurique distillé ensuite sur ce sel le décompose , et on sépare par ce moyen l'acide sébacique.

M. de *Morveau* fait fondre le suif dans un
poëlon de fer ; on y jette de la chaux vive pulvérisée ; et on remue continuellement dans le
commencement ; sur la fin on donne un feu
assez fort , en observant d'élever les vaisseaux
pour n'être pas exposé aux vapeurs ; lorsque le
tout est refroidi , on s'apperçoit que le suif

n'a pas la même solidité ; on le fait bouillir en grande eau , on filtre cette lessive et on obtient un sel brun et âcre qui est du sébate de chaux ; ce sel se dissout dans l'eau , mais il seroit trop long de le purifier par des cristallisations répétées : on y parvient plus aisément en l'exposant à une chaleur capable de brûler l'huile ; après quoi une seule dissolution suffit pour le purifier , il laisse son huile sur le filtre à l'état de charbon , et il n'y a plus qu'à évaporer.

La dissolution tient ordinairement un peu de chaux vive qu'on précipite par l'acide carbonique ; ce sel traité de la même manière que le sébate de potasse donne l'acide sébacique.

Cet acide existe tout formé dans le suif : deux livres en ont fourni un peu plus de sept onces à *Crell.*

Cet acide existe dans le suif, puisque les terres et les alkalis l'en dégagent.

Il a la plus grande affinité avec l'acide muriatique , puisqu'il forme avec la potasse un sel qui se fond au feu sans se décomposer , qu'il agit puissamment sur l'or quand on le mêle avec l'acide nitrique, qu'il précipite l'argent du nitrate d'argent, qu'il forme un sublimé avec le mercure, et que la dissolution de ce sublimé n'est pas troublée par le muriate de soude. Mais , quoique cet acide se rapproche du muriatique par plusieurs côtés , il s'en éloigne par d'autres , et dès ce moment ce n'en est plus une modification. Il forme avec la soude des crystaux en aiguilles , avec la chaux un sel crystallisé ; il décompose le sel commun ; etc.

M. *Crell* a retiré l'acide sébacique du beurre de cacao par la distillation. Le blanc de baleine le fournit aussi.

Les propriétés de cet acide sont les suivantes.

Il rougit les couleurs bleues végétales.

Il prend par le feu une couleur jaune et laisse un résidu qui annonce une décomposition partielle : M. *Crell* , d'après cela , le regarde comme tenant le milieu entre les acides végétaux qui se détruisent au feu et les minéraux qui n'y reçoivent pas d'altération : son existence dans le beurre de cacao et les graisses favorise l'idée de *Crell* à ce sujet.

Il attaque avec effervescence les carbonates de chaux et d'alkali , et forme avec eux des sels que *Bergmann* trouve très-analogues aux acétites de ces mêmes bases.

Il paroît , comme l'observe M. *de Morveau*, que cet acide a quelqu'action sur le verre : M. *Crell* l'ayant fait digérer plusieurs fois sur l'or , a toujours obtenu un précipité de terre blanche qui n'étoit pas de la chaux , il présume qu'elle a été emportée de la distillation , et elle ne peut provenir que de la cornue elle-même.

Cet acide n'agit pas s'ensiblement sur l'or ,

mais il en attaque l'oxide et forme un sel crystallisable, de même qu'avec les précipités de platine.

Il s'unit au mercure et à l'argent ; il cède ce dernier à l'acide muriatique, mais non le premier. Il les reprend l'un et l'autre à l'acide sulfurique ; il enlève le plomb aux acides nitrique et acétique, et l'étain à l'acide nitro-muriatique.

Il n'attaque ni le bismuth, ni le cobalt, ni le nickel.

Il ne décompose ni les sulfates de cuivre, ni ceux de fer, ni ceux de zinc, ni les nitrates d'arsenic, de manganèse, de zinc, etc.

Il réduit l'oxide d'arsenic à la distillation.

Crell en a fait un éther sébacique.

Il paroît, d'après cette analyse, que la graisse est une espèce d'huile ou de beurre rendu concret par un acide.

Ses usages sont, 1°. d'entretenir la chaleur dans les corps, de garantir les viscères de l'impression du froid externe ; 2°. de servir à la nourriture de l'animal dans certains temps de disette ou de maladie, etc.

CHAPITRE V.

De la Bile.

La bile est une des humeurs qu'il est essentiel de connoître par rapport au rôle qu'elle joue dans l'état sain et dans l'état malade : nous verrons même que son analyse est assez parfaite pour que nous puissions nous en éclairer dans une infinité de cas.

Cette humeur est séparée dans un grand viscère du bas-ventre, qu'on appelle *foie*; elle est ensuite déposée dans une vessie ou réservoir, qu'on appelle *vésicule du fiel*, d'où elle est portée dans le *duodenum* par un canal particulier.

La bile est une humeur gluante comme l'huile, d'une saveur très-amère, de couleur verte tirant sur le jaune, et quand on l'agite elle mousse comme l'eau de savon.

Si on la distille au bain-marie, elle donne un phlegme qui n'est ni acide ni alkalin, mais qui se pourrit. Ce phlegme, d'après l'observation de M. *de Fourcroy*, exhale souvent une odeur analogue à celle du musc; la bile elle-même a cette propriété, d'après l'observation générale des Bouchers. Lorsqu'on a extrait de la bile toute l'eau qu'elle peut fournir au bain-marie, on trouve un extrait sec qui attire l'humidité de l'air, il est tenace, poisseux et soluble dans l'eau; en le distillant à la cornue, il donne de l'ammoniaque, une huile animale empyreumatique, de l'alkali concret et de l'air inflammable : le charbon est plus facile à être incinéré que ceux dont nous avons parlé, il contient du fer, du carbonate de soude et du phosphate de chaux.

Tous les acides décomposent la bile et en dégagent une substance huileuse qui surnage : les sels qu'on obtient ensuite par évaporation sont à base de soude, ce qui fait voir que la bile est un vrai savon animal. L'huile qui est combinée avec la soude est analogue aux résines, elle est soluble dans l'esprit de vin, etc.

Les dissolutions métalliques décomposent la bile par affinité double, et il en résulte des savons muriatiques.

La bile s'unit aux huiles et les enlève de dessus les étoffes comme les savons.

La bile se dissout dans l'alkool qui en sépare le principe albumineux : c'est ce principe albumineux qui fait que la bile se coagule par le feu et les acides ; c'est encore lui qui facilite sa putréfaction.

Les principes constituans de la bile sont donc l'eau, un esprit recteur, une substance lymphatique, une huile résineuse et la soude. M. *Cadet* y a trouvé un sel qu'il a cru analogue au sucre de lait ; ce sel n'est probablement que celui qu'y a découvert M. *Poulletier*.

La bile est donc un savon résultant de la combinaison de la soude avec une matière de la nature des résines et une substance lymphatique qui la rend susceptible de putréfaction et de coagulation ; cette substance donne à la bile un

caractère d'*animalisation* , diminue son âcreté
et favorise son mêlange avec les autres humeurs.
La partie séreuse rend la bile coulante et soluble
dans l'eau ; elle est d'autant plus âcre , que ce
principe est plus abondant.

La portion résineuse diffère des résines végétales , 1°. parce que celles-ci ne forment point
de savon avec les alkalis fixes ; 2°. parce qu'elles
sont plus âcres et plus inflammables ; 3°. parce
que la résine animale se fond à quarante degrés
et acquiert une fluidité semblable à celle de la
graisse , dont elle diffère néanmoins en ce qu'elle
est soluble dans l'alkool , et en cela elle se rapproche du blanc de baleine.

Les acides qui agissent sur la bile dans les
premières voies la décomposent : la couleur d'un
jaune verdâtre , dont les excrémens des enfans
à la mamelle se colorent , provient d'une pareille
décomposition , et ils sont teints par la partie
résineuse. De l'action de la bile sur les acides ,
on peut déduire l'effet de ces remèdes lorsque
les évacuations sont putrides et que la dégénération de la bile est *septique* : alors la lymphe
est coagulée , et les excrémens deviennent plus
durs ; on peut expliquer par - là pourquoi les
excrémens des enfans sont si souvent caille-
botés.

Lorsque la bile séjourne long-temps dans les
premières voies , par exemple , dans les maladies

chroniques , elle y prend une teinte noire , s'y épaissit , acquiert la consistance d'un onguent , forme un enduit de plusieurs lignes d'épaisseur sur les parois du canal intestinal, selon l'observation de M. *de Fourcroy ;* mise sur le papier et desséchée , elle devient verte ; étendue d'eau , elle forme une teinture d'un jaune verd , d'où se précipite une grande quantité de petites écailles noires ; dissoute dans l'alkool , elle forme aussi une teinture verte et laisse déposer ce sel brillant lamelleux déjà découvert dans les calculs biliaires par M. *Poulletier de la Salle.* Cette humeur qui forme l'atrabile des anciens , n'est que de la bile épaisse , et on conçoit dans ce cas l'effet des acides et le danger des irritans : cet épaississement empâte les viscères du bas-ventre , et produit des obstructions.

Beaucoup de maladies doivent être rapportées au caractère prédominant de la bile. On peut consulter à ce sujet des Mémoires intéressans de M. *Fourcroy* , publiés dans le Recueil de la Société Royale de Médecine , année 1782 et 83.

Lorsque la bile s'épaissit dans la vésicule , elle forme des concrétions qu'on appelle *calculs biliaires.* M. *Poulletier* s'est beaucoup occupé de l'analyse de ces calculs ; il a observé qu'ils étoient solubles dans l'esprit ardent : lorsque la dissolution est abandonnée à elle-même pendant

quelque temps , on apperçoit des particules brillantes et légères qui forment un sel particulier ,
que M. *Poulletier* n'a trouvé que dans les calculs
humains , et il lui a reconnu la plus grande analogie avec *le sel de benjoin*.

M. *Fourcroy* observe que la découverte de M.
de la Salle a été confirmée par la Société Royale,
qui a reçu plusieurs calculs biliaires , qui paroissent formés par un sel analogue à celui qui a été
observé par ce Chimiste. Ce sont des amas de
lames crystallines transparentes , semblables au
mica ou au talc. La Société de Médecine a dans
sa collection une vésicule de fiel entièrement remplie de cette concrétion saline.

On peut donc , comme l'observe M. *de Fourcroy* , établir deux espèces de calculs : les uns
sont opaques et ne sont fournis que par de la
bile épaisse ; les autres sont fournis par les crystaux que nous venons de décrire.

Boërhaave avoit déjà observé que la vésicule
des bœufs , à la fin de l'hiver , étoit remplie de
calculs ; mais que le fourrage frais dissipoit ces
concrétions.

On a proposé , pour fondre les calculs , les savons. L'Académie de Dijon a publié les succès
du mélange d'essence de térébenthine et d'éther.
Les plantes fraîches , si souveraines pour détruire ces concrétions , ne doivent peut-être leur
vertu qu'à ce qu'elles développent un acide dans

l'estomac , comme nous l'avons observé en parlant des sucs gastriques.

L'usage de la bile , dans l'économie animale ,
est sans-doute de diviser les matières qui ont
subi une première digestion dans l'estomac , et
de donner de la force et du jeu aux intestins
languissans, etc. Lorsque son flux est interrompu
elle surabonde dans le sang et tout le corps prend
une teinte jaune.

La bile ou le fiel est un excellent vulnéraire
appliqué extérieurement : prise intérieurement
c'est un bon stomachique et un des meilleurs
fondans que la médecine connoisse. Ces sortes
de remèdes , analogues à la constitution , méritent la préférence : ainsi la bile convient lorsque les digestions sont languissantes ou que les
viscères du bas-ventre sont empâtés.

La bile , appliquée extérieurement , enlève
les taches d'huile comme les autres savons.

CHAPITRE VI.

Des parties molles et blanches des animaux.

Ces parties sont peut-être moins connues que
celles dont nous venons de parler ; mais leur
analyse n'en intéresse pas moins : on peut même
ajouter qu'elle intéresse davantage , puisque l'application des connoissances que nous pouvons

acquérir sur cette matière se présente journellement dans les usages les plus communs de la vie
domestique.

Toutes les parties animales, membraneuses,
tendineuses, aponévrotiques, cartilagineuses,
ligamenteuses, même la peau et les cornes,
contiennent une substance muqueuse, très-soluble dans l'eau et insoluble dans l'alkool, qu'on connoît sous le nom de *gelée* : il suffit, pour l'obtenir,
de faire bouillir les substances animales dans
l'eau, et d'en rapprocher la décoction jusqu'à
ce que par le seul refroidissement elle se prenne
en une masse solide et tremblante.

Les gelées sont très-communes dans nos cuisines, et les Cuisiniers n'ignorent, ni les moyens
de les faire, ni celui de les faire prendre lorsque
la chaleur atmosphérique est très-forte. C'est
par une opération semblable qu'on extrait la
gelée de la corne de cerf, qu'on blanchit ensuite
avec le lait d'amande ; ce mets convenablement
parfumé est servi sur nos tables sous le nom de
blanc-manger. Les gelées sont en général restau-
rantes et nourrissantes ; celle de corne de cerf est
astringente et adoucissante.

En général les gelées n'ont presque point
d'odeur dans l'état naturel : la saveur en est
fade : elles donnent à la distillation un phlegme
insipide et inodore qui se pourrit aisément ;
exposées à un feu plus fort elles se gonflent, se

boursoufflent , noircissent et répandent une
odeur fétide , accompagnée d'une fumée blanche
et âcre ; il passe alors un phlegme alkalin , une
huile empyreumatique et un peu de carbonate
d'ammoniaque ; il reste un charbon spongieux
qui se réduit difficilement en cendres , et qui
donne , par l'analyse, du muriate de soude et du
phosphate de chaux.

La gelée ne peut se conserver qu'un jour
pendant l'été et deux ou trois pendant l'hiver :
lorsqu'elle se gâte il se forme des taches blanches ,
livides, à sa surface qui gagnent promptement,
le fond des pots , il se dégage une grande quantité de gaz nitrogène , hydrogène et carbonique.

L'eau dissout parfaitement les gelées ; l'eau
chaude en dissout beaucoup plus puisqu'elles ne
prennent de la consistance que par le refroidissement ; les acides les dissolvent aussi , mais
les alkalis sur-tout.

L'acide nitrique en dégage du gaz nitrogène ,
d'après les belles expériences de M. *Berthollet.*

Lorsque la gelée n'a pas été extraite par une
longue décoction et que la lymphe ne s'est pas
mêlée avec elle , alors elle a presque tous les
caractères des gelées végétales ; mais il est rare
de l'obtenir sans le mélange de la lymphe , et
dans ce cas elle diffère essentiellement des gelées

végétales en ce qu'elle donne du gaz nitrogène et de l'ammoniaque.

Si on rapproche la gelée jusqu'à lui donner la forme d'une tablette , on lui ôte la propriété de se pourrir et on forme par ce moyen des bouillons secs ou tablettes de bouillon qui peuvent être d'une grande ressource dans les voyages de long cours. Pour préparer ces tablettes on peut employer la recette suivante :

Pieds de veau.	4 pieds.
Cuisse de bœuf.	12 livres.
Rouelle de veau.	3 livres.
Gigot de mouton.	10 livres.

On fait cuire ces viandes à petit feu dans une suffisante quantité d'eau et on les écume comme à l'ordinaire ; on passe le bouillon avec expression ; on fait bouillir la viande une seconde fois dans de nouvelle eau , on réunit les liqueurs , on les laisse refroidir pour en séparer exactement la graisse , on clarifie le bouillon avec cinq ou six blancs d'œufs , on ajoute une suffisante quantité de sel marin ; on passe la liqueur au travers d'un blanchet et on la fait évaporer au bain-marie jusqu'en consistance de pâte très-épaisse , alors on l'étend un peu mince sur une pierre unie , on la coupe par tablette ;

on

on acheve de les sécher dans une étuve jusqu'à ce qu'elles soient cassantes, et on les enferme dans des bouteilles qu'on bouche exactement. on peut faire entrer dans la composition des tablettes de la volaille et des aromates.

Ces tablettes peuvent être conservées pendant quatre à cinq ans. Lorsqu'on veut s'en servir, on en met demi-once dans un grand verre d'eau bouillante, on couvre le vaisseau et on le tient sur les cendres chaudes pendant un quart d'heure ou jusqu'à ce que ces tablettes soient entiérement dissoutes, ce qui forme un excellent bouillon ; on y ajoute un peu de sel s'il n'est pas suffisamment salé.

Les tablettes de *hockiac*, qu'on prépare à la Chine, et que l'on connoit en France sous le nom de *colle de peau d'âne*, sont faites avec des substances animales ; on les emploie dans les maladies de poitrine : la dose est depuis demi-gros jusqu'à deux gros.

On peut laisser fondre ces tablettes dans la bouche comme le suc de réglisse.

En rapprochant jusqu'à siccité la partie extractive des parties blanches des animaux, on forme ce qui est usité dans les arts sous le nom de *colle*.

La nature des substances employées et la manière d'opérer établissent quelques différences parmi ces produits : les vieux animaux de même

V

que les maigres donnent en général une meilleure colle que les jeunes et les gras. Pour avoir des détails circonstanciés sur l'art de faire la colle, on peut consulter l'art de faire différentes espèces de colle par M. *Duhamel de Monceau* de l'Académie des Sciences.

1°. Pour faire la *colle forte* ou la *colle d'Angleterre* on emploie les rognures des cuirs, la peau des animaux, les oreilles de bœuf, de veau, de mouton, etc. On fait digérer d'abord ces matières dans l'eau pour pénétrer le tissu des cuirs; on les fait ensuite tremper dans une eau de chaux, ayant soin de remuer et d'agiter de temps en temps; on les conserve ensuite amoncelées pendant quelque temps, on les lave encore, puis on les passe sous la presse pour exprimer l'eau surabondante dont elles sont imprégnées; on fait ensuite digérer ces peaux dans l'eau qu'on chauffe par degrés jusqu'à faire bouillir, on coule ensuite la liqueur avec expression et on la fait épaissir sur le feu, on la jette sur des pierres plattes et polies, ou dans des moules et on l'y laisse sécher et durcir.

Cette colle est cassante, on l'a fait ramollir au feu avec un peu d'eau pour s'en servir, on l'applique avec le pinceau; les ébénistes et les menuisiers s'en servent pour assujettir des pièces de même nature.

2°. *La colle de Flandres* n'est qu'un diminutif de la colle forte ; elle n'a point la même consistance et elle ne peut pas servir pour coller le bois ; elle est plus mince et plus transparente que la première. Elle se fait avec plus de choix et de propreté. Cette colle sert à la peinture, on en fait de la colle à bouche pour coller le papier, en la faisant refondre, y ajoutant un peu d'eau et quatre onces de sucre - candi par livre de colle.

3°. *La colle de Gant* se fait avec des rognures de gans blancs, bien trempées dans l'eau et bouillies ; on en fait aussi avec les rognures de parchemin. Il faut, pour que ces deux colles soient bonnes, qu'elles aient la consistance de gelée tremblante lorsqu'elles sont refroidies.

4°. On fait la *colle de poisson* avec les parties mucilagineuses d'un gros poisson, qu'on trouve communément dans les mers de Moscovie : on prend la peau, les nageoires et les parties nerveuses, on les coupe par tranches, on les fait bouillir à petit feu jusqu'à consistance de gelée ; on l'étend de l'épaisseur d'une feuille de papier et on en forme des pains ou cordons, tels que nous les recevons de Hollande. Les ouvriers en soie et principalement les rubaniers s'en servent pour lustrer leurs ouvrages ; on en blanchit les gazes et on en éclaircit les vins en y mêlant de sa dissolution. La colle de poisson entre dans quelques emplâtres ; elle est excellente pour corriger l'âcreté des humeurs et terminer les maladies vénériennes rebelles.

La colle pour dorer , se fait en faisant bouillir dans de l'eau la peau d'anguille avec un peu de chaux; on passe l'eau et on y ajoute quelques blancs d'œufs. Pour l'employer on la fait chauffer , on en passe sur le champ une couche , on la laisse sécher et on applique l'or.

5°. *La colle de limaçon* se fait en prenant des limaçons qu'on expose au soleil et on reçoit dans un vaisseau la liqueur qui en distille ; on mêle ce suc avec le lait du tithymale , on s'en sert pour coller des verres , et on les expose au soleil dès-qu'ils sont collés.

6°. Pour faire la *colle de parchemin* , on met deux ou trois livres de rognures de parchemin dans un seau d'eau , on les fait bouillir dans un chaudron jusqu'à réduction de moitié , on passe ensuite le tout au travers d'une toile et on laisse reposer.

La colle dont on se sert dans les papeteries pour fortifier le papier et en réparer les défauts , se fait avec la fleur de farine détrempée dans l'eau bouillante et passée par l'étamine ; cette colle doit être employée le lendemain ni plutôt ni plus tard : ensuite on bat le papier avec le marteau , on y passe une seconde fois de la colle,

on le met en presse pour le lisser et l'unir et
on l'étend à coup de marteaux.

CHAPITRE VII.

Des muscles ou parties Charnues.

Les muscles des animaux sont formés par
des fibres longitudinales liées entr'elles par le
tissu cellulaire*, et imprégnées de diverses humeurs dans lesquelles nous retrouvons en partie
celles que nous avons déjà examinées séparément.

L'analyse de ces substances à la cornue nous
avoit peu instruit sur leur nature : on en reti-
roit de l'eau qui se corrompoit aisément, un
phlegme alkalin, de l'huile empyreumatique,
du carbonate d'ammoniaque et un charbon qui
fournit par l'incinération un peu d'alkali fixe et
du sel fébrifuge.

Le procédé qui réussit le mieux pour obtenir
séparément les diverses substances qui composent le muscle, est le suivant : il nous a été indiqué par M. de *Fourcroy* :

1°. On lave d'abord le muscle dans l'eau
froide ; par ce moyen on enlève la lymphe colorante et une substance saline ; en évaporant
lentement l'eau de cette lessive, la lymphe se

coagule , on la sépare par le filtre , et l'évaporation continuée fournit la matière saline.

2°. On fait digérer le résidu du premier lavage dans l'alkool qui dissout la matière extractive et une portion du sel ; on sépare l'extrait par l'évaporation de l'alkool.

3°. On fait bouillir dans l'eau le résidu de ces deux premières opérations , et on enlève par ce moyen la gelée , la partie graisseuse , ce qui reste du sel et de l'extrait: L'huile graisseuse nage à la surface et on peut l'enlever.

4°. Ces opérations faites , il ne reste que le tissu fibreux blanc , insipide , insoluble dans l'eau ; il se contracte au feu comme les autres substances animales , donne de l'ammoniaque et de l'huile très-fétide à la cornue ; on en retire du gaz nitrogène par l'acide nitrique ; il a tous les caractères de la partie fibreuse du sang, c'est dans ce fluide qu'il se forme , pour êtré ensuite déposé dans les muscles où il reçoit le dernier caractère qui lui convient.

M. *Thouvenel* , à qui nous devons des recherches intéressantes sur cet objet, a trouvé dans les chairs une substance muqueuse extractive , soluble dans l'eau et dans l'alkool , qui a une saveur marquée , tandis que la gelée n'en a point ; et lorsque cette substance est très-concentrée elle prend un goût âcre et amer , elle a une odeur aromatique que le feu développe :

cette substance évaporée jusqu'à siccité prend
une saveur amère, âcre et salée, elle se boursouffle sur les charbons, se liquéfie en exhalant une odeur acide, piquante, semblable à celle
du sucre brûlé, elle attire l'humidité de l'air,
et il se forme une efflorescence saline à sa surface, elle s'aigrit et se pourrit à un air chaud :
tous ces caractères rapprochent cette substance
des extraits savonneux et de la matière sucrée
des végétaux.

M. *Thouvenel*, qui a aussi analysé le sel
qu'on obtient par la décoction et l'évaporation
lente des chairs, l'a obtenu tantôt sous la forme de duvet, tantôt sous celle de cristaux dont
il n'a pas pu nous donner la figure ; ce sel lui
a paru un phosphate de potasse dans les quadrupèdes frugivores, et un muriate de potasse
dans les reptiles carnassiers : il est probable,
comme l'observe M. de *Fourcroy*, que ce sel
est un phosphate de soude ou d'ammoniaque
mêlé de phosphate de chaux : ces sels y sont
indiqués, et même avec excès d'acide comme
dans l'urine, par l'eau de chaux et l'ammoniaque qui forment des précipités blancs dans
le bouillon.

La partie la plus abondante dans le muscle,
celle même qui en constitue le caractère, est
la partie fibreuse : les caractères qui distinguent
cette substance sont 1°. de ne pas se dissoudre

dans l'eau , 2°. de donner plus de gaz nitrogène par l'acide nitrique que les autres substances , 3°. de fournir ensuite de l'acide oxalique et de l'acide malique ; 4°. de se pourrir facilement lorsqu'elle est humectée et de donner beaucoup d'ammoniaque concret à la distillation.

Les autres trois substances contenues dans la chair , la lymphe , la gelée et la partie grasse , sont de la même matière que celles dont nous avons déjà parlé sous les mêmes dénominations.

D'après ces principes , nous pouvons donner l'éthiologie de la formation d'un bouillon et suivre le dégagement successif de tous les principes dont nous venons de parler.

La première impression du feu , lorsqu'on fait un bouillon , en dégage une écume assez considérable qu'on a soin d'enlever jusqu'à ce qu'il n'en paroisse plus : cette écume n'est due qu'au dégagement de la lymphe qui se coagule par la chaleur ; elle prend même par l'impression du feu une couleur rouge qu'elle n'a pas naturellement.

En même temps se dégage la partie gélatineuse qui reste en dissolution dans le bouillon , elle ne se fige que par le refroidissement ; elle vient former à la surface des bouillons froids une couche plus ou moins épaisse , selon la nature des substances qui entrent dans le bouillon et d'après l'âge des animaux , car les jeunes en fournissent plus que les vieux.

Du moment que la viande est pénétrée par la chaleur , on voit surnager des gouttes applaties et arrondies qui ne se dissolvent point , mais qui se figent par le refroidissement et présentent tous les caractères de la graisse.

A mesure que la digestion au feu se soutient, la partie muqueuse extractive se sépare , le bouillon se colore , il prend de l'odeur et de la saveur et c'est sur-tout à ce principe que sont dues ses propriétés.

Le sel qui se dissout en même temps relève la fadeur de tous les principes ci-dessus , et le bouillon est fait dès ce moment.

D'après la nature des divers principes qui se dégagent et l'ordre dans lequel ils paroissent , il est évident que la conduite du feu n'est pas indifférente : si on précipite l'ébullition et qu'on ne donne pas le temps convenable pour que la partie mucoso-extractive se dégage , alors on obtient les trois principes qui sont inodores et insipides , et c'est ce qu'on observe dans les bouillons faits par les cuisiniers pressés qui n'ont pas le temps de soigner ou de *mitonner* un potage ; lorsqu'au contraire on fait digérer à petit feu , les principes se séparent l'un après l'autre et avec ordre , on écrème plus exactement , le parfum qui se dégage se combine plus intimement , et on a un bouillon bien parfumé et très-agréable. Ce sont là les bouillons des bonnes-femmes , lesquelles font mieux avec peu de viande que les cuisiniers avec leur prodigalité ordinaire ; et c'est le cas de dire que la *forme vaut mieux que le fond.*

Il ne faut pas trop long-temps soutenir le feu , car la grande évaporation , en rapprochant le principe de l'odeur et de la saveur en même temps que le sel , les rends âcres et amers.

CHAPITRE VIII.

De l'Urine.

L'urine est une humeur excrémenticielle du corps humain ; et c'est un des fluides , dont il importe le plus d'avoir des connoissances exactes puisque le médecin praticien peut en tirer le plus grand avantage. On sait jusqu'à quel point d'extravagance le merveilleux en ce genre a été poussé : on a porté le délire jusqu'à prétendre connoître , d'après l'examen des urines , non-seulement la nature de la maladie , le caractère du malade , mais même le sexe et les conditions. Le vrai médecin n'a jamais donné dans ces excès ; mais il s'est toujours aidé dans sa pratique des divers caractères que lui présente l'urine, et c'est encore l'humeur dont on peut tirer le parti le plus avantageux ; elle porte, pour ainsi dire, au dehors le caractère du dedans, et un médecin qui y sait lire en tire des conséquences bien lumineuses.

Monró a décrit, dans son traité d'anatomie comparée, les organes qui chez les oiseaux suppléent aux reins, ils sont placés près de la colonne vertébrale et aboutissent par deux conduits aux environs de l'*anus* ; il dit que l'urine des oiseaux est cette matière blanchâtre qui accompagne presque toujours les excrémens.

L'analyse chimique doit éclairer le médecin dans les recherches qu'il peut faire sur les urines ; la nature des principes qu'elles charrient dans certaines circonstances, l'éclaire infiniment sur le principe prédominant dans les humeurs du corps humain. Leurs divers états font connoître la disposition du corps : les personnes très-irritables ont les urines plus claires que les autres, les goutteux rendent des urines troubles, et on a observé que lorsque les os se ramollissent les urines poussent au dehors le phosphate de chaux qui en fait la base : on la observé dans la femme *Supiot*, la veuve *Melin*, etc. Les divers états d'une maladie sont toujours marqués par l'état des urines ; et le médecin

vraiment praticien y trouve les signes de cru-
dité et de coction qui éclairent sa conduite.

L'urine est encore une humeur intéressante
à connoître, par rapport aux divers usages auxquels on la fait servir dans les arts : c'est d'elle
seule qu'on a retiré pendant long-temps le phosphore, c'est à elle que nous devons le développement de la couleur bleue du tournesol et du
violet de l'orseille; on peut l'employer avec succès
pour former des nitrières artificielles;elle contribue
puissamment à la formation du sel ammoniac;
on peut s'en servir pour préparer l'alkali dans
le bleu de Prusse : en un mot, elle peut servir
dans toutes les opérations où l'on a besoin du
concours d'une humeur animale.

L'urine dans son état naturel est transparente,
d'un jaune citron, d'une odeur particulière,
d'une saveur salée.

Elle est plus ou moins abondante suivant les
saisons et l'état des personnes ; il suffit d'observer, à ce sujet, que la transpiration et sur-
tout la sueur suppléent à la sécrétion de l'urine, et qu'en conséquence lorsqu'on transpire
beaucoup l'urine est peu abondante.

Les Médecins distinguent deux espèces d'u-
rine : l'une qui est rendue une ou deux heures
après la boisson, celle-ci est aqueuse, ne contenant presque pas des sels, sans couleur ni
odeur ; c'est celle que l'on rend si abondamment

lorsqu'on boit des eaux minérales : l'autre est celle qui n'est poussée au dehors que lorsque les fonctions de la sanguification sont finies , c'est ce qu'on pourroit appeler *fœces sanguinis*. celle-ci a tous les caractères que nous avons reconnus et assignés à l'urine : elle est portée par les artères dans les reins ; là elle est séparée et versée dans les bassinets de ces organes , d'où elle se rend par les urétères dans la vessie , où elle séjourne plus ou moins long-temps , suivant l'habitude de la personne , la nature de l'urine , l'irritabilité ou la grandeur de la vessie elle-même.

L'urine a été long-temps regardée comme une liqueur alkaline ; mais de nos jours on y a démontré un excès d'acide : il paroît par les expériences de M. *Berthollet* , 1°. que cet acide est de la nature du phosphorique ; 2°. que les urines des goutteux contiennent moins de cet acide , et il conjecture , avec fondement , que cet acide , retenu dans le sang et porté dans les articulations , y produit une irritation , et conséquemment un abord d'humeurs qui déterminent la douleur et puis le gonflement.

L'analyse de l'urine par la distillation , a été faite avec exactitude par plusieurs Chimistes , mais sur-tout par *Rouelle* le jeune : on en retire beaucoup de phlegme qui se pourrit avec la plus grande facilité , et donne de l'ammoniaque par la putréfaction, quoiqu'il n'en contienne point par lui-même ; il se précipite dans le même temps une substance terreuse en apparence, mais qui est un véritable phosphate de chaux ; c'est ce même sel qui forme le sédiment des urines, qu'on observe en les exposant au froid pendant l'hiver, même en parfaite santé ; lorsque par une suffisante évaporation l'urine a pris la consistance d'un sirop, il suffit de l'exposer à un vent droit frais pour en obtenir des crystaux où l'analyse a démontré les muriates de soude et d'ammoniaque ; ce précipité de crystaux a été connu sous le nom de *sel fusible*, *sel natif*, *sel microscomique*. On peut dépouiller l'urine de toute substance saline par des dissolutions, filtrations et évaporations répétées ; la matière qui empâte ces crystaux, et dont on les débarrasse par ces opérations, est soluble, partie dans l'alkool, partie dans l'eau : la partie savoneuse, ou celle qui est soluble dans l'alkool, est susceptible de crystallisation, se dessèche difficilement et donne à la distillation un peu d'huile, du carbonate d'ammoniaque, du muriate d'ammoniaque, et le résidu verdit le sirop de violette. Le principe extractif se dessèche facilement et se comporte à la distillation comme les substances animales. V. *Rouelle*.

Les phénomènes que nous présente la décomposition spontanée de l'urine, sont très-intéres-

sans à connoître , et on peut consulter avec
avantage un excellent Mémoire de M. *Hallé* ,
de la Société de Médecine , vol. de 1779.
L'urine abandonnée à elle-même perd bientôt
son odeur , qui est remplacée par une odeur
d'ammoniaque , celle-ci se dissipe à son tour ;
la couleur jaune devient brunâtre , et l'odeur
paroît fétide et nauséabonde. Nous devons à
Rouelle l'observation intéressante que l'urine
crue , *urina potus* , présente des phénomènes
très-différens , et qu'elle se recouvre de moisissure comme les sucs exprimés des végétaux.
L'urine putréfiée présente beaucoup plus d'acide
à nud que lorsqu'elle est fraîche.

Les alkalis fixes et la chaux dégagent de l'urine
beaucoup d'ammoniaque en décomposant le
phosphate d'ammoniaque.

Les acides détruisent l'odeur de l'urine en se
combinant avec l'ammoniaque qui est le principal
véhicule de l'odeur.

Nous pouvons donc regarder l'urine dans son
état naturel comme de l'eau qui tient en dissolution des matières purement extractives et des
sels phosphoriques ou muriatiques ; ces sels phosphoriques sont à base de chaux , d'ammoniaque
ou de soude. Nous jeterons un coup-d'œil sur
chacun en particulier.

Ce qu'on a appelé *sel fusible* , n'est que le
mélange de tous les sels contenus dans l'urine,

empâtés dans le principe extractif. Tous les anciens Chimistes conseillent l'évaporation et la filtration répétées pour les débarrasser de cet extrait animal ; mais MM. *Rouelle* et le *Duc de Chaulnes* ont observé qu'une grande partie du sel se dégageoit et se dissipoit par ces opérations à tel point qu'on en perd les trois quarts ; pour éviter en grande partie cette perte , M. le *Duc de Chaulnes* conseille de le dissoudre , de le filtrer et de le laisser refroidir dans des vaisseaux bien fermés : on obtient alors deux couches de sel , l'une supérieure qui paroît en tables quarrées , où *Rouelle* a reconnu des prismes tétraèdres applatis à sommet d'hièdre , c'est le phosphate de soude ; sous cette couche repose un autre sel crystallisé en prismes tétraèdres réguliers , c'est le phosphate d'ammoniaque.

 1°. Le phosphate d'ammoniaque présente ordinairement la forme d'un prisme tétraèdre rhomboïdal très-comprimé : mais cette forme varie beaucoup , et les mêlanges de phosphate ou de muriate de soude la modifient à l'infini.

 La saveur de ce sel est fraîche , ensuite urineuse , amère et piquante.

 Ce sel se boursoufflc sur les charbons , répand une odeur forte d'ammoniaque , et se fond au chalumeau en un verre très-fixe et très-fusible.

 Il est soluble dans l'eau ; cinq parties d'eau
froide

froide à dix degrés n'en ont dissout qu'une de
ce sel ; et, à une température de soixante degrés,
ce sel se décompose et il se volatilise même une
portion de son acide.

Ce sel sert de fondant à toutes les terres ;
mais dans ce cas l'alkali se dégage et l'acide
phosphorique s'unit à la terre, comme je m'en
suis convaincu : *Bergmann* l'a proposé comme
fondant ; les alkalis fixes et l'eau de chaux en
dégagent l'ammoniaque.

Ce sel traité avec le charbon donne du phosphore.

2°. Le phosphate de soude a été connu, en
1740, par *Haupt* sous le nom de *sel admirable
perlé* : *Hellot* avant lui, et *Pott* dix-sept ans
après lui, l'ont pris pour de la sélénite. *Margraaf*
en a donné une description exacte dans ses
Mémoires, en 1745 ; et *Rouelle* le jeune l'a
décrit avec détail, en 1776, sous le nom de
sel fusible à base de natrum ; tous convenoient
qu'il différoit du précédent, en ce qu'il ne donnoit
pas de phosphore avec le charbon.

Suivant *Rouelle* ses crystaux sont des prismes
tétraèdres applatis, irréguliers, à sommet d'ihè-
dre ; les quatre côtés du prisme sont deux pen-
tagones irréguliers alternes, et deux rhomboïdes
alongés et taillés en bizeaux.

Exposé au feu il se fond et donne un verre
qui devient opaque par le refroidissement.

Il se dissout dans l'eau distillée et la dissolution verdit le sirop de violette.

Il ne donne point de phosphore avec le charbon.

La chaux en degage la soude ; on peut même l'obtenir caustique en le précipitant par l'eau de chaux.

Les acides minéraux , même le vinaigre distillé , le décomposent en s'emparant de l'alkali: M. *Proust*, à qui nous devons presque toutes les connoissances précises que nous avons sur ces substances , a cru que la base à laquelle adhéroit la soude n'étoit point l'acide phosphorique , mais un sel très singulier , dont les propriétés étoient très-analogues à celles de l'acide boracique. Il a trouvé ce sel dans l'eau-mère après avoir décomposé le phosphate de soude par l'acide acéteux et retiré l'acétite de soude par la crystallisation ; il obtenoit ce même sel en traitant par la dissolution et l'évaporation le résidu de la distillation du phosphore ; une once de verre phosphorique en contient de cinq à six gros. Ce sel étoit caractérisé par les propriétés suivantes.

1°. Il crystallise en parallèlogrames.

2°. La saveur est alkaline et verdit le sirop de violette.

3°. Il se boursouffle au feu , rougit et se fond.

4°. Il effleurit à l'air ; cela peut ne pas avoir lieu lorsque l'acide phosphorique n'a pas été suffisamment décomposé par la distillation pour que l'alkali soit mis à nud , c'est ce que j'ai observé.

5°. L'eau bouillante en dissout six gros par once.

6°. Il aide la vitrification des terres et forme un verre parfait avec la silice.

7°. Il décompose le nitre et le sel marin , et sépare les acides.

8°. Il est insoluble dans l'alkool.

M. *Klaproth* a publié , dans le Journal de *Crell* , une analyse du sel fusible , dans laquelle il fait voir que le *sel perlé* , *sel de Proust* , n'est que du phosphate de soude : pour le prouver il n'est question que de dissoudre ce sel dans l'eau et d'y ajouter une dissolution de nitrate de chaux. L'acide nitrique se porte sur la soude , et l'acide phosphorique se précipite avec la chaux : on peut ensuite séparer l'acide phosphorique avec l'acide sulfurique.

Si on sature l'acide phosphorique, obtenu par la combustion lente du phosphore, avec un peu d'excès de soude , on forme le sel fusible ; si on s'empare de cet excès par le vinaigre , où si on y ajoute de l'acide phosphorique , on forme la substance décrite par *Proust*.

Le phosphate de soude est indécomposable

par le charbon : et l'on voit à présent pourquoi le sel fusible donne peu de phosphore , et pourquoi *Kunckel* , *Margraaf* et autres recommandent le mélange du muriate de plomb : il se forme par ce moyen du phosphate de plomb , qui permet la décomposition de l'acide phosphorique et fournit du phosphore.

Du calcul de la vessie.

Paracelse a fait quelques recherches sur le calcul de la vessie qu'il appelle *duelech* ; il le regarde comme une substance moyenne entre le tartre et la pierre , et croit que la formation est due à la modification d'une résine animale ; il le croit absolument analogue à la matière arthritique. *Van-Helmont* n'admet point cette analogie et regarde le calcul comme un *coagulé animal* né des sels de l'urine et d'un esprit volatil terreux. *Boyle* a trouvé ce calcul composé d'huile et de sel volatil. *Boërhaave* y supposoit une terre subtile intimement unie aux sels alkalins volatils : *Hales* avoit observé qu'un calcul du poids de deux cens trente grains donnoit six cens quarante-cinq fois son volume d'air , et qu'il ne restoit qu'une chaux du poids de quarante-neuf grains.

Indépendamment de ces connoissances chimiques , quelques Médecins , tels que *Alston* ,

de Haën, *Vogel*, *Meckel*, etc. avoient observé
la vertu dissolvante des savons, de l'eau de chaux
et des alkalis.

Mais nous n'avons des notions précises que
depuis que *Schéele* et *Bergmann* se sont sérieu-
sement occupés de cette matière. Le bézoard
de la vessie est formé, pour la plus grande
partie, d'un acide concret particulier, que M.
de Morveau a appelé *acide lithiasique*. (On
peut consulter l'Encyclopédie méthodique, dont
cet article n'est qu'un extrait). Cet acide est
connu dans la nouvelle nomenclature sous le nom
d'*acide lithique*.

Le calcul est en partie soluble dans l'eau
bouillante : la lessive rougit la teinture de tournesol, et dépose en se refroidissant la plus grande
partie de ce qu'elle a dissous ; les crystaux qui
forment ce dépôt sont l'acide lithique concret.

Schéele a encore observé, 1°. que l'acide
sulfurique ne dissolvoit le calcul qu'à l'aide de
la chaleur, et qu'il passoit alors à l'état d'acide
sulfureux ; 2°. que l'acide muriatique n'avoit pas
d'action sur lui ; 3°. que l'acide nitrique le dissout avec effervescence, et qu'il se dégage du
gaz nitreux et de l'acide carbonique ; cette dissolution est rouge, elle tient un acide libre,
teint la peau en rouge ; cette dissolution n'est
point précipitée par le muriate de barite, ni
troublée par l'acide oxalique ; 4°. que le calcul

X 3

n'étoit point attaqué par le carbonate de potasse ;
mais que l'alkali caustique le dissolvoit , de même
que l'alkali volatil ; 5°. que mille grains d'eau
de chaux en dissolvoient 5,37 par la seule digestion , et qu'elle en étoit de nouveau précipitée
par les acides ; 6°. que toute urine , même celle
des enfans , tenoit un peu de la matière des
calculs , ce qui fait peut-être que lorsque cette
matière trouve un noyau dans la vessie elle l'in-
cruste plus aisément : j'ai vu un calcul dont le
centre étoit un gros noyau de prune ; 7°. que
le dépôt de couleur de brique de l'urine des
fiévreux , étoit de la nature des calculs.

Ces expériences présentent plusieurs conséquences importantes , par rapport à la composition du calcul et aux propriétés de l'acide
lithique.

Le calcul contient en petite quantité de l'ammoniaque ; le résidu charboneux de la combustion annonce une substance animale de la nature
des gelées ; le célèbre *Schéele* n'y a pas trouvé
un atome de terre calcaire ; mais *Bergmann* a
précipité un vrai sulfate de chaux en versant
de l'acide sulfurique sur la dissolution nitreuse
de calcul ; il convient que la chaux y est en
bien petite quantité , puisqu'elle excède rarement
$\frac{1}{200}$ du poids total. Le même Chimiste y a apperçu une substance blanche , spongieuse , qui
ne se dissout point dans l'eau , qui n'est ni

attaquée, ni par l'esprit de vin, ni par les acides, ni par les alkalis, qui donne enfin un charbon dont l'incinération est difficile, et que l'acide nitrique ne dissout même pas à l'état de cendres; mais cette matière y existe en quantité si petite, qu'il n'a pas pu s'en procurer assez pour l'examiner.

Le calcul n'est donc pas de nature analogue à celle des os : ce n'est pas non-plus un phosphate de chaux, comme on l'a prétendu ; cela résulte des expériences des Chimistes du Nord ; mais je dois observer qu'après avoir décomposé bien des calculs par l'alkali caustique, j'ai précipité de la chaux et ai formé des phosphates de potasse.

Quelques Médecins, tels que *Sydenham*, *Cheyne*, *J. A. Murray*, etc. ont pensé que le tuf arthritique étoit de la même nature que le calcul : l'usage que *Boërhaave* faisoit des alkalis dans la goutte, les vertus reconnues par *Fred. Hoffmann* des eaux thermales de *Carlsbad* qui contiennent de la soude avec un excès d'acide carbonique, l'autorité de *Springsfeld* qui assure que le calcul se dissout très-promptement dans ces eaux, même dans l'urine de ceux qui en boivent, le succès de l'eau de chaux employée par *Alston* contre la goutte, tout cela étoit fait pour donner quelque crédit à l'opinion des pre-

miers Médecins ; mais les expériences suivantes
ne s'accordent point avec ces idées.

Van-Swieten assure que le tuf arthritique
n'acquiert jamais la dureté du calcul ; *Pinelli*
(transact. philosoph.) a traité à la cornue trois
onces de tuf arthritique recueilli des articulations
de plusieurs goutteux , et il a obtenu de l'ammoniaque et quelques gouttes d'huile, le résidu pesoit
deux gros ; ce résidu , soluble dans les acides
muriatique , sulfurique , acéteux , n'étoit point
attaqué par l'alkali volatil : on a publié , dans
les Mémoires de l'Académie de *Stockolm* pour
1783 , une observation de M. *Rœring* , qui
constate que des concrétions expectorées par un
vieillard sujet à la goutte , se sont trouvées de
nature osseuse ou phosphate de chaux. Mais un
des faits les plus nouveaux et les plus importans ,
est celui que M. *H. Watson* a consigné dans le
Medical communication de Londres , tom. I.
1784 : il conclut de l'examen du tuf arthritique
d'un cadavre goutteux , que le tuf est très-diffé-
rent de la matière du calcul , puisqu'il se dissout
dans la synovie et se mêle facilement à l'huile et
à l'eau , ce que ne fait point le calcul.

Il suit de ce que nous avons observé sur l'acide
lithique , que cet acide est concret et peu soluble
dans l'eau , qu'il se décompose et se sublime en
partie à la distillation. Cet acide décompose

l'acide nitrique , s'unit aux terres , aux alkalis et aux oxides métalliques ; il cède ses bases aux plus foibles acides végétaux , même à l'acide carbonique.

CHAPITRE IX.

Du phosphore.

Le phosphore est une des substances les plus étonnantes qu'ait produit la chimie : on a prétendu avoir trouvé des traces de la connoissance de cette matière dans les plus anciens Chimistes : mais ce que nous avons de plus positif à ce sujet , est dans l'histoire que nous en a donné *Leibnitz* dans les mélanges de Berlin pour 1710 ; il en donne la découverte à *Brandt* , Chimiste de Hambourg qui , travaillant sur l'urine pour en tirer une liqueur propre à convertir l'argent en or , trouva le phosphore en 1667 , il fit part de sa découverte à *Kraft* , qui montra ce produit à *Leibnitz* ; étant ensuite en Angleterre il le communiqua à *Boyle. Leibnitz* fit venir le premier inventeur par ordre du Duc d'Hanovre ; et, l'ayant fait travailler devant lui , il apprit toute l'opération , il en envoya un échantillon à *Hughens* , qui le fit voir à l'Académie des Sciences de Paris.

On assure que *Kunckel* s'étoit associé avec

Kraft pour acheter le procédé de *Brandt :* mais *Kunckel*, ayant été trompé par *Kraft* qui garda le secret pour lui seul , sachant qu'on employoit l'urine dans cette opération se mit à travailler et trouva un procédé pour faire cette substance ; c'est ce qui a engagé les chimistes à lui donner le nom de *phosphore de Kunckel.*

Quoique le procédé eût été rendu public, *Kunckel* et un Allemand appellé *Godefred Hatwith* , ont été les seuls pendant long-temps à préparer le phosphore : ce n'est qu'en 1737 , qu'on le fit à Paris dans le laboratoire du Jardin du Roi : un étranger exécuta cette opération en présence de MM. *Hellot* , du *Fay* , *Geoffroi* et *Duhamel :* on peut voir le détail de l'opération dans le volume de l'Académie pour 1737 ; Hellot y a rassemblé toutes les circonstances essentielles. en 1743 , *Margraaf* publia une nouvelle méthode , plus facile , qui a été suivie jusqu'à ce que *Schéele* et *Gahn* nous ont appris à le retirer des os.

Le procédé consiste à mêler du muriate de plomb, résidu de la distillation de quatre livres de minium et de deux livres de sel ammoniac , avec dix livres d'extrait d'urine en consistance de miel ; on y ajoute demi-livre de charbon en poudre , on désseche ce mêlange dans une chaudière de fer , jusqu'à ce qu'il soit réduit en une poudre noire , on met cette poudre

dans une cornue et on en retire l'alkali volatil, l'huile fétide et le sel ammoniac ; le résidu contient le phosphore. On l'essaye en en
jettant un peu sur les charbons ardens : s'il re-
pand une odeur d'ail et une flamme phosphorique , on le met dans une bonne cornue de
grès et on procède à la distillation. Par ce procédé on obtient beaucoup plus de phosphore
qu'on n'en obtenoit par l'ancien , et cela tient
à l'addition que fait *Margraaf* du muriate de
plomb qui décompose le phosphate de soude ,
forme un phosphate de plomb qui donne du
phosphore , tandis que le phosphate de soude
est indécomposable par le charbon. Le fameux
chimiste de Berlin a encore prouvé que c'étoit
le sel fusible de l'urine qui donnoit le phosphore.

M. *Gahn* fit connoître en 1769 , que la terre
que laissoient les os après leur calcination étoit
la chaux unie à l'acide de l'urine : mais *Schéele*
fut le premier à prouver , qu'en décomposant
le sel des os par l'acide nitrique et le sulfurique , évaporant le résidu lorsque l'acide phosphorique y est à nud et traitant par la distillation l'extrait avec la poudre du charbon , on
en retire du phosphore. Ces renseignemens fournis par *Bergmann* lui-même , dans ses notes à
la chimie de *Scheffer* , rapportoient à *Schéele* la
découverte d'extraire le phosphore des os.

Ce n'est qu'en 1775 , qu'on fit connoître le

procédé dans la gazette salutaire de Bouillon.
On a successivement ajouté et perfectionné ce
procédé : on peut voir ces détails dans le dic-
tionnaire encyclopédique.

Le procédé qui m'a le plus constamment
réussi est le suivant : on choisit les os les plus
durs , on les enflamme et on les laisse brûler ;
par cette combustion , l'extérieur devient blanc
et l'intérieur est noirâtre :

On les pulvérise ensuite , on les tamise , on
les met dans une terrine ou dans un vaisseau de
bois cerclé , on verse dessus moitié en poids
d'huile de vitriol et on remue constamment ; à
mesure qu'on agite , il s'excite une chaleur considérable , on laisse ce mélange en digestion
pendant deux à trois jours , puis on y ajoute
de l'eau peu-à-peu et on remue ; je fais digérer le dernier mélange sur le feu afin d'augmenter la vertu dissolvante de l'eau.

On prend l'eau de la lessive et on l'évapore
dans des vaisseaux de grès , d'argent ou de cuivre. (M. *Pelletier* recommande ces derniers vases parce que , selon lui , l'acide phosphorique
n'attaque pas le cuivre :) on évapore jusqu'à
siccité , on passe de nouvelle eau bouillante sur le
résidu et on lessive jusqu'à ce qu'il soit épuisé ,
ce que l'on reconnoît lorsque l'eau ne se colore
plus en jaune ; on évapore toutes ces eaux et
on forme un extrait.

Pour séparer le sulfate de chaux , on dissout

l'extrait dans le moins d'eau possible , on filtre
et ce sel reste sur le filtre ; on peut mêler cet
extrait avec la poudre de charbon et distiller ,
mais je préfère de le convertir en verre animal
et, à cet effet, je mets l'extrait dans un grand
creuset et pousse au feu , il se boursouffle ,
mais il finit par s'affaisser, et dès-ce moment le
verre est fait. Ce verre est blanc , couleur de
lait : *Becher* le connoissoit parfaitement ; il nous
laisse ignorer son procédé par rapport aux abus
qui , selon lui , pourroient s'ensuivre *propter va-
rios abusus* : il nous dit en propres termes , *ho-
mo vitrum est et in vitrum redigi potest sicut
et omnia animalia* ; il regrette que les Scythes
qui buvoient dans des crânes dégoutans n'ayant
pas connu l'art de les convertir en verre ; il
fait entrevoir qu'il seroit possible de former une
suite de ses ayeux en verre comme on les a en
peinture , etc.

J'ai observé une fois , à mon grand étonne-
ment , que du verre phosphorique que je venois
de faire donnoit des étincelles électriques très-
fortes : quand on approchoit la main ces étincelles s'élançoient à deux pouces , j'ai rendu
tout mon auditoire témoin de ce phénomène ,
ce verre a perdu cette propriété en deux à trois
jours quoique conservé dans une capsule de
verre ordinaire.

Il arrive quelquefois que ce verre est déliquescent , mais alors il est acide et cela provient ou de ce qu'on a employé une trop grande quantité d'acide sulfurique , ou de ce que cet acide n'a pas été saturé par une digestion assez longue.

J'ai obtenu encore du verre coloré comme les turquoises , lorsque j'avois fait évaporer dans le cuivre.

Le verre peut être privé des bulles qu'il contient ordinairement par un coup de feu soutenu , alors il est transparent et on peut le tailler en diamant , suivant *Crell* sa pesanteur spécifique est à celle de l'eau : : 3 : 1 tandis que celle du diamant est : : 35 : 10. Ce verre est insoluble dans l'eau , etc. Un squelette du poids de 19 livres brûlé fournit 5 livres de verre phosphorique. Je pulvérise ce verre , le mêle avec partie égales de poudre de charbon , le mets dans une cornue de porcelaine bien luttée , dont je fais plonger en partie le bec dans l'eau du récipient de façon qu'il n'y ait que le passage de l'air ou gaz phosphorique , j'adapte un large tube à la tubulure du récipient et le fais plonger dans un bocal rempli d'eau ; on pousse le feu par degrés et on voit passer le phosphore du moment que le mêlange a été porté au rouge ; le phosphore se sublime , partie sous forme d'une fumée qui se concret et se précipite sur la surface de l'eau , partie sous forme de gaz inflammable et partie sous la forme d'une cire fondue qui coule par le bec de la cornue et tombe dans l'eau comme de belles larmes transparentes. L'éthiologie de cette opération est facile à saisir : l'acide phosphorique est déplacé par le sulfurique, ce qui est annoncé par la grande quantité de sulfate de chaux qu'on obtient. Toutes les autres opérations ne tendent qu'à concentrer cet acide phosphorique encore combiné avec d'autres substances animales ; et la distillation avec le charbon décompose l'acide phosphorique , son oxigène s'unit au charbon et donne de l'acide carbonique , tandis que le phosphore se dégage.

Pour purifier le phosphore on mouille une peau de chamois et on y met le phosphore en forme de nouet ; on met le nouet dans une terrine d'eau bouillante , et lorsque le phosphore est fondu on l'exprime , il passe à travers la peau comme le mercure ; la peau ne peut servir qu'une fois ; le second phosphore qu'on y passeroit se colore ; ce procédé est de M. *Pelletier.* Pour mouler le phosphore en bâtons , on prend un entonnoir à long bec, dont on bouche l'orifice avec un petit bouchon de liége ou un morceau de bois , on le remplit d'eau et on y met le phosphore , on le plonge dans l'eau bouillante , la chaleur qui se communique à celle de l'entonnoir fond le phosphore qui coule dans le bec dont il prend la forme , on retire l'entonnoir , on le plonge dans l'eau froide , et lorsque le phosphore est figé on enlève le bouchon et on le fait sortir du moule en le poussant avec un morceau de bois.

On conserve le phosphore dans l'eau : au bout de quelque temps il perd sa transparence , se recouvre d'une poussière blanche et l'eau s'acidule.

De quelque manière qu'on ait fait le phosphore , c'est toujours une substance identique, caractérisée par les propriétés suivantes : il a une couleur de chair et une transparence marquée ; il a la consistance de la cire , on peut le couper avec le couteau et même avec les doigts en tournant le bâton en divers sens : mais dans ce dernier cas il faut avoir la précaution de le plonger souvent dans l'eau , sans quoi il s'enflammeroit.

Lorsque le phosphore a le contact de l'air , il répand une fumée blanche ; il est lumineux dans l'obscurité , et on peut écrire sur un corps solide avec un bâton de phosphore comme avec un crayon , les traits sont visibles dans les ténèbres , et l'on s'est servi plusieurs fois de ce moyen pour effrayer des ames timides.

Lorsque le phosphore éprouve vingt-quatre degrés de chaleur, il s'allume avec décrépitation, brûle en répandant une flamme très-vive , et donne une vapeur blanche très-abondante et

lumineuse

lumineuse dans l'obscurité ; le résidu de la combustion est une substance rouge caustique, qui attire l'humidité de l'air et se résout en liqueur ; c'est l'acide phosphorique dont nous parlerons dans le moment.

M. *Wilson* prétend que les rayons solaires allument le phosphore, et prouve que cette flamme a la couleur propre au phosphore et non la couleur du rayon (lettre de M. *Wilson* à M. *Euler*, lue à la Société Royale de Londres, en Juin 1779).

De nos jours on a tiré un parti avantageux de la propriété combustible du phosphore pour se procurer du feu commodément et en tout lieu : on en a fait les *bougies phosphoriques* et les *briquets physiques* dont nous indiquerons le procédé.

1°. Le procédé le plus simple pour faire les bougies phosphoriques, consiste à prendre un tube de verre de quatre pouces de long sur une ligne de large fermé par un bout ; on introduit dans le tube un peu de phosphore qu'on pousse jusqu'à son extrêmité, on introduit ensuite dans le même tube une bougie enduite d'un peu de cire, on scelle l'extrêmité et on plonge le bout dans l'eau bouillante ; le phosphore se fond et se fixe sur la mèche.

On trace une ligne sur le tiers de la longueur

Y

avec une pierre à fusil pour casser le tube au besoin.

On tire brusquement la mèche pour enflammer le phosphore.

Le procédé de M. *Louis Peyla* pour faire les bougies inflammables, consiste à prendre un tube de verre, de la longueur de cinq pouces et de deux lignes de largeur, on en scelle une extrémité avec le chalumeau ; on a de petites bougies de cire faites avec trois fils doubles de coton filé, le bout de la mèche est d'un demi-pouce de long, et ne doit pas être recouvert de cire.

On met dans une soucoupe qu'on a remplie d'eau une lame de plomb, on coupe le phosphore dans l'eau sur le plomb, on le réduit en fragmens de la grosseur d'un grain de millet ; on en essuie un grain et on l'introduit dans le tube de verre, on met ensuite la quatorzième partie d'un grain de soufre bien sec, c'est-à-dire, la moitié du poids du grain de phosphore, on prend une bougie dont on trempe l'extrêmité de la mèche dans de l'huile de cire bien claire, si elle monte en trop grande quantité il faut l'essuyer avec un linge.

On introduit la mèche dans le tube en tournant la bougie toujours entre les doigts.

On trempe le fond du tube dans de l'eau

presque bouillante pour ramollir le phosphore ,
on ne le laisse que trois ou quatre secondes dans
l'eau.

On scelle ensuite l'autre extrêmité.

Il faut tenir ces bougies dans un tube de fer-
blanc pour éviter les risques de l'inflammation.

2°. Pour former les briquets physiques , on a
un flacon de verre qu'on fait chauffer en le fixant
dans une cuiller remplie de sable , on y introduit
deux ou trois petits morceaux de phosphore , et
on y plonge un petit fil de fer rougi au feu ,
le phosphore se répand sur les parois où il forme
une couche rougeâtre , on introduit ce fil bien
chauffé à plusieurs reprises ; et lorsque tout le
phosphore est rejeté sur les parois , alors on
laisse le flacon débouché pendant un quart
d'heure , et ensuite on le bouche. Pour s'en
servir , on introduit une allumette soufrée dans
le flacon , on la tourne et on la tire promptement,
le phosphore qui est entraîné par l'allumette
prend feu et enflamme l'allumette.

La théorie de ce phénomène tient à ce que
dans ce cas le phosphore est fortement séché ,
à demi calciné et qu'il n'a besoin que du contact
de l'air pour s'enflammer.

Le phosphore peut se dissoudre dans les huiles , sur-tout dans les volatiles , elles sont alors
lumineuses ; et si on tient cette dissolution dans
un flacon et qu'on le débouche, on voit s'élancer

un jet phosphorique qui répand un peu de lumière : on emploie l'huile de girofle à cette opération. Cette combinaison du phosphore et de l'huile paroît être naturelle dans le ver luisant (*lampyris splendidula.* LINNÉ) *Forster* de Gottingue observe que dans le ver luisant, la matière luisante est liquide ; si on écrase le ver luisant entre les doigts, la phosphorescence existe sur le doigt. *Henckel* rapporte (huitième dissertation de sa pyritologie) qu'un de ses amis d'un tempérament sanguin, après avoir beaucoup dansé, sua beaucoup et pensa mourir ; pendant qu'on le déshabilloit on appercevoit des traînées de flamme phosphorique qui laissoient sur la chemise des taches jaunes-rouges comme celles du résidu du phosphore brûlé ; cette lueur fut long-temps visible.

On peut extraire un gaz phosphorique du phosphore, qui s'enflamme par le seul contact de l'air : M. *Gengembre* a fait connoître le moyen de l'extraire en faisant digérer les alkalis dessus (Mémoire lu à l'Académie de Paris le 3 Mai 1783) et dans le même temps je faisois voir qu'on pouvoit l'extraire par le moyen des acides qu'on décomposoit sur le phosphore : j'ai même annoncé (Mémoire sur la décomposition de l'acide nitrique par le phosphore) que lorsque l'acide digéroit dessus il s'échappoit un gaz qui s'enflammoit dans le récipient, ce qui m'a donné plusieurs fois le spectacle de plusieurs éclairs qui sillonnoient la cavité des vaisseaux ; mais ce phénomène disparoissoit dès que l'air vital y étoit absorbé.

C'est au dégagement d'un pareil gaz qu'on peut attribuer les feux follets qui serpentent dans les cimetières , et généralement dans tous les lieux où il y a des animaux enfouis et qui se pourrissent ; c'est à un semblable gaz que nous devons rapporter l'air inflammable qui entretient le feu dans certains lieux et à la surface de certaines sources d'eau froide.

Le phosphore se trouve dans les trois règnes : M. *Gahn* a trouvé l'acide phosphorique dans la mine de plomb ; la *syderite* est un phosphate de fer ; les semences de roquette , de moutarde , de cresson de jardin et de froment , traitées par *Margraaf* , lui ont donné du beau phosphore. M. *Meyer* de Stetin a annoncé (annales chimiques de *Crell*, an. 1784) que la partie verte résineuse des feuilles des plantes contenoit l'acide phosphorique. M. *Pilatre du Rozier* a renouvelé en 1780 (mois de Novembre , Journal de Physique) l'opinion de *Rouelle* l'ainé , qui regardoit l'acide phosphorique comme analogue à celui des corps muqueux , et il assure que la distillation du pyrophore fournit cinq à six grains de phosphore par once. L'acide phosphorique existe dans l'urine , les os , les cornes , etc. M. *Maret* , en traitant douze onces de chair de bœuf par la combustion, a obtenu près de 3 gros de verre phosphorique transparent : M. *Crell* l'a retiré du suif de bœuf et de la graisse humaine ; M. *Hannkwitz*, des excrémens; *Leidenfrost*, du vieux fromage; *Fontana*, des os de poisson ; *Berniard*, des coquilles d'œuf, etc. M. *Macquart* et M. *Struve* ont trouvé l'acide phosphorique dans le suc gastrique.

La combinaison du phosphore avec l'air vital est la plus intéressante : de cette combinaison il en résulte toujours de l'acide phosphorique, mais cet acide paroît modifié par la manière dont elle se fait.

Le phosphore s'unit à l'oxigène, 1°. par la déflagration ou combustion rapide ; 2°. par la combustion lente ; 3°. par la voie humide, sur-tout par la décomposition de l'acide nitrique.

1°. Si l'on fait éprouver au phosphore une chaleur sèche de vingt-quatre degrés il s'enflamme, donne une fumée blanche et épaisse, et laisse un résidu rougeâtre qui attire puissamment l'humidité de l'air et se résout en liqueur : on peut opérer cette combustion sous des cloches de verre, alors il se dépose, sur les parois, des flocons blancs qui se résolvent en liqueur par le contact de l'air et forment de l'acide phosphorique : on a soin d'introduire une nouvelle quantité d'air vital lorsque la combustion du phosphore n'a pas été complète. M. *Lavoisier* a brûlé le phosphore à l'aide d'un verre ardent, sous une cloche de verre plongée dans le mercure (Mémoires de l'Académie Royale des Sciences , 1777).

Margraaf avoit observé que l'air étoit absorbé dans cette opération: M. *de Morveau* l'a annoncé, en 1772, d'après ses propres expériences ; et l'Abbé *Fontana* a prouvé aussi que le phosphore absorboit de l'air et le vicioit comme tous les autres combustibles. MM. *Lavoisier* et *de la Place* ont vu que quarante - cinq grains de phosphore absorbent en brûlant 65 , 62 d'air vital.

L'acide obtenu par ce moyen n'est pas pur : il contient toujours du phosphore en dissolution et non saturé d'oxigène.

2°. Le phosphore est plus complétement décomposé par la combustion lente : à cet effet on plonge le bec d'un entonnoir dans un flacon de crystal , on met un tube creux dans le milieu et on dispose des bâtons de phosphore tout autour sans qu'ils se touchent ; on recouvre l'entonnoir avec un papier qu'on assujettit avec un fil , de sorte qu'il n'y a que l'ouverture par laquelle passe le cylindre de verre : le phosphore se décompose lentement , et à mesure qu'il se résout en liqueur il coule dans le flacon où il forme une liqueur sans odeur et sans couleur. Cet acide retient presque toujours un peu de phosphore non-décomposé , dont on peut le débarrasser en faisant digérer dessus de l'alkool, qui dissout le phosphore sans volatiliser l'acide.

Une once de phosphore produit de cette manière environ trois onces acide phosphorique.

3°. On peut décomposer l'acide nitrique en le faisant digérer sur le phosphore : le gaz nitreux se dissipe et l'oxigène reste uni au phosphore pour former l'acide phosphorique. Lorsque l'acide nitrique est très-concentré , le phosphore s'enflamme et brûle à la surface : j'ai fait connoître ce procédé , avec toutes les circonstances de l'opération, en 1780 , la même année que fut imprimé l'excellent Mémoire de M. *Lavoisier*, sur la même question , et dont je n'avois alors aucune connoissance.

L'eau dans laquelle on conserve le phosphore contracte de l'acidité avec le temps , ce qui annonce que l'eau elle-même se décompose et cède son oxigène au phosphore.

Le phosphore précipite quelques oxides métalliques de leurs dissolutions à l'état de métal : on observe qu'il se forme de l'acide dans cette opération , ce qui prouve que l'oxigène abandonne le métal pour s'unir au phosphore.

L'acide phosphorique est blanc , inodore , sans être corrosif : on peut le concentrer jusqu'à

siccité : *Crell*, l'ayant concentré jusqu'à la siccité vitreuse, a trouvé son rapport de pesanteur
avec l'eau :: 3 : 1.

Cet acide est très-fixe ; si on le concentre
dans un matras l'eau se dissipe d'abord, on sent
bientôt une odeur d'ail qui est due à une portion de phosphore dont on débarrasse difficilement cet acide, il s'élève même des vapeurs
acides ; la liqueur se trouble, prend un coup-
d'œil laiteux, une consistance pâteuse ; et si on
met la matière dans un creuset sur les charbons
ardens, elle bouillonne considérablement ; la
vapeur qui sort verdit la flamme, et la masse
finit par se convertir en un verre blanc transparent qui n'est plus soluble dans l'eau.

L'acide phosphorique n'a aucune action sur
le quartz.

Il dissout l'argile et bouillonne avec elle.

Il dissout la baryte et s'unit sur-tout avec
facilité à la craie, avec laquelle il forme un sel
peu soluble ; la dissolution bien chargée laisse
précipiter, au bout de vingt-quatre heures, des
crystaux en petites aiguilles aplaties, minces,
de plusieurs lignes de longueur et coupées obli-
quement par les deux bouts. L'acide phospho-
aique précipite la chaux de l'eau de chaux ;
c'est alors un vrai phosphate de chaux très-
analogue à la base des os, décomposable par les
acides minéraux.

· L'acide phosphorique saturé de potasse forme
un sel très-soluble, qui donne des crystaux en
prismes tétraèdres, terminés par des pyramides
tétraèdres. Ce phosphate est acide, se boursoufle
sur les charbons, se fond difficilement ; l'eau de
chaux le décompose.

· La soude combinée avec l'acide phosphorique
donne un sel de saveur analogue à celle du muriate de soude : ce phosphate ne crystallise point
et se réduit par l'évaporation en une matière
gommeuse et déliquescente : M. *Sage* assure
que le phosphate de soude préparé avec l'acide
obtenu par la combustion lente, forme un sel
susceptible de crystallisation.

M. *George Pearson* a combiné l'acide phosphorique obtenu par l'acide nitrique avec la
soude, et a eu un sel neutre en rhombes.

Ce sel, quoique saturé, verdit le sirop de
violette, effleurit à l'air, a un goût salé qui
approche de celui du muriate de soude, purge
à la dose de six à huit gros, sans nausée, sans
douleur, sans mauvais goût.

Le phosphate d'ammoniaque donne un sel
qui, d'après M. *Lavoisier*, présente des cristaux qui ont quelque rapport avec ceux d'alun.

L'acide phosphorique n'agit que sur un petit
nombre de substances métalliques : on doit consulter, à ce sujet, les travaux de MM. *Margraaf* et de *Morveau*.

L'acide phosphorique a une action marquée sur les huiles : mêlé à parties égales avec l'huile d'olive, il prend par la seule agitation une couleur fauve qui subsiste même après la séparation ; cette nuance augmente si on les fait digérer ensemble, l'acide s'épaissit, l'huile qui surnage devient noire et charboneuse et il s'en dégage une odeur forte.

CHAPITRE X.

De quelques substances qu'on retire des animaux pour l'usage de la Médecine et des Arts.

Il n'est peut-être pas de produit animal dont les vertus n'ayent été exaltées par des Médecins ; il est peu d'animaux qu'on n'ait voulu faire servir dans divers temps à l'usage de la médecine : mais le temps a heureusement condamné à l'oubli les productions qui n'auroient jamais dû en sortir ; et nous ne nous occuperons que de celles dont l'observation de tous les temps a constaté les effets et confirmé la vertu.

Nous ne parlerons en conséquence ni des poumons des renards, ni du foie de loup, ni des pieds d'élan, ni des mâchoires de brochet, ni des nids d'hirondelle, ni de la poudre de crapeau , ni de la fiente de paon , ni du cœur des vipères , ni de la graisse de blaireau , pas même de celle de pendu.

Les quadrupèdes , les cétacées , les oiseaux , et les poissons fournissent tous quelque produit auquel l'expérience chimique et médicinale a reconnu des vertus bien marquées.

ARTICLE PREMIER.

Des produits fournis par les Quadrupèdes.

Nous ne nous occuperons ici que des produits les plus usités qu'on extrait des quadrupèdes , et nous ne parlerons , en conséquence , que du castoreum, du musc et de la corne de cerf.

1. On donne le nom de *castoreum* à une liqueur onctueuse contenue dans deux poches situées dans la région inguinale du castor mâle ou femelle : on peut en voir une description exacte dans l'encyclopédie. Cette matière très-odorante est molle et presque fluide lorsqu'elle est récemment tirée de l'animal ; mais elle se sèche par le laps du temps. Cette substance a une saveur âcre, amère et nauséabonde ; l'odeur en est forte, aromatique et même puante.

L'alkool en dissout une résine qui le colore : l'eau en extrait un principe abondant ; en le faisant évaporer , on en retire même un sel dont on ne connoît pas bien la nature ; à la distillation le castoreum fournit un peu d'huile volatile , de l'ammoniaqne , etc.

On ignore quels sont ses usages particuliers pour le castor : les anciens avoient porté la crédulité jusqu'à se persuader que le castor en prenoit lorsqu'il avoit l'estomac débile.

Il est employé en médecine comme un puissant antispasmodique ; on l'ordonne à la dose de quelques grains en substance , ou on le fait entrer dans des bols , des extraits , etc. On l'associe avantageusement à l'opium ; on prescrit même sa teinture spiritueuse depuis , quelques gouttes jusqu'à 24 ou 36, dans des potions appropriées.

On voit évidemment , d'après le peu de connoissances chimiques qu'on a sur cette substance , que c'est une résine unie à un mucilage et à un sel qui facilite l'union des principes.

2°. On donne le nom de *musc* à un parfum qu'on retire de divers animaux ; en 1726, on reçut , à la ménagerie du Roi , sous le nom de musc , un animal qui étoit envoyé d'Afrique et qui ressembloit aux Civettes , dont M. *Perrault* a laissé la description ; il a été nourri pendant six ans de viande crue ; M. *de la Peyronnie* en a donné une fort bonne description à l'Académie des Sciences année 1731.

L'organe qui contenoit le musc étoit situé

prés des parties génitales (c'étoit une femelle.)
à l'ouverture de la bourse qui renferme le musc,
l'odeur fut si forte que M. *de la Peyronnie* ne
put l'observer sans en être incommodé ; cette
liqueur est préparée par deux glandes qui la versent dans le réservoir commun par une foule de
petits trous.

L'autre animal qui donne le musc dans l'O-
rient est dans la classe des chevreuils ; il est
très-commun dans la Tartarie Chinoise : il porte
le musc dans une bourse sous le nombril ; cette
bourse , saillante en déhors de la grosseur d'un
œuf de poule , est une substance membraneuse
et musculeuse garnie d'un Sphincter , on observe
dans l'intérieur beaucoup de glandes qui séparent l'humeur : dès-que la bête est tuée on lui
coupe la vessie et on la coud., mais on l'altère avec les testicules , le sang , les rognons de
l'animal , etc. car chaque animal n'en fournit
que trois ou quatre gros. Il faut choisir le musc
sec , onctueux , odorant ; il doit se consumer
tout entier quand on le met sur le charbon. Le
musc de *Tunquin* qu'on estime le plus est dans
des vessies dont le poil est brun ; celui du *Ben-*
gale est enveloppé dans des vessies garnies de
poil blanc.

Le musc contient à-peu-près les mêmes principes que le castoreum : l'odeur du musc pur et
sans mélange est trop forte et incommode ; on

la mitige en le mêlant avec d'autres substances; on l'emploie peu en médecine, c'est un antispas-modique puissant dans quelques cas, mais il faut être sobre sur son emploi parce qu'il excite souvent les affections nerveuses au lieu de les calmer.

L'odeur du musc est répandue dans certains animaux : M. *de la Peyronnie* connoissoit un homme dont le dessous de l'aisselle gauche ré-pandoit pendant l'été une odeur du musc si mar-quée qu'il étoit obligé de l'affoiblir pour n'être pas incommodé.

3°. La corne de cerf fournit plusieurs pro-duits qui sont très-employés en médecine : on a donné la préférence à la corne parce qu'elle contient moins de sel terreux que les os, mais on peut indistinctement employer toutes sortes de cornes.

On faisoit calciner autrefois avec le plus grand soin la corne de cerf, et on en fai-soit un remède propre à arrêter les cours de ventre.

Les produits les plus employés aujourd'hui de la corne de cerf sont ceux qu'on retire par la dis-tillation : on obtient d'abord un phlegme alkalin qu'on appelle *esprit volatil de corne de cerf* ; vient ensuite une huile rougeâtre plus ou moins empyreumatique, et une très-grande quantité de *carbonate d'ammoniaque* sali et coloré par de l'huile empyreumatique ; on peut dégager l'huile qui colore ce sel par le moyen de l'esprit de vin qui la dissout : le résidu charboneux contient du *natrum* , du sulfate et du phosphate de chaux dont on peut retirer du phosphore par les procédés indiqués ci-dessus.

On emploie en médecine l'esprit et le sel qu'on retire de la corne de cerf comme de bons antispasmodiques.

L'huile convenablement rectifiée forme *l'huile animale de Dippel* : comme on a attaché les plus grandes vertus a cette substance , on s'est tourmenté de mille manières pour la purifier : pendant long-temps on a employé un grand nombre de rectifications pour obtenir l'huile blanche et fluide ; mais MM. *Model* et *Baumé* ont conseillé de ne prendre que les premières portions qui passent , parce que c'est alors la plus atténuée et la plus blanche. *Rouelle* conseilloit de la distiller avec l'eau , et , comme il n'y a que la plus volatile qui puisse monter au degré de l'eau bouillante , on est sûr d'avoir par ce moyen la plus fine. Quant à moi je distille l'huile empyreumatique avec de la terre de Murviel qui retient tout le principe colorant et j'obtiens de suite l'huile blanche et ténue.

Cette huile est odorante , elle a toutes les qualités des huiles volatiles , mais elle verdit le sirop de violettes , comme l'a observé M. *Parmentier*,

ce

ce qui prouve qu'elle retient un peu d'alkali volatil. On emploie cette huile par gouttes dans
les affections nerveuses, l'épilepsie, etc. On
l'emploie en frictions sur la peau comme calmante et résolutive : mais on est revenu de nos
jours des grandes vertus qu'on lui attribuoit.

Le priape du cerf a été regardé comme un
bon remède pour faire uriner ; la vessie appliquée sur la tête guérit les teigneux ; les larmes
desséchées passent pour des bézoards ; la peau
préparée fait des gans ; la chair sert d'aliment ;
en un mot, c'est, comme l'observe M. *Plomet*,
*un monde de remèdes, de commodités et d'avan-
tages.*

ARTICLE II.

De quelques produits fournis par les Poissons.

L'huile de poisson et le blanc de baleine sont
les produits les plus usités qu'on retire des poissons.

Le blanc de baleine est une huile concrète
qu'on extrait du Cachalot : on connoit cette
espèce de graisse sous le nom très-impropre de
sperma ceti. Ces animaux d'une grosseur prodigieuse en fournissent abondamment : *Plomet*
nous raconte qu'en 1688, un navire Espagnol

Z

s'empara d'un cachalot , dont la tête fournit vingt-quatre barriques de cervelles , et le corps quatre-vingt-seize barriques de lard. Ce blanc de baleine est toujours mêlé d'une certaine quantité d'une huile inconcrescible qu'on enlève avec soin.

Le blanc de baleine brûle en répandant une flamme très-blanche : on en fait des chandelles à Bayonne et à St. Jean-de-Luz ; ces chandelles sont d'un blanc très-luisant , elles jaunissent à la longue , mais moins facilement que la cire et les huiles pesantes.

Si on le distille à feu nud , il ne donne point de phlegme acide , mais il passe tout entier en prenant une teinte rougeâtre : quelques distillations répétées lui font perdre sa consistance naturelle.

L'acide sulfurique le dissout , et cette dissolution est précipitée par l'eau comme l'huile de camphre ; les acides nitrique et muriatique n'ont pas d'action sur lui.

L'alkali caustique dissout le blanc de baleine et forme avec lui un savon qui acquiert peu-à-peu de la solidité.

L'alkool dissout à chaud le blanc de baleine et le laisse précipiter par le refroidissement ; l'éther le dissout aussi.

Les huiles fixes et volatiles dissolvent le blanc de baleine à l'acide de la chaleur.

Autrefois on faisoit un très-grand usage du
blanc de baleine : on le donnoit comme adou-
cissant et calmant ; mais de nos jours on l'a
presque abandonné, et ce n'est pas sans raison,
car il est pesant, fade et nauséeux.

On emploie encore, en médecine, les œufs,
les écailles et la liqueur noire de la Sèche ; les
œufs détergent les reins et provoquent les urines
et les règles ; l'écaille ou l'os de la sèche a
à-peu-près les mêmes usages ; on l'emploie aussi
comme astringent, il entre dans les remèdes
dentrifiques, dans les collyres, etc. ; les orfé-
vres s'en servent aussi pour faire leurs moules
de cuillers, de fourchettes, de bagues, etc.
car sa partie spongieuse reçoit aisément l'empreinte des métaux. Le suc noir de la sèche,
qu'on trouve dans une poche près du *cœcum*,
et dont M. *Lecat* nous a donné la description,
peut être employé en guise d'encre : on lit dans
les satyres de Perse que les Romains s'en ser-
voient pour écrire, et *Ciceron* l'appelle *atra-
mentum* ; il paroît que les Chinois en font la
base de leur encre si renommée, *sepia piscis
est qui habet succum nigerrimum instar atramenti quem Chinenses cum brodio orizæ vel
alterius leguminis inspissant et formant, et
in universum orbem transmittunt, Sub nomine
atramenti Chinensis. (Pauli Hermanni cyno-
sura, t. 1, p. 17, part. 11.)* Pline a cru

que l'humeur noire de la sèche étoit le sang de cet animal : *Rondelet* a prouvé que c'étoit la bile : c'est ce même suc que la sèche dégorge lorsqu'elle est en danger ; une très-petite quantité suffit pour noircir un grand volume d'eau.

On emploie encore en médecine l'écaille d'huitre calcinée , comme absorbant.

L'huile qu'on extrait des poissons est d'un grand usage dans les arts.

ARTICLE III.

De quelques produits fournis par les Oiseaux.

Presque tous les oiseaux sont employés sur nos tables à titre de mets plus ou moins délicats ; mais il en est peu qui nous fournissent des produits pour la médecine : les pierres d'aigle auxquelles on a attribué de grandes vertus pour faciliter les accouchemens , les emplâtres de nids d'hirondelle , tout cela a été oublié du moment que l'observation des faits a remplacé la crédulité et la superstition. L'analyse des œufs commence à nous être connue : les œufs sont composés de quatre parties , d'une enveloppe osseuse qu'on appelle *Coque* , d'une membrane qui recouvre les parties constituantes de l'œuf, du blanc et du jaune qui occupe le centre.

La coque contient, comme les os, un principe gélatineux et du phosphate de chaux.

Le blanc est de la même nature que le *serum* du sang : il verdit le sirop de violettes, et contient de la craie à nud ; la chaleur le coagule ; si on le distille, il donne un phlegme qui se pourrit aisément, il se dessèche comme la corne, et il passe du carbonate d'ammoniaque et de l'huile empyreumatique ; il reste un charbon qui fournit de la soude et du phosphate de chaux : M. *Deyeux* en a aussi retiré du soufre par la sublimation.

Les acides et l'alkool le coagulent.

Si on l'expose à l'air en feuilles minces il se dessèche et prend de la consistance : c'est sur cette propriété qu'est fondé l'usage de passer un blanc d'œuf sur les tableaux pour les lustrer et leur donner une espèce de vernis qui les préserve du contact de l'air : on peut hâter et favoriser le desséchement par le moyen de la chaux vive, il en résulte alors un lut de la plus grande tenacité.

Le jaune d'œuf contient également une matière lymphatique qui se trouve mêlée avec une certaine quantité d'huile douce, et qui, en raison de ce mélange, se dissout dans l'eau ; c'est cette émulsion animale qui est connue sous le nom de *lait de poulle*. Le jaune d'œuf exposé au feu se prend en une masse moins dure que le blanc ; si on l'écrase il paroît n'avoir presque aucune consistance, et si on le soumet à la presse on en retire l'huile qu'il contient : cette huile est très-adoucissante et on l'emploie à l'extérieur comme liniment. Il y a la plus grande analogie entre les œufs des animaux et les semences des végétaux, puisque les uns et les autres contiennent une huile à l'aide de laquelle ils sont solubles dans l'eau.

Le jaune d'œuf rend les huiles et les résines solubles, et on se sert ordinairement de cet excipient.

La coque d'œuf calcinée est absorbante.

Le blanc d'œuf est employé avec succès pour clarifier les sucs des végétaux, le petit lait, les liqueurs, etc. par la propriété qu'il a de se concrètre par la chaleur ; il monte alors à la surface de ces liqueurs et entraîne toutes les impuretés qui peuvent y être contenues.

ARTICLE IV.

De quelques produits fournis par les insectes.

Les Cloportes, les Cantharides, les Kermes, la Cochenille et la Lacque sont les seules substances dont nous parlerons ici, parce que ce

sont celles dont on fait le plus d'usage, et en
même-temps celles sur lesquelles nous avons le
plus de connoissances.

1°. *Les cantharides.* Les cantharides sont de
petits insectes dont les ailes sont verdâtres ;
elles sont très-communes dans les pays chauds ;
on les trouve en été sur les feuilles du frêne, du
rozier, du peuplier, du noyer, du troëne, etc.
Les cantharides en poudre appliquées sur l'épiderme causent des démangeaisons, excitent
même des ardeurs d'urine, la strangurie, la
soif et la fièvre ; elles produisent le même effet
prises intérieurement à petite dose : on lit dans
Paré qu'une courtisane ayant présenté des ra-
goûts saupoudrés de cantharides pulvérisées à
un jeune homme qu'elle avoit retenu à souper,
ce malheureux fut attaqué d'un priapisme et
d'une perte de sang par l'anus dont il mourut.
Boyle assure que des personnes ont senti des
douleurs au col de la vessie pour avoir manié des
cantharides.

Nous devons à M. *Thouvenel* quelques connoissances sur les principes constituans de ces
insectes : l'eau en extrait un principe très-abondant qui la colore en un jaune rougeâtre et un
principe huileux jaunâtre ; l'éther en enlève une
huile verte, très-âcre, dans laquelle réside
éminemment la vertu des cantharides. De sorte
qu'une once de cantharides fournit :

Extrait jaune-rougeâtre et
    amer. . . . . . . 3 gros.
Matière jaune huileuse. . . o   12 grains.
Substance verte huileuse ana-
    logue à la cire. . . . o   60.
Parenchyme insoluble dans
    l'eau et l'alkool. . . . 4.

                  —————————

               8 gros.

    Pour former une teinture qui réunisse toutes
les propriétés des cantharides, il faut faire un
mélange de parties égales d'eau et d'alkool, et
les faire digérer là dedans ; si on distille cette
teinture, l'esprit de vin qui passe retient l'odeur
des cantharides.

    En n'employant que l'esprit de vin on le
charge de la seule partie caustique, et on voit
d'après cela qu'on peut renforcer ou affoiblir la
vertu de ces insectes suivant l'exigence des cas.

    La teinture des cantharides peut être employée
avec succès extérieurement à la dose de deux
gros, quatre gros, une once et même deux dans
les douleurs de rhumatisme, sciatique, goutte
vague, etc. elle échauffe les parties, accélère le
mouvement de la circulation, excite des évacuations par les sueurs, les urines, les selles,
suivant les parties sur lesquelles on l'applique.

    M. *Thouvenel* a éprouvé sur lui-même

l'effet de la matière cireuse verte ; appliquée sur la peau , à la dose, de neuf grains , elle a fait élever une cloche pleine de sérosité.

2. Les *cloportes*, *millepèdes*, *aselli*, *porcelli*. Le cloporte est un insecte qu'on trouve ordinairemunt dans les endroits humides , sous des pierres , sous l'écorce des arbres ; il fuit le jour et cherche à s'y dérober dès qu'on le découvre ; lorsqu'on le touche, il se pelotone et se replie en forme de globe. Cet insecte est employé dans la médecine comme incisif , apéritif et dépuratif ; on l'ordonne , ou bien écrasé vivant et mis dans un liquide approprié, ou bien desséché. et mis en poudre , et sous cette dernière forme il peut entrer dans les extraits , les pilules , etc. On donne les cloportes à la dose de 14 , 15, 20 et plus selon les cas. M. *Thouvenel* nous a donné quelques renseignemens sur les principes constituans de ces insectes : il en a retiré par la distillation un phlegme fade et alkalin ; le résidu a fourni une matière extractive , une substance huileuse ou cireuse uniquement soluble dans l'esprit de vin , et du sel marin à base terreuse et alkaline.

3°. La *cochenille*. La cochenille est une matière qui sert à la teinture pour l'écarlate et le pourpre : elle est dans le commerce sous la forme de petits grains de figure singulière , la plupart convexes , cannelés d'un côté et concaves de

l'autre ; la couleur de la bonne cochenille est
le gris mêlé de rougeâtre et de blanc. Il est
bien décidé aujourd'hui que c'est un insecte : la
simple inspection à la loupe suffit pour en convaincre , et on peut développer les anneaux et
les pattes de cet insecte en l'exposant à la vapeur
de l'eau bouillante ou en le faisant digérer dans
le vinaigre. C'est dans le Mexique qu'on recueille
la cochenille , sur des plantes auxquelles on
donne le nom de *figuier d'inde , raquette, nopal;*
ces plantes portent des fruits qui ressemblent à
nos figues , teignent en rouge l'urine de ceux
qui en ont mangé , et communiquent peut-être
à la cochenille la propriété qu'elle a pour la
teinture. Les Indiens du Mexique cultivent le
nopal près de leurs habitations et y sèment, pour
ainsi dire , l'insecte qui fournit la chochenille,
ils font de petits nids avec de la mousse ou des
brins d'herbes , ils mettent douze ou quatorze
cochenilles dans chaque nid , placent trois ou
quatre de ces nids sur chaque feuille de nopal ,
et les affermissent au moyen des épines de la
plante : après quelques jours on voit sortir des
milliers de petits qui s'établissent sur les parties
les mieux abritées et les plus nourries des feuilles du nopal. On ramasse les cochenilles plusieurs
fois l'année et on les fait périr en les plongeant
dans l'eau chaude ou dans des fours , et les faisant sécher au soleil. On distingue deux espéces

de cochenille, l'une qui vient sans culture et qu'on appelle *sylvestre*, et l'autre cultivée et qu'on appelle *mesteque*, celle-ci est préférée. On a calculé, en 1736, qu'il entroit en Europe huit cens quatre-vingt-mille livres pesant de cochenille par an.

M. *Ellis* a communiqué à la Société Royale de Londres, une fort bonne description de la cochenille.

Cette substance est sur-tout très-employée dans la teinture : sa couleur prend facilement sur la laine, et le mordant le plus approprié est le muriate d'étain. M. *Macquer* a trouvé le moyen de fixer cette couleur sur la soie, en imprégnant la soie de la dissolution d'étain avant de la plonger dans le bain de cochenille au lieu de mêler cette dissolution dans le bain, comme on le fait pour la laine.

4°. *Le Kermés*. Le kermés est une espèce d'excroissance grosse comme une baie de genièvre, et qui est très-employé dans la médecine et les arts.

L'arbre qui le porte est connu sous le nom de *quercus ilex*; il croît dans les pays chauds, en Espagne, en Languedoc, en Provence, etc. La femelle du *coccus* se fixe sur la plante, elle n'a point d'aîles, tandis que le mâle en est pourvu ; lorsqu'elle est fécondée elle grossit par le développement de ses œufs , elle périt et les œufs éclosent ; pour la cueillir il faut la prendre avant que les œufs soient développés , c'est pour cela qu'on les cueille le matin avant que la chaleur ait agi sur les œufs ; on ramasse les grains et on les dessèche pour développer la couleur rouge , on tamise pour séparer la poussière , on les arrose ensuite avec du bon vinaigre pour tuer l'insecte qui écloroit en peu de temps.

Le kermés est très-employé dans les arts : il fournit un rouge de bon teint , mais moins brillant que celui de la cochenille.

On fait un sirop de kermés très-fameux , en mêlant trois parties de sucre avec une partie de coques de kermés écrasées ; on garde ce mélange pendant un jour dans un lieu frais : le sucre s'unit pendant ce temps au suc de kermés et forme avec lui une liqueur qui , étant passée et exprimée , a la consistance de sirop. On forme avec ce sirop la célèbre *confection alkermés.*

Les semences de kermés données en substance , depuis demi-scrupule jusqu'à un gros , ont de la célébrité pour prévenir l'avortement.

La graine et le sirop de kermés sont des stomachiques excellens.

5°. *La Lacque* ou *gomme lacque.* C'est une espèce de cire que des fourmis ailées de couleur

rouge ramassent sur des fleurs aux Indes orientales , et qu'elles transportent sur de petits bran-
chages d'arbre où elles font leur nid : ces nids
sont pleins de cellules , où l'on trouve un petit
grain rouge quand il est broyé ; ce petit grain
est , selon les apparences , l'œuf d'où la fourmi
volante tire son origine.

M. *Geoffroy* a prouvé (dans un Mémoire
inséré parmi ceux de l'Académie des Sciences,
année 1714) que ce ne pouvoit être qu'une
sorte de ruche approchant de celles des abeilles , dont les cloisons sont d'une substance analogue à la cire.

La partie colorante de la lacque peut être
enlevée par le moyen de l'eau qui , évaporée,
laisse à nud le principe colorant et forme la belle
lacque si usitée pour la teinture.

On imite la lacque en retirant par des procédés connus le principe colorant de quelques
plantes.

CHAPITRE XI.

De quelques autres acides extraits du règne animal.

Indépendamment des acides que nous fournissent les diverses parties du corps humain ,
et que nous avons examinés séparément , nous

en retrouvons dans la plupart des insectes: *Lister*
en indique un qu'on peut extraire des mille-
pieds (*collect. acad.*, *tom.* 11 , *pag.* 303).
M. *Bonnet* a observé que la liqueur que fait
jaillir la grande chenille à queue fourchue du
saule étoit un vrai acide et même très-actif
(*Savans étrangers* , *tom.* 11 , *pag.* 276).
Bergmann le compare au vinaigre le plus concentré ; *l'Abbé Boissier de Sauvages* a remarqué
que dans l'état de maladie du ver-à-soie, qu'on
nomme *muscardin* , l'humeur du ver étoit acide:
M. *Chaussier* de Dijon en a retiré des Saute-
relles , de la Punaise rouge , de la Lampyre et
de plusieurs autres insectes en les faisanr digérer
dans l'alkool ; le même Chimiste a fait un
travail intéressant sur l'acide du ver-à-soie , il a
donné deux moyens pour l'extraire : le premier
consiste à broyer les chrysalides et à les exprimer
à travers un linge , le suc qui passe est fortement
acide , cet acide est affoibli par bien des substances étrangères dont on peut le débarrasser
par le moyen de l'esprit de vin , on fait digérer
ce suc dans l'esprit de vin , on filtre , il passe
une liqueur claire d'une belle couleur orangée,
on verse du nouvel esprit de vin sur cette liqueur , à chaque fois il se forme un précipité
blanc , léger , on continue jusqu'à ce qu'il ne s'en
forme plus.

Au lieu de broyer les chrysalides on peut les

faire infuser dans l'esprit de vin qui se charge de tout l'acide ; et , comme l'acide est plus pesant que l'esprit de vin , on fait évaporer , on filtre , et avec ces précautions on débarrasse l'acide de son esprit de vin et de la matière muqueuse qui étoit dissoute et qui reste sur le filtre.

M. *Chaussier* a prouvé que cet acide existoit dans tous les états du ver-à-soie , même dans les œufs , mais que dans l'œuf et dans le ver il n'étoit pas à nud , mais combiné avec une substance gommo-glutineuse.

L'acide des insectes le mieux connu , celui sur lequel on a le plus écrit , est *l'acide des fourmis , acide formique :* cet acide est tellement à nud , que la transpiration de ces animaux et leur simple contact sans altération aucune, en prouvent l'existence.

Les auteurs du quinzième siècle avoient observé que la fleur de Chicorée jettée dans un tas de fourmis devenoit aussi rouge que du sang. Voyez *Langham , Hiéronimus Tragus , Jean Bauhin.*

Samuël Fisher est le premier qui ait reconnu l'acide des fourmis en travaillant à l'analyse des substances animales par la distillation : il essaya même son action sur le plomb et le fer , il communiqua ses observations à J. *Vray ,* qui les fit insérer dans les transactions philosophiques en 1670. Mais c'est sur-tout, en 1749, que le célèbre *Margraaf* nous fit connoître les propriétés de cet acide : il le combina avec beaucoup de substances et conclut qu'il avoit beaucoup de rapport avec l'acide acéteux. En 1777, cette même matière a été reprise et traitée de manière à laisser bien peu à désirer par MM. *Ardvisson* et *Oerhn*, dans une dissertation publiée à Leipsick.

La fourmi qui fournit le plus d'acide est la grosse fourmi rouge, qui habite dans les endroits secs et élevés.

Les mois de juin et juillet sont les plus favorables pour extraire cet acide : elles en sont si pénétrées que le simple passage sur un papier bleu suffit pour le colorer en rouge.

On peut employer deux moyens pour retirer l'acide : la distillation et la lixiviation.

Pour extraire l'acide par distillation, on fait sécher les fourmis à une douce chaleur, et on les met dans une cornue à laquelle on adapte un récipient, on augmente le feu par degrés : lorsque tout l'acide est passé, on le trouve dans le récipient, et il est toujours mêlé d'un peu d'huile empyreumatique qui surnage, on l'en sépare par le moyen d'une chausse. MM. *Ardvisson* et *Oerhn* ont retiré, de cette manière, par livre de fourmis, sept onces et demie d'un acide dont la pesanteur spécifique, à la tempé-

rature

rature de 15 degrés, étoit à celles de l'eau : :
1,0075 : 1,0000.

Lorsqu'on procède par la lixiviation, on lave
les fourmis dans l'eau froide, puis on y verse
dessus de l'eau bouillante, et lorsqu'elle est
froide on filtre, on verse de la nouvelle eau
bouillante sur le résidu qu'on filtre de même
quand elle est froide ; par ce moyen une livre
de fourmis fournit une pinte d'acide aussi fort
que le vinaigre, et qui a plus de pesanteur spécifique. MM. *Ardvisson* et *Oerhn* pensent que
cet acide peut remplacer le vinaigre pour les
usages économiques.

L'acide obtenu par ces procédés n'est jamais
pur : mais on le purifie par des distillations répétées, l'huile pesante et l'huile volatile se dégagent et l'acide devient clair comme l'eau.
L'acide rectifié par ce procédé a été trouvé par
MM. *Ardvisson* et *Oerhn*, comme 1,0011 :
1000.

On peut encore retirer l'acide des fourmis
en présentant à la fourmilière des linges imbi-
bés d'alkalis : on retire, par la lixiviation, le
formiate de potasse, de soude, ou d'ammoniaque.

L'acide formique a quelque rapport avec l'a-
cide acéteux ; mais l'on n'a pas pu jusqu'ici en
démontrer l'identité. M. *Thouvenel* lui a trouvé

A a

plus d'analogie avec l'acide phosphorique, mais tout cela est denué de preuves.

L'acide formique retient l'eau avec tant d'avidité qu'il ne peut pas en être séparé entièrement par la distillation ; lorsqu'il est très-pur sa pesanteur est à celle de l'eau :: 1,0453 : 1,0000.

Il affecte le nez et les yeux d'une manière particulière qui n'est pas désagréable ; il a un goût piquant et brûlant lorsqu'il est pur, et flatte le palais lorsqu'il est étendu d'eau.

Il a tous les caractères des acides.

Il noircit lorsqu'on le fait bouillir avec l'acide sulfurique ; dès-que le mélange s'échauffe, il donne des vapeurs blanches piquantes ; et, quand il bout, il s'en élève un gaz qui s'unit difficilement à l'eau distillée et à l'eau de chaux ; l'acide formique se décompose dans cette opération, car on le retire en moins grande quantité.

L'acide nitrique distillé dessus le détruit complétement, il s'en élève un gaz qui trouble l'eau de chaux et qui se dissout difficilement et en petite quantité dans l'eau.

L'acide muriatique ne fait que se mêler à lui, mais l'acide muriatique oxigéné le décompose de suite.

MM. *Ardvisson* et *Oerhn* ont déterminé les

affinités de cet acide avec les diverses bases dans l'ordre suivant : barite, potasse, soude, chaux, magnésie, ammoniaque, zinc, manganèse, fer, plomb, étain, cobalt, cuivre, nickel, bismuth, argent, alumine, huiles essentielles, eau.

Cet acide se mêle parfaitement à l'esprit de vin ; il s'unit difficilement aux huiles fixes et aux huiles volatiles ; à l'aide de la chaleur, il attaque la suie de cheminée, prend une couleur fauve et laisse tomber en refroidissant un sédiment brun qui, distillé, donne une liqueur d'une couleur jaunâtre, d'une odeur désagréable, accompagnée de vapeurs élastiques.

CHAPITRE XII.

De la Putréfaction.

Tout corps vivant, une fois privé de la vie, prend un chemin retrograde et se décompose : on a appellé cette décomposition *fermentation* dans les végétaux, et *putréfaction* pour les substances animales. Les mêmes causes, les mêmes agens et les mêmes circonstances déterminent et favorisent la décomposition des végétaux et des animaux ; et la différence des produits qui se présentent provient de la variété des principes constituans.

Aa 2

L'air est le principal agent de la décomposition animale, mais l'eau et la chaleur facilitent prodigieusement son action : *fermentatio*
ergò definitur quod sit corporis densioris rare-
factio, particularumque aerearum interpositio,
ex quo concluditur debere in aëre fieri nec ni-
mium frigido ne rarefactio impediatur, nec
nimium calido ne partes raribiles expellantur.
BECHER, *Phys. Subt. Lib.* 1, *S.* 5, *p.* 313.
Edit. Franco-Furti.

On peut préserver une substance animale de
la putréfaction en la privant du contact de l'air;
et on peut l'accélérer ou la retarder en variant
et modifiant la pureté de ce même fluide.

Si, dans quelques circonstances, on voit la
putréfaction se développer sans le contact de
l'air atmosphérique c'est que l'eau qui impregne
la substance animale se décompose et fournit
l'élément et l'agent de la putréfaction ; de-là
vient, sans doute, qu'on a observé la putréfaction dans des viandes enfermées dans le vide.
V. LYONS, *tentamen de putrefactione.*

L'humidité est encore indispensable pour faciliter la putréfaction ; et on peut garantir un
corps de cette décomposition en le desséchant
complétement : c'est ce qu'ont exécuté MM.
Villaris et *Cazalet* de Bordeaux par le moyen
des étuves : les viandes ainsi préparées ont été
conservées pendant plusieurs années et n'ont

contracté aucune mauvaise qualité : les sables
et les terres légères et poreuses ne conservent
les cadavres qu'en vertu de la propriété qu'ils
ont de pomper les sucs et de dessécher les solides ; c'est ainsi que dans l'Arabie on a trouvé
des caravanes entières, hommes et chameaux,
parfaitement conservées dans le sable sous lequel
des vents impétueux les avoient ensevelies ; on
voit, en Angleterre, à la bibliothèque du Col-
lège de la Trinité , dans le Séminaire de Cam-
bridge , un corps humain , très-bien conservé ,
trouvé sous les sables de l'Isle de Ténériffe.
Une trop forte humidité est nuisible à la putréfaction , c'est ce qu'avoit observé le célèbre
Becher : nimia quoque humiditas à putrefac-
tione impedit prout nimius calor , nam cor-
pora in aqua potius gradatim consumi quam
putrescere si nova semper affluens sit ; expe-
rientia docet : unde longo tempore integra in-
terdum submersa prorsus à putrefactione im-
munia vidimus , adeo ut nobis aliquando spe-
culatio occurreret tractando tali modo cadavera
anatomiæ subjicienda , quæ diutius à fœtore et
putrefactione immunia forent. Phys. Subt. Lib.
I , S. 5 , Cap. I , p. 277.

Il faut donc pour qu'un corps se putréfie qu'il
soit imprégné d'eau , mais ils ne faut pas qu'il en
soit inondé , il faut encore que cette eau séjourne
dans le tissu du corps animal sans y être re-

nouvellée : cette condition est nécessaire 1°. pour dissoudre la lymphe et présenter à l'air le principe le plus putrescible sous le plus de surface ; 2°. pour que l'eau puisse se décomposer elle-même et fournir par ce moyen le principe putréfiant. On retarde et on suspend la putréfaction par le moyen de la cuisson, parce qu'on dessèche la viande et qu'on la prive par-là de l'humidité qui est un des principes les plus actifs de la décomposition.

Une chaleur modérée est encore une condition favorable à la décomposition animale : par elle, l'affinité d'agrégation entre les parties est affoiblie ; conséquemment elles prennent plus de tendance à de nouvelles combinaisons ; de-là vient que les viandes se conservent mieux pendant l'hiver que pendant l'été, dans les pays froids que dans les pays chauds. *Becher* nous a tracé avec génie l'influence de la température sur la putréfaction animale : *aer calidus et humidus maximè ad putrefactionem facit..... corpora frigida et sicca difficulter, imo aliqua prorsus non putrescunt, quæ ab imperitis proindè pro sanctis habita fuere ; ita aer frigidus et siccus imprimis calidus et siccus à putrefactione quoque præservat, quod in Hispania videmus et locis aliis calidis, sicco, calido aere præditis, ubi corpora non putrescunt et resolvuntur ; nam cadavera in Oriente in arena,*

imo apud nos arte infurnis siccari et sic ad
finem mundi usque à putredine præservari cer-
tum est ; intensum quoque frigus à putredine
præservare , unde corpora Stockolmiis tota
hyeme in patibulo suspensa sine putredine ani-
madvertimus. Phys. Subt. Lib. 1 , cap. 1.

Telles sont les causes qui peuvent déterminer et favoriser la putréfaction ; on voit d'après
cela quels sont les moyens de l'arrêter, de la
provoquer et de la modifier à volonté : on pré-
servera un corps de la putréfaction en le privant du contact de l'air atmosphérique ; il suffit
pour cela de mettre ce corps dans le vide, ou
de le revêtir d'un enduit qui le défende de l'action immédiate de l'air , ou bien de l'envelopper
dans une atmosphère de quelque substance ga-
zeuse qui ne contienne point d'air vital : nous
observerons, à ce sujet, que c'est à une semblable cause qu'on doit rapporter les effets qu'on
a observés sur les viandes exposées dans l'acide
carbonique , le gaz nitrogène , etc. ; et il me
paroît que c'est sans des preuves suffisantes qu'on
a conclu que ces mêmes gaz pris intérieurement devoient être regardés comme des anti-
septiques , puisque dans le cas que nous venons
de rapporter , ils n'agissent qu'en garantissant
les corps qu'ils enveloppent du contact de l'air
vital qui est le principe éminemment putréfac-
tif. On peut favoriser la putréfaction en entre-

tenant le corps à une température convenable :
nne chaleur de 15 à 25 degrés diminue l'adhésion des parties entr'elles et favorise l'action de
l'air ; mais si cette chaleur est plus forte elle
volatilise le principe aqueux , dessèche les solides et rallentit la putréfaction. Il faut donc ,
pour qu'une substance animale se décompose ;
1°. qu'elle ait le contact de l'air atmosphérique ;
et plus cet air sera pur plus prompte sera la
putréfaction ; 2°. qu'elle soit exposée à une chaleur modérée ; 3°. que son tissu soit impregné
d'humidité. Les expériences de *Pringle* , de
Macbride , de *Gardane* , etc. , nous ont encore
appris qu'on peut hâter la putréfaction en ar-
rosant les substances animales avec de l'eau
chargée d'une petite quantité de sel , et c'est
à une semblable cause que nous devons rapporter plusieurs procédés usités dans les cuisines pour mortifier les viandes , de même que
la préparation des fromages , la fermentation
des tabacs , celle du pain , etc. *Becher* s'exprime
ainsi , sur les causes qui décident la putréfaction dans le corps vivant : *causa putrefactionis
primaria defectus spiritus vitalis balsamini est ,
secundaria deindè aer externus ambiens qui in-
terdum adeò putrefaciens et humidus calidus
est ut superstitem in vivis etiam corporibus bal-
saminum spiritum vincat nisi confortando au-
geatur , ex quo colligi potest præservantia à*

putredine subtilia ignea oleosa esse debere. Ce
célèbre Chimiste conclut des mêmes principes
que les ligatures et les fortes saignées et un
épuisement quelconque déterminent la putréfaction ; il pense encore que les astringens ne s'op-
posent à la putréfaction qu'en condensant le
tissu des parties animales ; parce qu'il regarde
la raréfaction ou le relâchement comme le premier effet d'une putréfaction ; il croit que les
spiritueux n'agissent comme anti-putrides que
parce qu'ils raniment et stimulent le *vis vitæ* ;
il prétend que l'usage des viandes salées qui
donnent beaucoup de chaleur , aidé de l'humidité très-ordinaire dans les vaisseaux et les ports
de mer , détermine le scorbut ; il observe avec
raison que le but et l'effet de la putréfaction
sont diamétralement opposés à ceux de la génération , *nam sicut in generatione partes coa-
gulantur et in corpus formantur ita in putrefactione partes resolvuntur et quasi informes
fiunt.*

Comme les phénomènes de la putréfaction
varient selon la nature même des substances ,
et d'après les circonstances qui accompagnent
cette opération , il s'ensuit qu'il est bien difficile
de faire connoître tous les phénomènes qu'elle
présente ; et nous tâcherons de ne tracer ici que
ceux qui paroissent les plus constans.

Toute substance animale , exposée à l'air à

une température au-dessus de dix degrés , et humectée de sa sérosité, se pourrit , et les progrès de cette altération se présentent dans l'ordre suivant.

D'abord la couleur devient pâle , la consistance diminue , le tissu se relâche , l'odeur particulière à la viande fraîche disparoît ; et elle est remplacée par une odeur fade et désagréable ; la couleur même , à cette époque , tourne au bleu , comme nous le voyons dans la volaille qui commence à *passer* , dans les échimoses qui tombent en suppuration , dans les diverses parties menacées de gangrène et même dans cette putréfaction du Caillé qui forme le fromage. Presque tous nos alimens subissent le premier degré de putréfaction avant d'être employés à nos besoins.

Après ce premier période , les parties animales se ramollissent de plus en plus, l'odeur devient fétide , et la couleur d'un brun obscur ; la fibre casse facilement ; le tissu se dessèche si la putréfaction s'opère en plein air , tandis que la surface se couvre de petites gouttes de fluide, si la décomposion se fait dans des vaisseaux qui s'opposent à l'évaporation.

A ce période succède celui qui caractérise éminemment la putréfaction animale : l'odeur putride et nauséabonde qui s'étoit manifestée dans le second degré est mêlée dans celui-ci d'une odeur piquante qui n'est due qu'au dégagement du gaz ammoniac ; la masse perd de sa consistance de plus en plus.

Le dernier degré de décomposition a des caractères qui lui sont propres ; l'odeur devient fade, nauséabonde et très-active ; c'est celle-ci sur-tout qui est contagieuse ; elle transmet au loin le germe de l'infection ; c'est un vrai ferment qui se dépose sur certains corps pour se reproduire à de longs intervalles : *Van-Swieten* rapporte que la peste ayant régné à Vienne, en 1677, et s'y étant montrée, en 1713, les maisons qui avoient été infectées lors de la première invasion le furent à la seconde : *Van-Helmont* assure qu'une personne contracta un *anthrax* à l'extrêmité des doigts pour avoir touché des papiers imprégnés de *virus* pestilentiel ; *Alexander Benedictus* a écrit que des oreillers avoient reproduit la contagion, sept ans après avoir été infectés ; des cordes qui en étoient imprégnées depuis trente ans, l'ont également communiquée, suivant *Forestus :* la peste de Messine fut long-temps concentrée dans des magasins où l'on avoit enfermé des marchandises avec des ballots suspects : *Mead* a transmis des faits effrayans sur l'empreinte durable de la contagion.

Lorsque le corps qui se putréfie est à son dernier degré, le tissu fibreux n'est presque plus reconnoissable ; ce n'est plus qu'une matière molle, désorganisée et putrilagineuse ; on voit s'échapper des bulles de la surface de ce tissu , et le tout finit par se dessécher et se réduire en une matière terreuse et friable quand on la manie entre les doigts.

Nous ne parlerons pas de la production des vers , il nous paroît démontré qu'ils ne doivent leur origine qu'aux mouches qui cherchent à déposer leurs œufs sur des corps qui puissent servir de pâture à leurs petits dès qu'ils sont éclos. Si on lave bien la viande et qu'on la fasse pourrir sous un tamis , elle passera par tous les degrés de putréfaction , sans apparition de vers. On a observé que les vers étoient d'espèce différente , selon la nature de la maladie et l'espèce d'animal qui se pourrit : l'exhalaison qui s'élève des corps dans ces divers cas attire , selon sa nature , différentes espèces d'insectes. L'opinion de ceux qui croient aux générations spontanées me paroît contraire à l'expérience et à la sagesse de la nature qui ne peut point avoir confié au hazard la reproduction et le nombre des espèces ; la marche de la nature est la même pour toutes les classes d'individus : et , dès qu'il est prouvé que toutes les espèces connues se reproduisent d'une manière uniforme , comment pouvoir supposer que la nature s'écarte de son plan et de ses loix générales pour le petit nombre d'individus dont la génération nous est moins connue ?

Becher a eu le courage de suivre pendant un an la décomposition d'un cadavre en plein air, et d'en observer tous les phénomènes : la première vapeur qui s'élève, dit-il, est subtile et nauséabonde ; quelques jours après elle a quelque chose d'aigre et de piquant ; après les premières semaines la peau se couvre d'un duvet et paroît jaunâtre ; il se forme en divers endroits des taches verdâtres, qui deviennent ensuite livides et noircissent ; alors une moisissure épaisse couvre la plus grande partie du corps, les taches s'ouvrent et laissent échapper de la sanie.

Les cadavres enfouis dans la terre présentent des phénomènes bien différens : dans un cimetière, la décomposition est au moins quatre fois plus lente ; elle n'est parfaite, selon M. *Petit*, qu'après trois ans lorsque le corps n'est enterré qu'à quatre pieds de profondeur ; et elle est d'autant plus lente, que le corps est enseveli plus profondément. Ces faits s'accordent avec les principes que nous avons déjà établis ; car les corps cachés dans la terre, et conséquemment garantis du contact de l'air, obéissent à des loix de décomposition bien différentes de celles qui ont lieu sur les corps qui sont en plein air : dans ce cas la décomposition est favorisée par les eaux qui s'infiltrent dans le terrain, dissolvent et entraînent les sucs animaux ; elle est favorisée par la terre elle-même qui absorbe

les sucs avec plus ou moins de facilité. MM.
Lemery, *Geoffroi*, *Hunaud* ont prouvé que les
terres argileuses exercent une action très-lente
sur les corps ; mais lorsque les terres sont poreuses et légères, alors les cadavres se dessèchent
promptement. Les divers principes des corps,
absorbés par la terre ou charriés par les eaux,
sont dispersés dans un grand espace, pompés par
les racines des végétaux et dénaturés peu-à-peu.
Voilà ce qui se passe dans les cimetières qui sont
en plein air ; il n'en est pas de même, à beaucoup près, par rapport aux sépultures qui se font
dans les Églises ou dans des endroits couverts :
il n'y a là ni eau, ni végétation, et conséquemment aucune cause qui puisse entraîner, dissoudre
et dénaturer les sucs des cadavres ; et j'applaudis
tous les jours à la sagesse du Gouvernement,
qui a défendu les inhumations dans les Eglises :
c'étoit, à la fois, un objet d'horreur et d'infection.

Les accidens survenus à l'ouverture des fosses
et des caveaux, ne sont que trop nombreux pour
qu'il nous soit permis de nous occuper un moment des moyens de les prévenir.

La décomposition d'un cadavre dans l'intérieur
de la terre ne sera jamais dangereuse, pourvu
qu'il soit enfoui à une profondeur suffisante et
que la fosse ne soit pas recreusée avant son entière et complète décomposition : la profondeur

de la fosse doit être telle , que l'air extérieur ne puisse point y pénétrer , que les sucs dont la terre s'imprègne ne puissent point être ramenés à la surface , que les miasmes, vapeurs ou gaz qui se développent ou se forment par la décompostion , ne puissent point forcer l'enveloppe terreuse qui les retient. La nature de la terre dans laquelle la fosse est pratiquée influe sur tous ces effets : si la couche qui recouvre le cadavre est argileuse , la profondeur de la fosse peut être moindre , parce, que cette terre livre passage difficilement aux gaz et aux vapeurs ; mais , en général, on est convenu qu'il est nécessaire que les corps soient enterrés à cinq pieds de profondeur pour prévenir tous ces accidens fâcheux. Il faut encore avoir l'attention de ne point rouvrir une fosse avant que la décomposition du cadavre soit complète : cette décomposition n'est parfaite , selon M. *Petit* , qu'après trois ans lorsqu'on ne donne aux fosses que quatre pieds , et après quatre lorsqu'on leur en donne six ; ce terme présente beaucoup de variétés relativement à la nature du terrain et à la constitution des sujets inhumés ; mais nous pouvons le regarder comme un terme moyen. Il faudroit donc bannir cet usage pernicieux qui accorde une seule fosse à des familles plus ou moins nombreuses ; car , dans ce cas, la même terre peut être remuée avant le terme prescrit :

ce sont ces sortes d'abus qui doivent occuper le Gouvernement, et il est temps qu'on sacrifie la vanité des individus à la sûreté publique. Il faudroit encore défendre la sépulture dans les caveaux et même dans les caisses : dans le premier cas, les principes des corps se repandent dans l'air et l'infectent ; dans le second, leur décomposition est plus lente et moins parfaite.

Si on néglige ces précautions, si on entasse les cadavres dans un espace trop étroit, si la terre n'est point propre à pomper les sucs et à les dénaturer, si on remue la terre avant l'entière décomposition des corps, il arrivera, sans-doute, des acidens fâcheux : et ces accidens ne sont que trop communs dans les grandes Villes, où toutes les sages précautions ont été négligées : c'est ainsi que, lorsqu'on fouilla, il y a quelques années, le terrain de l'Eglise de St. Benoît à Paris, il s'en éleva une vapeur nauséabonde, et plusieurs voisins en furent incommodés ; la terre qu'on tira de cette fouille étoit onctueuse, visqueuse, et répandoit une odeur infecte. MM. *Maret* et *Navier* nous ont laissé plusieurs observations semblables.

F I N.

TABLE ALPHABÉTIQUE

DES MATIÈRES (1).

A.

*A*CIDE. *Principes constituans des acides.*
I. 164-165. *Caractères, propriétés générales
des acides.* 165-168. *N'y a-t-il qu'un seul
acide primitif? Et opinions à ce sujet.*
168-169. *Principes de la nouvelle doctrine
sur la composition des acides.* 171. *Acides fournis par quelques insectes.* III. 367-
368.

ACÉTEUX. *Procédé pour le former.* III.
255. *Moyen de le purifier et de le concentrer.*
255-256. *Formation de l'acide acéteux par le
moyen du gaz de la vendange.* 256. *Principes
constituans de cet acide.* 115-119, 256. *Combinaisons de l'acide acéteux avec l'oxigène,
les alkalis, etc.* 256-257.

ACÉTIQUE. II. 360. *Ses principes constituans.* III. 257. *Moyen de l'obtenir,* id. *Il
forme de l'éther avec l'alkool,* id.

(1) Le chiffre romain désigne le volume, le chiffre arabe indique la page.

Bb

B.

Cc

D.

G.

H.

I.

K.

K.

L.

N.

OXIDATION DES MÉTAUX. *C'est une combustion lente.* II. 107.

OXIDE. *Idées des anciens sur l'oxidation des métaux ; nouvelle doctrine à ce sujet , et preuves de sa solidité.* II. 194-198. D'ANTIMOINE SULFURÉ ROUGE. *Divers procédés pour le faire , son analyse, ses propriétés , ses usages.* II. 240-242. DE BISMUTH PAR L'ACIDE NITRIQUE. II. 222-223. DE FER NOIR. II. 327.

P.

PANACÉE MERCURIELLE. II. 380.

PAPIER. *Sa préparation.* III. 227-228.

PASTEL. III. 142.

PÉTRIFICATION. *V. Stalactite.*

PÉTROLE. III. 203-204.

PÉTRO-SILEX. II. 114-115.

PÉTUNZÉ. *V. Feld-spath.*

PHOSPHATE D'AMMONIAQUE. *Il est contenu dans l'urine.* III. 321. *Sa forme et ses variétés.* 322. *Ses caractères et propriétés.* 322-323. *Ses usages.* 323. PHOSPHATE DE CHAUX *trouvé en Espagne. Ses caractères.* II. 46-47. PHOSPHATE DE SOUDE. *Opinions sur ce sel.* III. 323. *Sa forme et ses propriétés,*

T.

Extrait des Registres de la Société Royale des Sciences.

Du 23 Décembre 1789.

L A Société nous a chargés de lui rendre compte d'un ouvrage de M. Chaptal notre Con‑ frère, qui a pour titre, *Élémens de Chimie.*

M. Chaptal fait connoître, dans le discours Préliminaire de son ouvrage, les obstacles qui ont retardé les progrès de la chimie, les causes qui ont concouru de nos jours à la rendre si flo‑ rissante, et les moyens d'en maintenir et d'en hâter les progrès. Il termine ce discours en in‑ diquant les applications principales de la chi‑ mie. Ce discours seul pourroit mériter à son auteur une place distinguée parmi les écrivains et les philosophes ; et M. Chaptal nous fournit une nouvelle preuve de la possibilité d'unir et de lier les sciences à la littérature et à la phi‑ losophie.

L'ouvrage de M. Chaptal est divisé en cinq parties : dans la première, il fait connoître et établit les principes de la chimie ; et dans les quatre dernières, il fait successivement l'appli‑

cation de ces principes aux substances minérales, végétales et animales. Nous donnerons ici
une idée de la méthode qu'a employée l'Auteur pour remplir son plan.

Iº. Après avoir rappelé ce qu'il est indispensable de connoître avant de se livrer aux opérations analytiques d'un laboratoire et à l'observation des phénomènes de l'art et de la nature,
tels que la définition de la chimie, son but et
ses moyens, la description d'un laboratoire et
celle des instrumens qui y sont d'un usage général et applicable à tout, l'explication de la
plupart des opérations, des observations sur la
manière de les exécuter, etc. etc. M. Chaptal
examine d'abord quelle est la loi générale qui
tend à rapprocher et à maintenir dans un état
de mélange ou de combinaison les molécules
des corps : il développe à ce sujet la loi d'at-
traction ou d'affinité, en fait connoître les effets et les phénomènes, et en fait l'application
à la cristallisation. Connoissant une fois cette
loi qui retient tous les corps de la nature dans
l'état sous lequel ils se présentent à nos yeux,
M. Chaptal s'occupe des divers moyens que le
Chimiste emploie pour rompre l'adhésion qui
existe entre les molécules des corps ; il les réduit à trois, 1º. à diviser les corps par des opérations mécaniques ; 2º. à les diviser ou à éloi-

gner les molécules l'une de l'autre par le secours des dissolvans ; 3°. à présenter aux divers principes de ces mêmes corps des substances qui ayent plus d'affinité avec eux qu'ils n'en ont eux-mêmes entr'eux.

L'auteur passe ensuite à la discussion d'une question des plus intéressantes , puisqu'il s'agit de déterminer la marche que le chimiste doit suivre pour étudier les divers corps que la nature lui présente. Ici se trouvent établis quelques principes généraux sur l'étude des sciences physiques dont l'auteur fait l'application à la chymie ; et , après avoir pesé les avantages et les inconvéniens des diverses méthodes employées par les Chimistes , il conclut que celle qui paroît devoir être adoptée , est celle qui s'occupe d'abord de l'examen et de la nature des corps les plus simples pour les combiner ensuite entr'eux , et s'élever comme par degrés jusqu'aux substances et aux phénomènes les plus compliqués. D'après ces principes , il commence par parler des substances simples : mais comme il se propose de ne faire connoître que les seules substances dont il a besoin pour pouvoir établir ses principes chimiques , il se borne à parler , en ce moment , du calorique , de la lumière , du soufre et du carbone.

Dans l'article du calorique , il réduit à des

principes clairs , simples et méthodiques les belles découvertes qui ont été faites sur la chaleur depuis quelques années. Il examine ensuite l'influence de la lumière sur les corps des trois règnes. Il fait connoître le soufre sous tous ses rapports et combat avec avantage les principes de *Sthal* sur cette substance. Il termine ce qu'il s'est proposé de dire sur les corps simples , par indiquer le procédé d'extraire et de purifier le carbone , par indiquer sa nature , ses propriétés , etc.

M. Chaptal , conformément à son plan , examine ensuite l'action du calorique sur les substances simples.

Un des premiers composés de ce genre que la nature nous présente est l'air inflammable ou *gaz hydrogène*. Cette substance , comme tous les autres gaz , n'est que la dissolution d'un principe simple par le calorique à la température de l'atmosphère. L'auteur fait connoître les moyens de l'extraire , et indique ses propriétés , ses usages et ses combinaisons.

Il traite ensuite , dans le plus grand détail , tout ce qui a rapport au gaz oxigène (air vital :) il fait connoître les moyens que l'art et la nature employent pour le produire ; il indique ses usages dans la combustion , la respiration , etc. , et réduit à quelques principes

simples tout ce qui regarde ces deux importantes fonctions.

Il passe ensuite à l'examen du gaz azote ou
moféte atmosphérique , que des raisons qu'il a
développées dans son Discours Préliminaire l'ont
engagé à désigner sous le nom de *gaz-nitrogène.*
Chacun de ces articles est un traité complet de
la matière qui en est l'objet , et M. Chaptal
les présente tous avec autant de clarté que d'é-
légance et de précision.

L'auteur examine ensuite les mêlanges de ces
gaz , entr'eux : le principal de ces mêlanges
est celui qui constitue notre atmosphère.

Il examine ensuite les combinaisons de ces
mêmes gaz entr'eux ; la plus intéressante est
celle qui forme l'eau qui se trouve ici exami-
née sous tous ses rapports. Il soumet ensuite à
une discussion rigoureuse les nouvelles expériences qui ont fait connoître la nature et les proportions de ses principes constituans , et il
conclut qu'il n'y a rien de prouvé en physique ,
si les principes de MM. *de la Place* et *Lavoi-*
sier ne sont pas devenus des vérités inébranla-
bles.

M. Chaptal traite ensuite des alkalis , que
bien des raisons l'engagent à regarder comme
formés par la combinaison du gaz nitrogène
avec le gaz hydrogène , ou avec des principes

terreux selon qu'ils sont volatils ou fixes. Il s'occupe, à ce sujet, de leurs caractères, de leurs différences, des moyens de les extraire et de les purifier, etc.

Après cela il passe à l'examen des combinaisons que forme l'oxigène avec les divers principes simples qu'il a déjà fait connoître, et il se borne, en ce moment, aux seules combinaisons acides. Il indique d'abord quels sont les caractères distinctifs des acides, il discute les opinions qu'on a eues successivement sur la nature de leurs principes constituans, et il expose les nouvelles idées à ce sujet.

Le premier des acides, dont il entreprend l'examen, est l'acide carbonique (air fixe, acide méphitique.) Il fait connoitre les divers états sous lesquels il se présente, il assigne les moyens convenables pour l'obtenir ou le recueillir dans tous les cas ; il indique ses principales propriétés, et termine cet article très-intéressant par l'analyse de cet acide composé de carbone et d'oxigène, et par l'examen des sels qui résultent de sa combinaison avec les alkalis.

Après cet acide vient le sulfurique (acide vitriolique). L'auteur détaille une suite d'expériences, qui lui sont propres, sur les divers résultats que présentent le soufre et l'oxigène com-

binés à différentes proportions. Il donne ensuite
des instructions suffisantes sur la manière d'extraire et de purifier l'acide sulfurique ; il en fait
connoître les caractères, les propriétés, l'analyse et les combinaisons avec les divers alkalis.

A l'acide sulfurique succède l'acide nitrique.
Ici l'auteur décrit les procédés usités dans les
arts et dans les laboratoires pour extraire cet
acide, il enseigne le moyen de le purifier, il
s'occupe ensuite de son analyse et prouve que
c'est la combinaison de l'oxigène et du nitrogène qui, par la différence des proportions
auxquelles ils peuvent être unis, forme toutes
les nuances et variétés de cet acide. M. Chaptal
combine ensuite cet acide avec les alkalis, ce
qui fournit sur-tout un sel précieux, le salpêtre : et, à ce sujet, il indique les lieux où il
se forme, la manière dont il se forme, le procédé par lequel on l'extrait et le purifie,
ses combinaisons, ses usages, sa décomposition, etc.

Dans l'examen de l'acide muriatique (acide
marin) M. Chaptal se conduit avec le même
ordre et la même clarté. Il examine, sur-tout,
la combinaison de cet acide avec un excès d'oxigène, ce qui forme l'acide *muriatique oxigéné* ;
il analyse sous tous les rapports cette production
intéressante et il ajoute même à ses qualités

précieuses , en lui assignant la propriété de blanchir à peu de frais et très-bien les estampes fumées et les vieux livres. Les usages et les combinaisons de l'acide muriatique forment une partie de cet article.

Le mélange des deux acides qui précèdent forme l'acide nitro-muriatique. Celui-ci a des caractères qui lui sont propres , et M. Chaptal cherche , d'après les nouveaux principes , à établir une théorie satisfaisante de ces phéno-mènes.

II. La seconde partie de cet ouvrage a pour objet la lithologie ou la connoissance des subs-tancès pierreuses.

L'auteur commence par faire connoître ce que sont les pierres , il assigne leur rang parmi les autres produits de ce globe , démontre la nécessité d'établir des divisions et fait connoître les vices principaux des méthodes qui ont été proposées jusqu'à aujourd'hui : il développe ensuite les principes sur lesquels il a établi sa nouvelle division ; et avant d'entrer dans des détails sur l'application de ses principes , il fait connoître la nature et les caractères des terres primitives ou élémens terreux.

M. Chaptal a divisé les productions litho-logiques en trois classes : la première a pour objet la combinaison des terres avec les acides ,

ce

ce qui forme les sels-pierres ; la seconde, la combinaison et le mélange des terres primitives entr'elles, ce qui fournit des mélanges terreux; la troisième, le mélange des pierres entr'elles, ce qui constitue des mélanges pierreux ou les roches.

La première classe est subdivisée en cinq genres, selon que les acides sont combinés avec telle ou telle des cinq terres primitives. Ici se trouvent les sels terreux à base de chaux, les sels terreux à base de magnésie, etc... Chaque genre est subdivisé en espèce ou sortes, et les espèces d'un même genre sont toutes formées par la combinaison d'un même acide avec les diverses terres.

La seconde classe présente encore une sub-division en cinq genres, selon que le caractère prédominant du mélange terreux est ou calcaire, ou magnésien, ou baritique, ou alumi-neux, ou siliceux. Les espèces se déduisent ici naturellement de la nature de la terre qui se trouve mélangée avec celle qui constitue le genre.

La troisième classe nous offre une subdivi-sion en six genres. Les cinq premiers sont dé-duits de la présence de telle ou telle pierre liée et unie par un simple mélange avec d'au-tres pierres. Le premier comprend les roches formées par le mélange des pierres calcaires avec d'autres espèces ; le second , les roches formées par le mélange des pierres baritiques avec d'autres espèces et ainsi de suite. M. Chaptal a été forcé de former un sixième genre dans lequel il a rassemblé les pierres qui résultent du mélange et de la réunion de plusieurs de ces premiers genres.

Le système de M. Chaptal présente plusieurs avantages : le premier , de distribuer en trois classes à-peu-près égales toutes les productions de cette partie du règne minéral ; le second , d'unir et de lier , de la manière la plus ingénieuse , les caractères et les ressources du Chimiste à ceux du Naturaliste ; le troisième , de pouvoir ranger avec ordre et sans difficulté dans l'une ou l'autre de ces divisions toutes les nouvelles découvertes qui peuvent être faites dans cette partie ; le quatrième , d'embrasser à la fois tous les rapports et toutes les propriétés que nous présentent les substances pierreuses.

Quoique M. Chaptal soit parti à-peu-près des mêmes principes que MM. *Bergmann* et *Kirwan* pour fonder et établir son système , il diffère essentiellement de ceux de ces célèbres chimistes , et par la simplicité du plan et la rigueur des détails.

M. Chaptal a terminé cette seconde partie

de son ouvrage par un Discours, dans lequel il examine quels sont les divers changemens qui sont survenus à la partie pierreuse de notre globe. Il fait connoître, conséquemment à son objet, l'état primitif de notre planète et suit les diverses altérations et les divers changemens qui y a apportés l'action combinée de toutes les causes qui agissent sur lui avec plus ou moins d'énergie. Ce Discours réunit et allie les vues profondes du Naturaliste aux résultats rigoureux du Chimiste ; et la manière élégante et philosophique avec laquelle l'auteur a traité cette partie ajoute un nouveau mérite aux vérités qu'il contient.

III°. L'examen et l'analyse des substances métalliques forment l'objet de la troisième partie de cet ouvrage. L'auteur fait connoître d'abord les divers caractères des substances métalliques, il examine ensuite leur état et leurs combinaisons dans l'intérieur de la terre ; il décrit les procédés usités pour essayer et exploiter les mines, et termine ces préliminaires par donner la théorie de la calcination ou oxidation des métaux.

Il décrit séparément et successivement tous les métaux connus jusqu'à ce jour. La marche qu'il a observée est à-peu-près la même pour tous les articles, et il faut convenir que c'est la seule qui réunisse tous les avantages qu'on peut désirer. M. Chaptal commence par faire connoître les caractères distinctifs de chaque métal ; il examine ensuite les divers états sous lesquels il se trouve dans le sein de la terre ; il indique les procédés connus pour l'extraire et l'exploiter ; il le combine ensuite avec les diverses substances connues , et termine chaque article par rapporter les divers usages des métaux et de leurs diverses préparations , soit dans les arts , soit dans la médecine.

Cette partie de l'ouvrage de M. Chaptal est encore très-intéressante : on voit régner partout la même précision , la même clarté , la même philosophie.

IV°. La quatrième partie de cet ouvrage est consacrée au règne végétal. L'auteur fait connoître d'abord les caractères du végétal ; il indique les différences qui existent entre les substances des trois règnes , il démontre les vices des méthodes appliquées jusqu'ici à l'analyse végétale , et présente une marche et un plan plus naturels et plus méthodiques.

Il s'occupe d'abord de la structure du végétal , et il donne la description de l'écorce , du tissu ligneux , des vaisseaux , des glandes.

Il passe ensuite à l'examen des principes nutritifs du végétal : il considère successivement

l'influence , le pouvoir et l'effet de l'eau , de
la terre , des gaz , de la lumière , etc. Ces articles , sur-tout ceux qui traitent de l'eau et
de la terre , présentent des vues saines et neu-
ves , soutenues par-tout ce que la vérité peut
recevoir d'agrémens ; et tous les grands principes d'agriculture sont ramenés dans ce traité.

L'auteur examine ensuite les résultats de la
nutrition dans le végétal, et ici il suit , à l'aide de
l'observation et de l'expérience , le passage successif et gradué des divers principes nutritifs à
l'état de sucs végétaux. Cette partie est traitée
d'une manière neuve et présente un vaste champ
de découvertes. Tout se lie , tout se tient dans
ce système ; et cette marche est aussi simple
que celle de la nature qui , par le secours d'un
ou deux principes nutritifs , produit des sucs
ou des humeurs qui ne paroissent très-différentes ; que parce qu'on n'a pas assez observé
leurs rapports.

M. Chaptal parle ensuite des principes qui
s'échappent par la transpiration du végétal : et
l'émission du gaz oxigène , la transpiration
aqueuse et la déperdition de l'arome trouvent ici
naturellement leur place.

Après s'être occupé de tous les phénomènes
et de tous les produits que nous offre le végétal vivant , l'auteur le considère dans un état de

mort , et ici commence un nouvel ordre de choses. Il examine d'abord l'action de la chaleur seule appliquée au végétal mort , ce qui lui présente l'occasion bien naturelle de parler de la distillation du végétal et d'en faire connoître les produits , les avantages et les inconvéniens. Le même ordre le ramène à parler ensuite de l'action de l'eau seule appliquée au végétal mort ; ce qui le porte à indiquer et à expliquer les divers phénomènes que nous présentent les débris des végétaux submergés et le conduit insensiblement à donner la théorie de la formation des tourbes ; des charbons de pierre et de leurs usages , de leur décomposition , de leur inflammation , etc. Les végétaux enfouis sous terre y éprouvent aussi des altérations , et ce sont ces altérations qui forment le sujet du troisieme chapitre.

Après avoir considéré l'action des divers agens appliqués seuls ou séparément au végétal mort, M. Chaptal examine l'action combinée de ces mêmes agens, et il commence par l'examen des phénomènes que présente l'action de l'air et de la chaleur ; ce qui forme la combustion , dont il décrit les phénomènes , les circonstances et la nature des produits. Il passe ensuite à l'examen des effets de l'air et de l'eau sur le végétal , ce qui forme le rouissage et la préparation de toutes les plantes employées à faire des toiles et du papier.

Lorsque l'air, la chaleur et l'eau agissent en même temps sur le végétal, il se présente alors un nouvel ordre de choses, il en résulte ce qu'on appelle *fermentation*, dont les phénomènes et les produits varient selon des circonstances que M. Chaptal a très-bien développées. Il fait connoître, non-seulement les principes généraux de la fermentation, mais il en indique toutes les circonstances qui concourent à la provoquer, à la retarder, à la modifier, etc. Il observe les changemens que subissent les élémens ou principes de la fermentation, il analyse les résultats de ce travail, et sous tous les points de vue cette matière importante ne paroît rien laisser à désirer.

Il suffit de jeter un coup-d'œil sur cette courte analyse pour concevoir combien le plan de M. Chaptal est grand, et avec quelle facilité il se lie à tous les phénomènes de l'art et de la nature. Ce n'est qu'en partant de ces principes qu'on pourra parvenir à retirer la chimie du cercle étroit dans lequel on l'avoit circonscrite, et qu'on s'élevera jusqu'à la connoissance des grands phénomènes que la nature nous présente dans les diverses fonctions du végétal.

Vº. La cinquieme et dernière partie de l'ouvrage de M. Chaptal a pour objet les substances animales. L'Auteur a mis à la tête de cette partie un Discours, dans lequel, après avoir examiné pourquoi les applications de la chimie à la médecine ont été infructueuses presque jusqu'à ce jour, il indique ses véritables applications, et marque la voie que doit suivre le Chimiste pour appliquer heureusement ses principes à l'art de guérir. Cette partie de l'ouvrage de M. Chaptal, ainsi que beaucoup d'autres que nous pourrions mettre sous les yeux, nous prouve que pour que la Chimie soit utile et profitable à la Médecine, il faut joindre des vues saines sur l'économie animale, à des connoissances profondes de la chimie. L'Auteur considère dans son ouvrage la digestion, la sanguification, la respiration et les autres phénomènes de l'économie vivante sous le double rapport de Médecin et de Chimiste, et c'est à la réunion de ces connoissances que nous devons l'explication de la plupart des phénomènes des corps vivans.

Le tableau que nous venons de tracer nous paroît devoir donner une idée du mérite de cet ouvrage; le public qui l'attend avec impatience a déjà prévenu notre jugement d'après la réputation de l'auteur et les cours publics qu'il fait depuis plusieurs années à Montpellier et à Toulouse ; on sait avec quel zèle, avec quel succès et avec quelle affluence ils ont été suivis : on connoît également l'avantage qui en est résulté pour les arts et la médecine. L'attente du public ne sera point trompée, il trouvera dans cet ouvrage la clarté, la précision, la méthode et l'élégance du style que l'auteur sait porter dans ses leçons ; il y trouvera des applications fréquentes et heureuses des principes chimiques aux phénomènes de la nature et des arts, et on sait que c'est-là le principal but de la chimie. M. Chaptal à acquis sans doute cette facilité d'interpréter la nature et de l'imiter, dans les travaux en grand qu'il fait exécuter dans ses atteliers de produits chimiques, les plus considérables que nous ayons en France en ce genre. C'est aussi par cette application des principes de la chimie aux grandes opérations, qu'il est parvenu à plusieurs découvertes importantes, telles que la perfection de la distillation des vins, le moyen de former des Pozzolanes artificielles déja employées avec avantage dans tout le Languedoc, l'emploi de la lave dans les verreries, un procédé simple pour fabriquer l'alun en abondance et avec économie, etc. etc.

D'après l'utilité que présente l'ouvrage de M.

Chaptal, nous pensons qu'il est très-digne d'être imprimé sous le Privilége de la Société. A Montpellier ce 23 décembre 1789.

BROUSSONET, JOYEUSE, BRUN, DORTHES, *signés.*

Je soussigné certifie le présent extrait conforme à son original et au jugement de la Compagnie. A Montpellier ce trente-un décembre mil sept cent quatre-vingt-neuf.

DE RATTE, *Secrétaire perpétuel de la Société Royale des Sciences.*

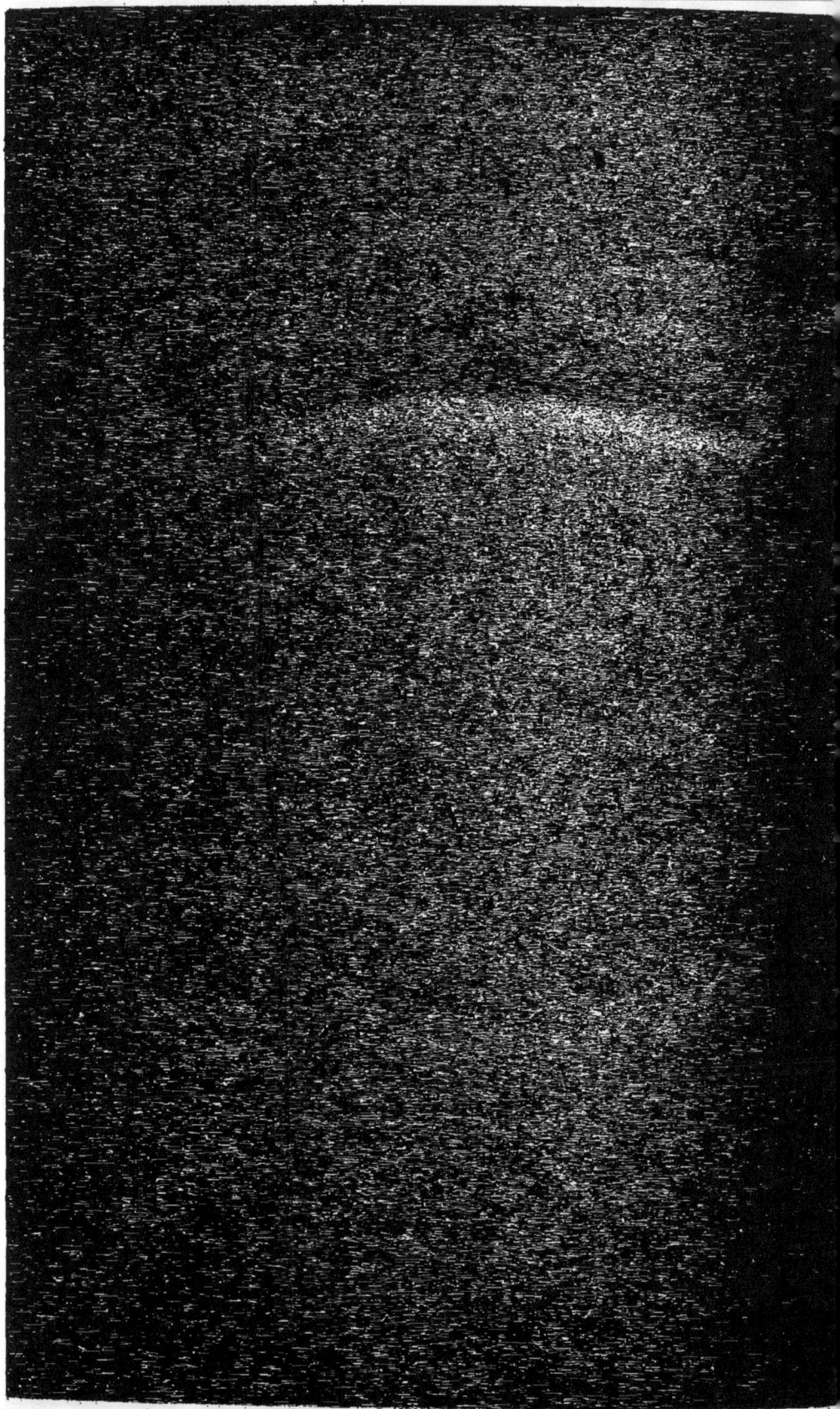